民航特色专业系列教材

机场安全管理

邵 荃 编著

科学出版社

北京

内 容 简 介

本书运用安全系统工程的经典理论和分析方法针对机场安全管理中的一系列重要问题进行深入阐述，并系统介绍机场安全管理中对象、活动及方法，重点突出机场安全管理和应急救援中的民航规章、标准、作业组织。全书共 7 章，内容包括绪论、安全系统工程、安全管理体系、危害因素的辨析、飞行区安全管理、非飞行区安全管理、机场应急救援理论。

本书可作为高等院校机场运行与管理专业的教材，也可作为民航在职管理人员、工程技术人员的培训教材和自学参考书。

图书在版编目(CIP)数据

机场安全管理/邵荃编著. —北京：科学出版社，2018.6
民航特色专业系列教材
ISBN 978-7-03-057682-8

Ⅰ. ①机… Ⅱ. ①邵… Ⅲ. ①机场管理–安全管理–高等学校–教材
Ⅳ. ①V35

中国版本图书馆 CIP 数据核字(2018)第 122810 号

责任编辑：余 江/责任校对：郭瑞芝
责任印制：张 伟/封面设计：迷底书装

科 学 出 版 社 出版
北京东黄城根北街 16 号
邮政编码：100717
http://www.sciencep.com

北京九州迅驰传媒文化有限公司 印刷
科学出版社发行 各地新华书店经销
*

2018 年 6 月第 一 版 开本：787×1092 1/16
2023 年 7 月第五次印刷 印张：16
字数：370 000
定价：69.00 元
(如有印装质量问题，我社负责调换)

前　言

随着我国民航运输的持续发展，机场业务量快速增长，民航运输三大系统之一的机场子系统面临安全、高效、优质运行的挑战和压力。机场安全管理的专业技术人才是保障机场安全的关键，因此，《民航业人才队伍建设中长期规划(2010—2020 年)》将机场管理人才作为民航专业技术人才队伍中的急需紧缺人才，显现出机场管理人才培养的重要性和紧迫性。

南京航空航天大学 2008 年在国内率先开设了专门培养机场运行管理人才的"机场运行与管理"本科专业。机场的运行管理岗位多、差别大、知识面要求广，本着"宽口径、厚基础"的本科培养目标，该专业着重从机场规划设计、机场运行控制和机场安全管理等方面使学生系统掌握机场运行管理的知识。为此，该专业开设了"机场规划与管理""机场运行""机场安全""机场信息系统""航空运输及公司签派""机场管制""机场经营"等专业课程，还有"民用航空法""民航运输管理""运筹学""机场工程基础""土木工程制图与计算机绘图"等专业基础课程。

"机场安全"是该专业的核心课程，教学大纲经过中国民用航空局(简称民航局)机场司专家和行业专家多次讨论形成，其讲义在该专业中使用多年，不断补充完善，反映良好。鉴于机场安全管理所需的一些知识由其他相应专业课程和基础课程介绍，本书主要突出系统安全分析预测方法，机场安全管理中的民航规章、标准，机场安全管理体系和风险管理及评价以及相关的应急救援理论。本书内容以机场安全管理与应急救援为逻辑主线，各部分紧扣民航规章、标准和国际公约，在理论阐述上力求简明扼要、深入浅出；在实践能力培养上能按图索骥追寻到民航规章标准，突出民航工程技能培养，易于自学。

本书第 1 章、第 3 章由南京航空航天大学民航学院蔡中长编写，其余章节由邵荃编写，全书由邵荃统稿。研究生贾萌、许晨晨、尉炜、宾云鹏、王浩、周语等参与了资料收集、部分内容的编写和图表制作。编写本书时，作者还参考了很多行业专家、学者的文章和书籍，在此一并表示感谢。

特别感谢南京航空航天大学民航学院对本书出版的支助。感谢国家自然科学基金面上项目(课题号：71573122)的支持。

限于作者水平和机场管理的快速发展，书中难免存在不妥之处，敬请读者批评指正。

作　者

2018 年 3 月

目　　录

第1章 绪 论

安全是民航永恒的主题，安全责任重于泰山。近年来，随着科学技术的发展和社会的进步，中国民航事业迎来了前所未有的发展机遇，与此同时，安全工作也面临巨大的挑战。航空运输量迅猛增长，若事故率仍保持现有水平不变，事故总量将不断增加，航空安全问题日益凸显。着眼于规章，发生事故后进行事故调查并采取改正措施，无疑为保障民航安全起到很大的作用，但是这种事后的、被动的安全管理模式已不能适应当今民航业的发展。因此，民航的快速发展对航空安全提出了更高的要求，促使航空安全管理重心随着安全管理理论的发展逐步前进，从现有的安全管理模式到建立在风险管理基础之上的安全管理系统。机场安全管理和应急救援技术的发展正是为适应世界民航安全管理发展趋势而提出的，能有效降低事故率，提高民航安全水平。西方发达国家民航业致力于推进机场安全管理理论和应急救援技术，并取得了一些成功的经验。国际民用航空组织(简称国际民航组织)也已在其公约附件6、附件11和附件14中要求各缔约国建立国家安全方案并敦促公共航空运输企业、民用机场、空管单位和维修企业实施安全管理体系，而且把支持缔约国推广安全管理体系作为2005~2010年的战略目标。因此对于我国民航业来说，为缓解安全基础薄弱与国内航空业快速发展的矛盾，同样需要一种系统的安全管理方法和应急救援技术。

1.1 机场安全管理的基本概念

1.1.1 安全的定义和概念

安全(Safety)，顾名思义"无危则安，无损为全"。安全意味着没有危险，尽善尽美，这是与人的传统的安全观念相吻合的。随着对安全问题研究的逐步深入，人类对安全的概念有了更深的认识，并从不同的角度给它下了各种定义。

定义一：安全是指客观事物的危险程度能够为人们普遍接受的状态。

此定义明确指出了安全的相对性及安全与危险之间的辩证关系，即安全和危险不是互不相容的。当将系统的危险性降低到某种程度时，该系统便是安全的，而这种程度即人们普遍接受的状态。

定义二：安全是指没有引起死亡、伤害、职业病或财产、设备的损坏或环境危害的条件。

此定义来自美国军用标准 MIL-STD-382C《系统安全大纲要求》。该标准是美国军方与军品生产企业签订订购合同时，约束企业保证产品全寿命周期安全性的纲领性文件，也是系统安全管理基本思想的典型代表。

定义三：安全是指不因人、机、媒介的相互作用而导致系统损失、人员伤害、任务受影响或造成时间的损失。

此定义进一步把安全的概念扩展到了任务受影响或时间损失，这意味着系统即使没有受到直接的损失，也可能是安全科学关注的范畴。

安全问题对于人类的重要性主要体现在三个方面：经济损失大、社会影响大、影响周期长。

1.1.2　可接受的安全水平

安全可以从多个角度加以定义，大众普遍持有的观点是零事故，免于危险或风险，企业有安全文化，航空业有固有的风险可接受水平，还可以是危险识别和风险管理过程或事故损失的控制。

安全是一种状态，即通过持续的危险识别和风险管理过程，将人员伤害或财产损失的风险降至并保持在可接受的水平或其以下。安全是一个相对的概念，因而安全系统中的内在风险是可接受的。安全逐渐作为对风险的管理。

风险通常表述为可能性，然而风险的概念绝不仅限于可能性。对风险的理解分为三大类：不可接受的高风险；可接受的低风险；介于以上两类之间的风险，考虑时必须权衡风险与效益。在下列情况下，该风险可能会认为是可以容忍的：风险低于预先确定的不可接受极限；风险已经降低至切实可能低的水平；拟使用的系统或变更所带来的效益足以证明接受该风险合乎情理。风险必须同时满足上述三个标准才能列为是可以容忍的。

最低合理可行性原则(As Low As Reasonably Practicable)常用于表示风险已经降低到切实可行的水平。风险容忍度(Risk Tolerance)三角形见图1.1。

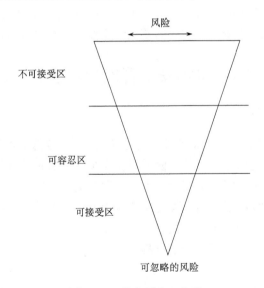

图 1.1　风险容忍度三角形

引入可接受的安全水平这一概念是为了适应对于现行的基于遵守规章和绩效考核的安全管理方法进行补允的需求。可接受的安全水平反映一个管理监督部门、经营人或服务提供者的安全目标(或预期)。在实践中，可接受的安全水平以两种计量标准/尺度来表示(安全绩效指标和安全绩效目标)，通过各种安全要求来实施。

安全绩效指标是一种对航空组织或航空业部门安全绩效的计量标准。安全指标应该易于测量并同一个国家的安全方案的主要构成部分或一个经营人/服务提供者的安全管理体系相联系。因此，航空业各部门，如航空器经营人、机场经营人或空中交通服务提供者，彼此之间的安全指标是不同的。

安全绩效目标视对具体经营人/服务提供者适宜的安全绩效水平和现实而定。安全目标应是可测量的、各利益相关者可接受的并和国家的安全方案相一致的。

安全要求是为实现安全绩效指标和安全绩效目标所必需的。安全要求包括运营程序、技术、系统和方案，对此可规定可靠性、可获得性、性能和/或精确度的计量标准。一系列不同的安全绩效指标和目标比使用单一指标或目标将使人们更好地了解一个航空组织或业界部门的可接受的安全水平。

可接受的安全水平、安全绩效指标、安全绩效目标和安全要求之间的关系如下：可接受的安全水平是首要的概念；安全绩效指标是确定是否已达到可接受的安全水平的计量标准/尺度；安全绩效目标是与可接受的安全水平相关的量化的目标；安全要求是实现安全目标的工具或手段。本书重点在安全要求，即实现可接受的安全水平的手段上。安全指标和安全目标可能是不同的，也可能是相同的。

1.1.3 事故与事故征候

事故是指发生在航空器运行中的事件，造成死亡或者严重伤害；航空器严重损坏，包括结构损坏或需要大修；航空器遗失或完全无法进入。

事故征候是指除事故以外的与航空器运行相关的，影响到或可能影响到运行安全的事件。严重事故征候是指涉及可表明几乎发生事故的情况的事故征候。国际民航组织的定义中使用"事件"一词来表示事故或事故征候，事故与事故征候的不同可能仅仅在于某个偶然因素。

(1)对事故起因的传统看法。调查经常着眼于找出造成事故的人员追究其责任(和给予惩罚)，安全管理工作至多也就是把重点首先放在找出降低发生这种不安全行为的风险的方法上。事故发生后的传统做法的祸根在于未预防性和不系统性，解决对事故起因传统看法的根本方法是从另外一个角度认识事故的起因——安全管理体系(Safety Management System, SMS)。

(2)对事故起因的现代看法。破坏是由决策中人的失误引起的，可能涉及运行层的实际失误，也可能涉及有助于破坏系统固有安全防护机制的潜在状况。

总之，发生事故需要多种促成因素碰撞在一起，每一项因素都是必不可少的，但是其自身均不足以破坏系统的防护机制。大多数事故包括实际状况和潜在状况两个方面。

事故起因模型见图 1.2。

模型表明组织因素(包括管理决策)虽然会产生导致事故发生的潜在状况，但同时有利于系统防护。直接产生不利影响的差错与违规可视为不安全行为，这些不安全行为可穿透公司管理层、管理当局等为保护航空系统设置的各种防护机制，从而导致事故。这些不安全行为发生在包括潜在不安全状况的操作环境中。潜在状况是由早在事故发生前就做出的决策或行为造成的。这些不安全行为可能仅仅是安全问题的症状，而不是起因。即使是在运行最好的组织中，大多数潜在不安全状况也均始于决策者。

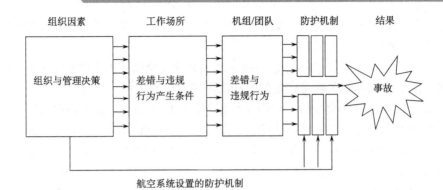

图 1.2　事故起因模型

(3) 事故征候：事故的前兆。行业安全研究表明，每 600 个报告的没有造成伤害或损坏的事件，会有大约 30 个造成财产损坏的事故征候、10 个造成严重伤害的事故、1 个造成重大或致命伤害的事故。

有效的安全管理要求员工和管理者在危险酿成事故前对其进行识别与分析；航空事故征候造成的伤害和损坏通常低于事故造成的伤害和损坏。

(4) 事故与事故征候发生的环境。事故与事故征候在特定情况和条件下发生，分析事故发生时的情况是安全管理的基础。形成事故与事故征候发生环境的主要因素包括设备设计、辅助基础设施、人的因素和文化因素、企业安全文化、积极的安全文化、人为差错等。

(5) 设备设计。设备(工作)设计是航空运营安全的基础。设计者关注下列问题：①设备是否按照其设计工作？②设备是否与操作者配合良好？设备是否"方便用户"？③设备是否与其安装位置相适合？

从设备操作者的角度讲，设备必须使差错风险(和后果)最小化，设计者也需要从设备维护者的角度考虑问题。

(6) 辅助基础设施。从经营人或服务提供者的角度讲，具备足够的辅助基础设施对于航空器的安全运营而言是必不可少的。这包括国家在以下方面充分履行自己的职能：①人员执照的颁发；②对航空器、经营人、服务提供者与机场进行合格审定；③确保提供所需的服务；④进行事故与事故征候调查；⑤提供运营安全监督。

从飞行员的角度讲，辅助基础设施包括下列内容：①适合运营类型的适航航空器；②充分而可靠的通信、导航和监视(Communication Navigation System，CNS)服务；③充分而可靠的机场、地面服务与飞行计划服务；④上级机构对于初训和复训、飞行计划的排定、飞行签派或飞行跟踪的有效支持。

空中交通管制员关注下列内容：①具备适合于运营任务的可用的通信、导航和监视设备；②安全而快速地处理航空器起降的有效程序；③上级机构对于初训和复训、排班计划和一般工作条件的有效支持。

(7) 人为因素。安全管理是努力寻找各种途径，预防可能破坏安全的人为差错的出现并使不可避免的人为差错对安全造成的不利影响最小化。这需要充分了解人为差错发生的运行环境(即了解工作场所内影响人的行为能力的因素和条件)。

人为差错在安全管理中不起任何作用。尽管它可能指示出了故障发生的地方，但是它没有提示事故发生的原因。人为差错可能是由设计导致的，或由设备或培训不足、程序设计不合理、检查单或手册编排不当造成的。人为差错掩盖了要想预防事故就必须重点研究的潜在因素。根据现代的安全管理思想，人为因素只是安全管理的起始点而非终止点。

人为差错是大多数航空事件中的起因或促成因素。常常是有能力的人员出现差错，尽管很明显他们并不是有预谋地制造事故。差错不是某种异常行为，实际上是所有人类活动的自然产物。差错必须作为人与技术相互作用的所有系统中的正常组成部分。人为差错的构成因素如图 1.3 所示。

计划的策划阶段或执行阶段均可能出现差错。计划差错会导致错误，失误和疏忽是执行阶段中导致差错的人为因素。失误是一种未按计划执行的，因此总是可以观察到的行动；疏忽是一种记忆性错误，除了亲历这种失误的人，任何人都不一定看得出来。

发生计划差错(过失)有两种方式：正确规则的错误应用，或者应用有缺陷的规则。

正确规则的错误应用：通常是由于营运人所面临的情况与规则适用情况有很多相似特征，但是也有重大差异。如果没有认识到这些差异的重要性，就会导致应用不恰当的规则。

应用有缺陷的规则：这包括使用之前的经验已证明能解决问题，但包含未被识别的缺陷的程序。如果首次使用这类解决方法时能解决问题，那么这种方法很可能会成为解决此类问题的常用方法。

过失和疏忽通常由于下列原因导致：

①注意力过失，通常由于在某些关键点上未能成功监控措施进展情况所导致。

②记忆力疏忽。

③有意识差错，是指在意识清醒的情况下的差错。

差错和违规都有可能导致系统失效与危险情况，其不同在于意图。违规是一种蓄意行为，而差错则是无意识的。

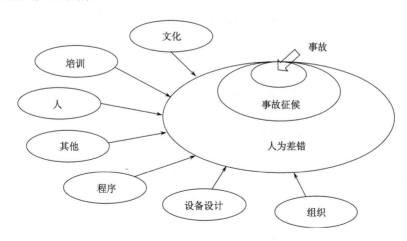

图 1.3 　人为差错的构成因素

差错管理的三个战略如下：

①减少差错是通过减少或排除差错促成因素，从而直接干预差错源，目的在于排除增加差错风险的任何不利条件。

②捕获差错则假设差错已经存在。目的是在差错的任何不利后果出现前"捕获"差错。

捕获差错与减少差错不同，它并不直接减少或排除差错。

③容忍差错是指系统在不出现严重后果的前提下承受差错的能力。

在安全管理中，通常采用 SHEL 模型形象地描述航空系统中各因素之间的相互关系。SHEL 模型(有时称为 SHELL 模型)根据传统的"人-机-环境"系统发展而来。它强调人以及人与航空系统中其他组成部分之间的相互关系界面。SHEL 模型的名称来自于其四个组成部分的英文首字母：

①人件(L)(工作场所中的人)；

②硬件(H)(机械与设备)；

③软件(S)(程序、培训、支持等)；

④环境(E)(L-H-S 系统其余部分的运行环境)。

SHEL 模型见图 1.4。

SHEL 模型的中心为运营的一线人员。人不具有和硬件同样高的标准化程度，所以方块的边缘不是简单的直线，人不能与其工作环境中的各种因素完美配合。为了避免影响人的行为能力的应力，必须理解各种 SHEL 模型方块与处于中心地位的人件方块之间界面的不规则效应。为了避免系统中的应力，必须使系统中的其他组成部分与人谨慎配合。

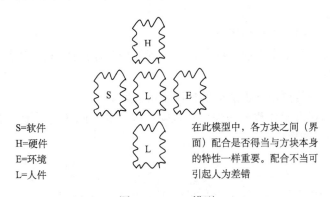

S=软件
H=硬件
E=环境
L=人件

在此模型中，各方块之间（界面）配合是否得当与方块本身的特性一样重要。配合不当可引起人为差错

图 1.4　SHEL 模型

不同的因素使人件方块具有粗糙的边缘。影响个人行为能力的较为重要的因素列举如下：

①身体因素。这些因素包括执行所要完成任务的身体能力，如体力、身高、臂长、视力和听力。

②生理因素。这些因素包括影响人的体内物理过程的因素，该过程可能影响一个人的身体和感知能力。这些因素包括供氧量、一般健康状况、疾病、烟草、药物或酒精的使用、个人压力、疲劳和怀孕等。

③心理因素。这些因素包括影响一个人对可能出现的各种情况的心理准备状态的因素，如培训的充分性、知识与经历、工作负荷。一个人的心理健康包括动机、判断力、对于危险行为的态度、信心和压力。

④社会心理因素。这些因素包括个人的社会体系中给其在工作和非工作环境中带来压力的所有外部因素，如与监督人发生争论、劳资纠纷、失去亲人、个人财务问题或其他家庭问题。

SHEL 模型对于形象地描绘航空系统中各个组成部分之间的相互关系尤为有用。其中包括：

人件-硬件(L-H)。提到人的因素时，最常考虑的是人与机器之间的相互作用(人类工程学)。它决定着人如何与实际工作环境相互作用，然而，人的本能倾向于适应 L-H 不协调状况，这种倾向可能会掩盖严重的缺陷，而这种缺陷可能在事故发生后才显现出来。

人件-软件(L-S)。L-S 界面是指个人与其工作场所中的支持系统之间的关系。

人件-人件(L-L)。L-L 界面是指工作场所中人与人之间的关系。

人件-环境(L-E)。此界面涉及个人与内部、外部环境之间的关系。内部工作场所环境包括温度、周围光线、噪声、振动和空气质量等实际条件。外部环境(对于飞行员而言)包括能见度、湍流和地形等。

(8)文化因素。文化是复杂的社会推动力，它确定了游戏规则或所有人际相互作用的框架，它是在特定社会环境中人们处理事情的方式的综合体现，文化提供了事情发生的环境。对于安全管理而言，充分理解这一称为文化的环境是人的行为能力及其局限性的重要决定因素。航空业的人们相互作用(L-L 界面)时，其处理事务的方式受到其文化背景差异的影响。不同文化处理同样问题的方式有所不同。

组织对于文化影响并无免疫力。组织行为在每一层面上都会受这些影响的左右。下列三个文化层面均与安全管理举措相关：

国家文化承认和识别特定国家的特征与价值取向；

职业文化承认和识别特定职业团体的行为方式与特征；

组织文化承认和识别特定组织的行为方式与价值取向。

组织对员工行为具有决定性影响。营造和培养安全文化的最大领域是在组织层面上。

安全文化是企业文化的一种自然产物。企业对于安全的态度影响其员工对安全的共同做法。安全文化由共同的信念、做法和态度构成。安全文化的基调靠高层管理者言行来确定和培养。企业安全文化是一种由使其员工形成对安全的态度的管理者营造的气氛。

企业安全文化受到下列因素的影响：

①管理者的行动和优先事项；

②政策和程序；

③监督措施；

④安全计划和目标；

⑤对不安全行为做出的反应；

⑥对雇员的培训和激励；

⑦雇员的参与或"买账"。

最终的安全责任落在组织的董事和管理者肩上，一个组织的安全特质从一开始就由高层管理者接受安全运营和风险管理责任的程度而确定下来。

积极的安全文化就是所有的决策都必须考虑其对安全的影响。积极的安全文化必须自上而下产生，并且依赖于员工和管理者之间高度的信任与尊重。安全文化与安全管理体系的其他方面之间也有很大程度的相互依存性。

积极的安全文化应体现下列特征：

①高层管理者高度强调安全，将其作为风险控制(即将损失最小化)策略的一部分。

②决策者与运行人员实事求是地看待组织活动中涉及的短期与长期危险。

③高层管理者营造一种积极对待组织下层人员就安全问题提出的批评、意见和反馈的气氛；不利用自己的权势把自己的观点强加给下属；采取措施控制已查明的安全缺陷造成的后果。

④高层管理者促成一种无惩罚的工作环境；某些组织使用"正义文化"一词，而不是无惩罚。但无惩罚并不意味着完全豁免。

⑤认识到在组织中的各个层次交流安全相关信息的重要性（包括内部交流和与外部实体的交流）。

⑥具备有关危险、安全和造成损害的潜在源的切实可行的规则。

⑦人员经过充分的培训，并且了解不安全行为的后果。

⑧冒险行为的发生率低，并有不鼓励这种行为的安全道德标准。

积极的安全文化通常就是：

①知情文化管理者提倡一种员工了解其工作领域固有危险和风险的文化。

②学习文化学习不仅限于要求进行初步的技能培训，而是一辈子的事情。

③报告文化管理者与运行人员自由交流重要安全信息，而不必担心受到惩罚。

④正义文化虽然无惩罚环境，是良好的报告文化的基本条件，但是员工必须清楚哪种行为是可以接受的、哪种行为是不可以接受的并达成共识。

企业对安全问题的三种回应见表 1.1。

表 1.1　企业对安全问题的三种回应

安全文化 特征	不良的	官僚主义的	积极的
危险信息	压制	忽视	积极寻找
安全信息提供者	不鼓励或者予以惩罚	容忍	培训与鼓励
安全责任	规避	分散	共担
安全信息传播	不鼓励	允许但不鼓励	奖励
故障后	掩盖	局部解决	调查及系统改革
新思想	打压	视为新问题(而不是机会)	欢迎

1.1.4　安全循环

考虑到影响安全的各种因素的数量及其潜在的相互关系，需要建立一个有效的安全管理体系，如图 1.5 所示。

危险识别是安全管理关键的第一步。需要有危险存在的证据，可以通过若干方法从各种来源获取这种证据，包括：

(1)危险与事故征候报告系统；

(2)对报告的危险和事故征候进行的调查与采取的后续行动；

(3)趋势分析；

(4)培训反馈；

(5)飞行数据分析；

(6)安全调查与运营监督安全审计；

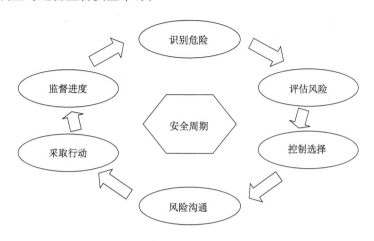

图 1.5 安全管理体系

(7)监督正常运营；

(8)对事故和严重事故征候进行的国家调查；

(9)信息交换系统。

1.2 国内外机场安全形势和发展趋势综述

近 20 年来，中国民航以前所未有的速度发展。在我国国民经济的发展中，民航一直以 15%～20% 的增长速度，适应我国人民对航空运输的要求，也使中国一跃成为世界民航大国。民航强国基本的要求是安全和效益两个方面，要想早日完成从民航大国向民航强国的转变，中国民航必须满足效益和安全两个方面的基本要求。

截至 2016 年底，我国共有颁证运输机场 218 个，运输航空公司 59 家，通用航空企业 320 家，定期航班航线 3794 条，按重复距离计算的航线里程为 919.3 万 km，按不重复距离计算的航线里程为 634.8 万 km。我国与其他国家或地区签订双边航空运输协定 120 个，其中亚洲有 44 个(含东盟)，非洲有 24 个，欧洲有 36 个，美洲有 9 个，大洋洲有 7 个。

2016 年，全行业完成运输总周转量 962.51 亿 t·km，比上年增长 13.0%。国内航线完成运输总周转量 621.93 亿 t·km，比上年增长 11.2%，其中港澳台航线完成 15.43 亿 t·km，比上年下降 4.9%；国际航线完成运输总周转量 340.58 亿 t·km，比上年增长 16.4%，如图 1.6 所示。全国民航运输机场完成旅客吞吐量 10.16 亿人次，比上年增长 11.1%，如图 1.7 所示。全国民航运输机场完成起降架次 923.8 万架次，比上年增长 7.9%，如图 1.8 所示。

根据《中国民用航空安全规划纲要(2010—2020 年)》，预计到 2020 年，我国民航运输机队规模将达到 4000 架，全国民用机场数量将达到 250 个。

中国民航业自诞生以来，除 20 世纪 70 年代的波动外，特别是在改革开放以来，安全水平一直处于大幅提高的发展中。如图 1.9 和图 1.10 所示，我国运输航空和通用航空的事

故与事故征候万时率总体上快速下降。民航安全应该基于两个方面重点管理，一是加强持续的安全管理，保持事故率较低的趋势；二是适应运输量的快速增长，采取措施预防事故率的波动。

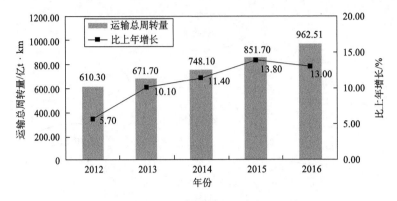

图 1.6 2012～2016 年民航运输总周转量

资料来源：《2016 年民航行业发展统计公报》

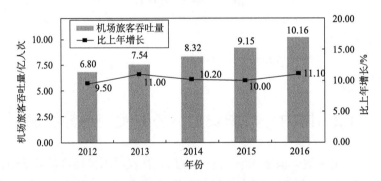

图 1.7 2012～2016 年民航运输机场旅客吞吐量

资料来源：《2016 年民航行业发展统计公报》

图 1.8 2012～2016 年民航运输机场起降架次

资料来源：《2016 年民航行业发展统计公报》

自 20 世纪 90 年代以来，随着技术引进和管理逐步完善，我国民航的安全水平大幅度提高。运输周转量的迅速增加，给经验不足、历史短暂的中国民航确实带来压力，空难也时有发生，但经过全行业的努力，我国民航安全水平逐渐提高。在我国最近的事故周期内，运输航空事故万时率降到最低，这是应该引以为自豪的。

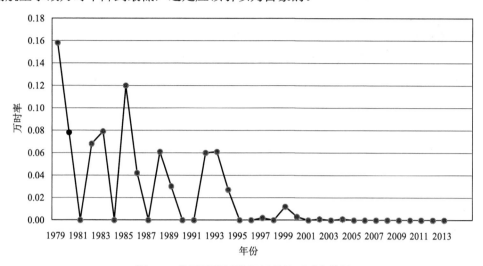

图 1.9 我国民航运输飞行事故万时率统计

资料来源：中国民用航空安全信息网 http://safety.caac.gov.cn

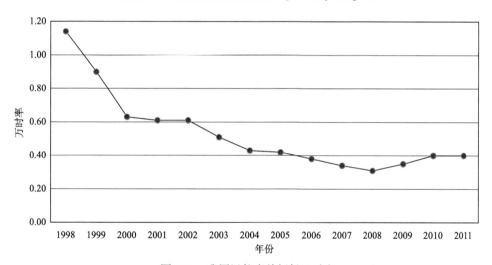

图 1.10 我国民航事故征候万时率

资料来源：中国民用航空安全信息网 http://safety.caac.gov.cn

30 年以来，我国民航运输飞行事故征候率分布规律为：一是在民航运输业务量持续增长的过程中，民航事故征候率整体上持续下降。二是在典型的年份，事故征候率呈现了显著上升。三是在较多时间中，民航运输生产安全形势平稳，事故征候率波动较小。四是民航事故征候率呈现明显的周期性波动。

2010 年 8 月 25 日～2016 年底，运输航空连续安全飞行 76 个月，累计安全飞行 4623 万小时，运输航空百万小时重大事故率 10 年滚动值为 0.016(世界平均水平为 0.217)。2016 年，全年共发生运输航空事故征候 519 起，其中运输航空严重事故征候 18 起。严重事故征候和人为责任事故征候万时率分别为 0.019 和 0.039。

1.3 机场运行安全法律规章体系

1. 监管机构职责

中国民航局机场司是机场运行的监管机构，机场司职责范畴内的主要安全工作如下。

(1)机场使用许可管理。

(2)机场名称管理。

(3)飞行区管理。

(4)目视助航设施管理。

(5)机坪运行管理。

(6)机场净空和电磁环境保护。

(7)鸟害及动物侵入防范。

(8)除冰雪管理。

(9)不停航施工管理。

(10)航空油料供应安全管理。

(11)机场运行安全信息管理。

(12)机场应急救援管理。

除此之外，还有其他安全工作，如安保。

2. 法律规章体系

机场运行安全相关的法律法规和技术标准如下。

(1)国际民航组织相关的附件、手册。

《附件 14——机场》；

《机场设计手册》；

《机场规划手册》；

《机场勤务手册》；

《机场许可证颁证手册》；

《地面活动引导及控制系统手册》；

《短距起降机场手册》；

《航空器地面除防冰作业手册》。

(2)法律法规。

《中华人民共和国民用航空法》；

《民用机场管理条例》。

(3)部门规章。

《民用机场使用许可规定》（CCAR-139CA-R1，民航总局第 156 号令）；

《民用机场运行安全管理规定》（CCAR-140，民航总局第 191 号令）；

《民用运输机场突发事件应急救援管理规则》（CCAR-139-II-R1，民航局第 208 号令）；

《民用机场专用设备使用管理规定》（CCAR-137CA-R2，民航总局第 150 号令）；

《民用机场航空器活动区道路交通安全管理规则》（CCAR-331SB-R1，民航总局第 170

号令)。

(4)技术标准和规范性文件。

《民用机场飞行区技术标准》(MH 5001—2013);

《民用直升机场飞行场地技术标准》(MH 5013—2014);

《机场安全管理体系建设指南》(AC-139/140-CA-2008-1);

《供 A380 飞机使用的现有民用机场采用的技术标准及运行要求》(AC-139-CA-2012-1);

《民用机场飞行区场地维护技术指南》(AC-140-CA-2010-3);

《民用机场助航灯光系统运行维护规程》(AP-140-CA-2009-1);

《民用机场航空燃油供应安全运行规定》(AP-191-CA-2008-3)。

第2章 安全系统工程

2.1 基 本 概 念

安全系统工程是以机械、设备、原材料、人和环境等综合系统为研究对象，最终以保护人和生产资料的安全为目的，以系统理论为指导，结合其他技术，研究各种安全问题的综合性学科。

研究内容包括：系统安全分析——找问题；系统安全评价——问题是否可接受；安全决策与事故控制——安全管理。

通过对该课程的学习，懂得分析系统的安全状况，培养系统分析习惯，掌握系统危险因素分析方法，能够熟练进行系统安全评价，胜任机场安全职务(岗位)。

1. 系统及相关概念

系统是由相互作用和相互依赖的若干组成部分结合成的具有特定功能的有机整体。

系统特征如下。

(1)整体性。两个或两个以上相互区别的要素(元件或子系统)。

(2)相关性。要素之间、要素与子系统、系统和环境之间相互联系、相互依赖、相互作用。

(3)目的性。系统是为完成某种任务或实现某种目的而发挥功能。

(4)有序性。空间结构的层次性和系统发展的时间顺序性。

(5)环境适应性。系统与环境进行物质、能量和信息交换，环境也是系统的约束条件。

系统分类如下：自然系统与人造系统；封闭系统与开放系统；静态系统与动态系统；实体系统与概念系统；宏观系统与微观系统等。

可靠性指系统在规定的条件下和规定的时间内完成规定功能的能力，利用可靠度进行衡量。

可靠度指系统在规定的时间内完成规定功能的概率。

2. 安全及相关概念

该如何理解安全？是一种状态？处于何种状态为安全？是一种过程？这个过程从何时起，何时止？是人们的期望？能不能实现？安全是一个复杂系统的动态过程或状态，其目标是人、物不受到伤害或损失。没有绝对的安全，也没有永恒的安全。

3. 安全系统

安全有关的影响因素构成了安全系统。因而安全系统具有如下特点。

(1)系统性。与安全有关的因素纷繁交错，所以安全系统是一个复杂的巨系统。安全系统中各因素之间，以及因素与目标之间的关系多数有一定灰度，所以安全系统是灰色系统，追求一定灰度的满意解或可接受解。

(2)开发性。安全系统寄生在客体(另一个系统)中，它们之间进行着物质、能量或信息的交流。

(3)确定性与非确定性。系统发展演化的规则是确定的，但其发展过程是随机的(某一时刻是否处于安全状态难以确定)，是不确定的。

(4)有序和无序的统一。有序对应于系统处于安全状况，无序是事故发生的瞬间。

(5)突变性或畸变性。突变和畸变是灾害事故的启动。

2.1.1　安全系统工程的发展历程

安全系统工程(Safety System Engineering)是采用系统工程的基本原理和方法，预先识别、分析系统存在的危险因素，评价并控制系统风险，使系统安全性达到预期目标的工程技术。

安全系统以安全科学和系统科学为理论基础，追求的是整个系统的安全和系统全过程的安全，其重点是系统危险因素的识别、分析，系统风险评价和系统安全决策与事故控制。它的目标是将系统风险控制在人们能够容忍的限度以内，并解决如下问题：控制和消除导致人员死伤、职业病、设备或财产损失的因素，最终实现在功能、时间、成本等规定的条件下，系统中人员和设备所受的伤害与损失最小。

1. 安全系统工程产生——事故的积极一面

事故具有鲜明的反面教育的作用；事故是一种特殊的科学实验；事故是诞生新的科学技术的催化剂。

2. 安全系统工程发展过程

(1)产生及发展本源。1947 年 9 月，美国航空科学院报道了一篇题为"安全工程"的论文，它是最早提出系统安全概念的论文。20 世纪 60 年代初，这一概念为合同文件所正式采用，确定了系统设计中安全的地位。1962 年 4 月，美国空军公布了弹道导弹部的 BSD(弹道导弹电子系统地面发射装置)第 64-41 号文《发展空军弹道导弹的系统安全工程》，向设备生产厂商提出了安全要求，首先建立了安全系统工程的概念。20 世纪 60 年代，英国收集核电站故障数据，奠定了定量评价的基础。1974 年，美国原子能委员会对电站事故进行了风险评价，发表了《拉姆逊报告》，做出了核电站的安全性评价。

(2)引用及应用发展。1964 年，美国道化学公司提出了"火灾爆炸指数评价法"(又称道氏法)。英国帝国化学工业公司在道氏法的基础上开发了蒙得评价法。20 世纪 70 年代，日本厚生劳动省发表了"化工企业安全评价指南"，即化工企业六步骤安全评价法。70 年代末，天津东方化工厂应用安全系统工程成功解决了高度危险企业的安全生产问题，是安全系统工程在我国的首次应用。80 年代中后期，系统安全评价理论和方法研究逐渐展开。

3. 安全系统工程发展特征

安全系统工程是在事故的逼迫下产生的；现代科学技术的发展为安全系统工程的产生提供了必要条件；美国导弹技术的开发促使安全系统工程的诞生；安全系统工程不仅包括分析与评价技术，也包括管理科学内容。

4. 安全系统工程研究对象

(1)人子系统。人的生理、心理，人的安全行为。

(2)机器子系统。不仅从工件的形状、大小、材质及其可靠性方面研究，还要考虑其对人的要求和从人的角度对机器的要求出发进行研究(人-机的配合)。

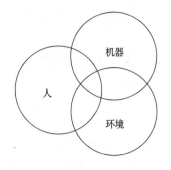

图 2.1　人、机器、环境关系图

(3) 环境子系统。考虑环境的理化和社会因素。

三者之间的关系如图 2.1 所示。

5．安全系统工程研究内容

(1) 系统安全分析。使系统不发生或少发生事故的前提是，预先发现系统可能存在的危险因素，明确其对系统安全性的影响程度，从而可以辨别、分析系统危险因素，并根据需要对其进行定性、定量描述的技术方法。

(2) 系统安全评价。通过评价掌握系统事故风险值，并与预定安全指标进行比较，确定是否对危险因素采取安全措施，使其值降至标准以下。根据评价对象的特定、规模，评价要求和目的，采用不同的方法。

(3) 安全决策与事故控制。对系统实施全面、全过程的安全管理，实现对系统的安全目标控制。

6．安全系统工程方法论

(1) 从系统整体出发。系统的要素存在矛盾时，寻求各方可接受的满意解；安全系统工程的优化思路贯穿于系统的规划、设计、研制和使用各阶段。

(2) 本质安全。系统本身(相对于外部环境而言)不存在安全隐患。安全的最理想状态，也是安全追求的最高阶段。

(3) 人-机匹配。人-机匹配是系统安全至关重要的因素。

(4) 安全经济。安全投入与安全目标的合理化。投入越大越安全。安全是相对的，应合理地协调和优化投入与可接受的安全目标之间的关系。

7．安全系统工程分析过程

安全系统工程具有复杂和系统的分析过程，见图 2.2。

图 2.2　安全系统工程分析过程

8. 安全系统工程应用特点

安全系统工程是一门应用性很强的科学技术学科。

(1)系统性。无论是系统安全分析、系统安全评价的理论，还是系统安全管理模式和方法的应用都表现了系统性的特点。它从系统的整体出发，综合考虑系统的相关性、环境适应性等特性。始终追求系统总体目标的满意解或可接受解。

(2)预测性。安全系统工程的分析技术与评价技术的应用，无论是定性的，还是定量的，都是为了预测系统存在的危险因素和风险水平。

(3)有序性。安全系统工程的应用按照系统的时空两个跨度有序展开，并且管理规范地执行，一般是按照系统生命过程有序进行的，而且贯彻到系统的各个方面。

(4)择优性。主要体现在系统风险控制方案的综合与比较，从各种备选方案中选取最优方案。

(5)技术与管理的融合性。安全系统工程是技术与管理的交叉，技术一时难以实现本质安全的，需要管理进行补偿。

2.1.2　事故致因理论

1. 事故的定义

人们在实现其目的性的行动过程中，突然发生了与人的意志相违背的，迫使其有目的的行动暂时或永久停止的事件称为事故。

企业在生产过程中突然发生的伤害人体、损坏财物、影响生产正常进行的意外事件称为生产事故，其分类见图 2.3。

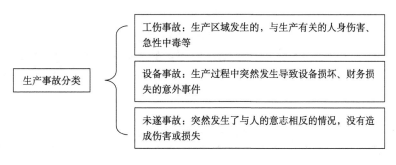

图 2.3　生产事故分类

2. 工伤事故的特征

(1)事故的因果性。事故是相互联系的许多原因的结果，见图 2.4。

许多事故构成要素①是"因"，导致了其一事件②的结果；而②本身又包含着①，又是下一阶段结果的"因"。由②到③以此类推。随着时间的向前推移由近因找到远因，由直接原因(也分第一层、第二层)追踪到本质的原因。

(2)事故的偶然性。从本质上讲，伤害事故是一个随机事件。有句俗语"常在河边走，哪有不湿脚？"什么时候湿？不知道。但是可以肯定，会湿脚！

(3)事故的潜伏性和预测性。事故的发生不能脱离时间而存在。生产过程中，安全隐患是客观存在的，潜伏着事故。大量(并非所有)事故的发生有其规律性或前兆信息，体现出一定的可预测性。

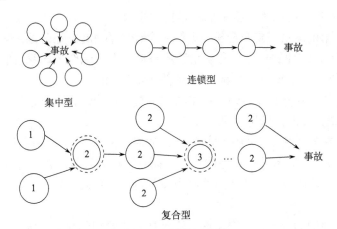

图 2.4 事故的因果性

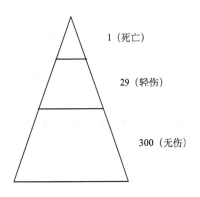

图 2.5 事故三角形

3. 事故法则

1973 年，美国一位安全工程师享瑞齐氏对 55 万起事故统计分析后发现的一个统计规律如下：涉及同一工人的 330 件相似的意外事件中，有 300 件未产生伤害，29 件产生轻、微伤，1 件产生死亡，故称 300∶29∶1 法则，如图 2.5 所示。事故法则的重要意义为：人们要想清除 1∶29 的伤亡事故，就得使事故(包括 300 件的无伤事故)都不发生。

4. 事故致因

1)早期事故致因理论

以 20 世纪初的工业革命为前提，早期的事故致因理论有事故频发倾向论、因果连锁论。林伍德和纽博尔德罗列出如下事故频发者的特征，如表 2.1 所示。

表 2.1 事故频发者的特征表 (单位：%)

性格特征	事故频发者	其他人	未发生事故者
容易冲动	38.9	21.9	39.2
不协调	42.0	26.0	32
不守规矩	34.6	26.8	38.6
缺乏同情心	30.7	0	69.3
心理不平衡	52.5	25.7	21.8

某一时期内根据事故率鉴别出来的事故倾向性人组，在下一周期内会发生变化，因而难以确定。

图 2.6 为海因里希的因果连锁论——多米诺骨牌原理。

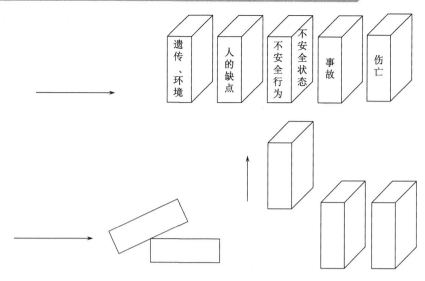

图 2.6　因果连锁论(海因里希)——多米诺骨牌原理

2)第二次世界大战后的事故致因理论

第二次世界大战后的代表事故致因理论有轨迹交叉论、能量意外释放论。

斯奇巴的轨迹交叉论(图 2.7)表明,事故发展过程中,人与物的不安全运动轨迹的交点就是事故发生的时间与空间,如果人的不安全行为与物的不安全状态在同一空间和同一时间相遇,就将在此地发生事故。

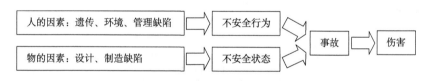

图 2.7　轨迹交叉论(斯奇巴)

吉布森和哈登的能量意外释放论(表 2.2)表明,事故是一种不正常或不希望的能量释放,各种形式的能量释放构成伤害的直接原因。

表 2.2　能量类型与伤害

能量类型	产生的伤害	事故类型
机械能	刺伤、割伤、撕裂、挤压皮肤和肌肉、骨折、内部器官损伤	物体打击、车辆伤害、机械伤害、起重伤害、高处坠落、坍塌、爆炸
热能	皮肤发炎、烧伤、烧焦、焚化、伤及全身	灼烫、火灾
电能	干扰神经——肌肉功能、电伤	触电
化学能	化学性皮炎、化学性烧伤、致癌、致遗传性突变、致畸、急性中毒、窒息	中毒和窒息、火灾

3)现代系统安全理论——系统理论

系统理论认为,事故的发生来自人的行为与机械特性间的失配或不协调,是多种因素相互作用的结果。瑟利和安德森的事故三要素理论如图2.8所示。瑟利模型如图2.9所示。

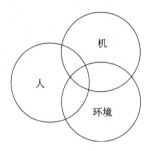

图 2.8　事故三要素理论(瑟利和安德森)

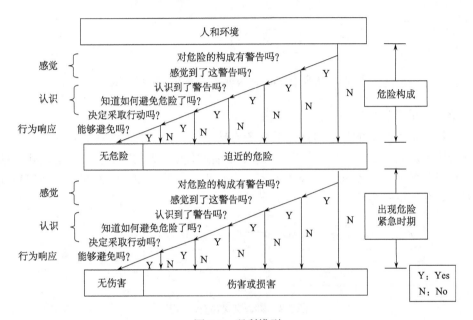

图 2.9　瑟利模型

2.2　系统安全分析

系统安全分析主要对系统危险因素进行分析，主要分析导致系统故障或事故的各种因素及其相关关系。

系统安全分析内容如下。

(1)对可能诱发或直接导致事故的因素及其相互关系进行分析。

(2)对系统有关的环境条件、设备、人员等因素进行分析。

(3)对保障安全生产的措施进行分析(面向危险因素)。

(4)对事故后果进行分析。

(5)对安全防护措施进行分析(面向人员)。

常用的系统分析方法如下。

(1)安全检查表(Safety Checklist，SC)。

(2) 预先危险性分析(Preliminary Hazard Analysis，PHA)。

(3) 故障类型和影响分析(Failure Model and Effects Analysis，FMEA)。

(4) 危险性和可操作性研究(Hazard and Operability Analysis，HAZOP)。

(5) 事件树分析(Event Tree Analysis，ETA)。

(6) 事故树分析(Fault Tree Analysis，FTA)。

(7) 因果分析(Cause-Consequence Analysis，CCA)。

在系统寿命不同阶段的危险因素辨识中，应该选择相应的系统安全分析方法，见表 2.3。

表 2.3　系统安全分析方法

分析方法	开发研制	方案设计	样机	详细设计	建造投产	日常运行	改建扩建	事故调查	拆除
安全检查表	√	√	√	√	√	√	√		√
预先危险性分析	√	√	√	√			√		
危险性和可操作性研究			√	√		√	√	√	
故障类型和影响分析			√	√		√	√	√	
事故树分析		√	√	√		√	√	√	
事件树分析			√	√		√	√	√	
因果分析			√	√		√	√	√	

选择分析方法考虑因素如下。

(1) 分析的目的。系统安全分析的最终目的是辨识危险源，一般要求做到：对系统中所有危险源，查明并列出清单；掌握危险可能导致的事故，列出事故隐患清单；列出降低危险的措施；将危险源按危险程度排序；为定量评价提供数据。

(2) 资料的影响。不同的方法，要求提供资料的详细程度不同；而系统所处不同阶段，能够收集到的资料的详细程度也不同。

(3) 系统的特点。从系统的复杂程度与规模来看，先用简单方法，后根据详细的分析选择相应方法。从工艺类型或对象特点来看，不同的方法适合不同的对象或工艺。从操作类型来看，单因素故障和多因素故障所选用方法不同。

(4) 系统的危险性。若危险性高，采用系统、严格、预测性方法，如危险性和可操作性研究。若危险性低，采用经验的、不太详细方法，如安全检查表。

2.2.1　安全检查表

1. 概述

安全检查表是进行安全检查，发现潜在危险，督促各项安全法规、制度、标准实施的一个较为有效的工具；安全检查表是最基础、最初步的方法。它是 20 世纪 30 年代工业迅速发展时期的产物。安全检查表常用于安全生产管理，对熟悉的工艺、设备、操作等进行安全分析，可用于项目的建设、运行过程的各个阶段。

为了检查某一系统、设备以及各种操作管理和组织措施中的不安全因素，事先对检查对象加以剖析、分解，查明问题所在，并根据理论知识、实践经验、有关标准规范和事故情报等进行细致思考，确定检查的项目和要点，以提问的方式，将检查项目和要点编制成表，以备在设计或检查时，按规定的项目进行检查和诊断，这个表就称为安全检查表。

2. 安全检查表的特点

(1)事先编制。由专业干部、有关部门领导、工程技术人员、工人共同编写。

(2)预先对检查对象进行详细调查、分析。预先了解检查对象可能存在的安全隐患，能做到有目的、有针对性的检查，避免检查的形式化，能切实发现问题。

(3)以法规、标准、规范和经验为标准。目的明确、内容具体，易于操作和实现。

(4)以问答作为形式。使用简单，易于管理人员和广大职工掌握与接受，可经常自我检查。

(5)对拟定项目逐项检查。安全检查表对系统进行危险因素的辨识，既能查隐患，又能得出确切结论，从而保证了有关法律法规的有效执行。

(6)安全检查表与责任人紧密联系。易于推行安全生产责任制，检查后能够做到责任清、职责明、整改措施落实快。

3. 安全检查的内容

安全检查内容概括起来为查思想、查管理、查隐患、查事故处理。

(1)查思想。检查企业领导和管理人员是否将职工安全健康放在首位，是否认真执行政策、规范和安全生产方针。

(2)查管理。检查企业负责人是否将安全与计划、布置、检查、总结、评比同时进行；工程项目中是否实行了"三同时"原则，即同时设计、同时施工、同时投产。

(3)查隐患。检查生产设备、劳动条件、安全卫生设备是否符合要求，是否存在不安全因素或事故隐患；劳动者是否存在不安全行为等。

(4)查事故处理。检查是否对事故进行了及时报告和认真调查；是否按"四不放过"(事故原因不清不放过、事故责任人和广大职工没有受到教育不放过、没有制定出防范措施不放过、责任人不处理不放过)要求进行处理。

4. 安全检查表的分类

根据用途和安全检查表内容，安全检查表可分为以下五类。

(1)审查设计的安全检查表。新建、改建、扩建的厂矿企业，革新、挖潜的工程项目必须考虑相应的安全问题，可利用安全检查表进行安全分析。

(2)厂级安全检查表。用于全厂性的安全检查，重点是全厂大的系统方面的检查。

(3)车间安全检查表。用于车间定期性的检查，重点是设备、运输、加工的不安全状态和人的不安全行为方面的检查。

(4)工段及岗位安全检查表。用于岗位自检、互检和安全教育，重点是多发性事故隐患的排查。

(5)专业性安全检查表。专业机构及职能部门进行检查用，多用于定期检查和季节性检查。

5. 安全检查表的格式

最简单的安全检查表格式如表2.4所示。

表 2.4　最简单的安全检查表格式

序号	项目名称	检查内容	检查结果	备注	检查时间和检查人

一般安全检查表包括：

(1)序号(统一编号)；

(2)项目名称，如子系统、车间、工段、设备等；

(3)检查内容，可用直接陈述句或疑问句，就检查的内容作说明或提出可能存在的隐患；

(4)检查结果，也就是回答栏，针对检查内容以"是""否"进行回答，或给定检查内容满分，根据检查结果对检查内容打分；

(5)备注，注明建议、改进措施或反馈等；

(6)检查时间和检查人。

6. 安全检查表编制程序

安全检查表编制程序如图 2.10 所示。

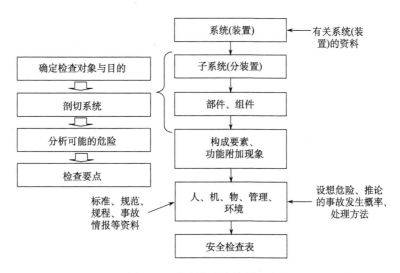

图 2.10　安全检查表编制程序

7. 安全检查表编制注意事项

(1)高水平的安全检查表需要专业技术的全面性、多学科综合性和对实际经验的统一性，因此，需要技术人员、管理人员、操作人员和安全技术管理人员深入现场共同编制。

(2)按检查隐患要求列出的检查项目要齐全、具体、明确，突出重点，抓住要害。

(3)各类检查表都有其适用对象，各有侧重，不宜通用，应根据需要建立合适的安全检查表。

(4)危险性部位应详细检查，确保一切隐患在可能发生事故之前就被发现。

(5)编制安全检查表应与安全系统工程中的事故树、事件树等其他系统分析方法结合进行，把一些基本事件列入检查项目中。

8. 安全检查表应用举例

【例 2.1】　机场行李自动分拣系统设计安全检查表（部分）。

编号	检查内容	所依据的法规标准
1	传送系统必须具有适应环境的足够能力，特别是抗温度、耐磨损、防腐蚀等能力	GB 5083—1999
2	分拣区及其零件、部件设计成不带易伤人的锐角、利棱、凹凸不平的表面和较突出的部分	GB 5083—1999
⋮	⋮	⋮

【例 2.2】　机场机修维护岗位安全检查表。

序号	检查内容	检查结果		备注
		是(√)	否(×)	
1	焊接场地是否有禁止存放的易燃易爆物品？是否配备有消防器材？			
2	操作人员是否按规定穿戴和佩戴防护用品？			
⋮	⋮			

【例 2.3】　"空防安全管理"模块的"对非法干扰的应急响应"要素的安全检查表。

编号	项目	分值	检查情况记录	得分
	对非法干扰的应急响应(100 分)			
1	应急处置机构设置是否完整并符合国家要求？	15		
2	是否有针对不同非法干扰的应急处置预案？	25		
3	机场内是否设立停放、放置或处置受到爆炸物等威胁民用航空器和可疑货物、行李的隔离区域？	6		
4	发生非法干扰行为期间，是否有应急新闻发布制度以保证所有相关官员及工作人员均不得直接与媒体交流，一切信息全部交由指定的发言人处理？	6		
5	发生非法干扰行为期间，是否做到有控制地准确发布信息？	5		
6	机场管理机构是否每年应进行一次单项或桌面演练，每两年进行一次综合性演练？	8		
7	演练结束后应做出评估，是否书面报告民航地区管理局和公安局？	5		
8	信息传递的方式是否明确？	20		
9	工作人员是否了解信息传递的方式？	10		
			合计	

【例 2.4】　变配电站安全检查表（部分）。

序号	检查内容	检查方式	应得分	实得分	说明
1	变配电站环境		15		
1.1	与其他建筑物间有足够的安全消防通道	以消防车辆能通过和转弯、调头为判断标准	2		
⋮	⋮	⋮	⋮		
1.6	门、窗孔应装置网孔小于 10mm×10mm 的金属窗网	查证门、窗、排风扇洞口和其他洞口处	2		

【例 2.5】 蒸汽锅炉爆炸事故安全检查表(部分)。

检查顺序	检查项目	检查标准	实际状况
1	气压状况	不超过工作压力	
2	水位报警器	灵敏可靠	
3	安全阀调压情况	完好	
⋮	⋮	⋮	

2.2.2 预先危险性分析

1. 概述

预先危险性分析(Preliminary Hazard Analysis,PHA)又称初步危险分析,是在工程项目(包括设计、施工、生产)活动之前,对系统存在的危险类别、出现条件及可能造成的结果进行宏观概略分析的一种方法。预先危险性分析把分析工作做在行动之前,避免由于考虑不周造成损失,是一种定性的方法。

项目发展初期使用预先危险性分析具有如下特点:

(1)它能识别可能的危险,用较少的费用或时间就能进行改正;

(2)它能帮助项目开发组分析和(或)设计操作指南;

(3)简单、易行、经济、有效。

项目进行初期,系统中采用了新操作方法或接触新的危险性物质、工具和设备时可采用预先危险性分析方法。

2. 分析内容

分析时,对偶然事件、不可避免事件、不可知事件进行剖析,将其看作必然事件进行分析,确保分析中不出现遗漏。分析内容包括:

(1)危险设备、场所、物质;

(2)有关设备、物质的交接面及其相互关系与影响,如火灾爆炸发生及传播、控制系统等;

(3)对设备、物质有影响的环境因素,如地震、洪水、高(低)温、潮湿、振动等;

(4)分析工艺过程及其工艺参数或状态参数;

(5)运行、试验、维修、应急程序,如人失误后果的严重性、操作者的任务、设备布置及通道情况、人员防护等;

(6)辅助设施,如物质和产品的储存、试验设备、人员训练、动力供应等;

(7)用于保证安全的设备、防护装置等。

3. 分析步骤

预先危险性分析步骤如图 2.11 所示。

4. 危险性识别

造成事故后果必须有两个因素:一是引起伤害的能量;二是遭受伤害的对象(人或物),且这两者必须相距很近,伤害能量能够达到。失控的能量作用在人体上就是伤害事故。一般失控能量有以下情况。

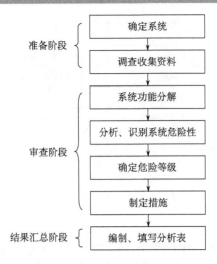

图2.11　预先危险性分析步骤

(1)物理模式。物理爆炸、锅炉爆炸、机械失控、电气失控、其他物理能量失控(如热辐射、核污染、电场、紫外辐射等)。

(2)化学模式。直接火灾、间接火灾、自动反应。

(3)有害物质。很多化学物质如氰化物、氯气、光气、氨、一氧化碳等，都会对人造成急性或慢性毒害。

(4)外力因素。受外界爆炸而产生的冲击波、爆破碎片的袭击等和地震、洪水等自然现象，造成损坏和人身伤亡。

(5)人的因素。人易受环境条件所造成的心理上的影响，从而造成误操作。

(6)环境因素。

5.危险性等级

划分危险性等级是为了衡量危险程度，以便排定次序，分辨轻重缓急，见表2.5。

表2.5　危险等级划分表

级别	危险程度	可能导致的结果
Ⅰ	安全的	不会造成人员伤亡和系统破坏
Ⅱ	临界的	处于事故的边缘状态，暂时不会造成人员伤亡和系统损坏，但应予排除和控制
Ⅲ	危险的	会造成人员伤亡和系统损坏，要立即采用措施
Ⅳ	灾难性的	造成人员重大伤亡及系统严重破坏的灾难性事故，必须予以果断排除并进行重点防范

6.危险性控制

危险性控制可从主动和被动两个方面考虑：一方面控制危险源；另一方面采用隔离措施和个体防护。可按图2.12的顺序考虑。

7.预先危险性分析表格

预先危险性分析结果一般通过表格形式列出，如表2.6～表2.8所示。

图 2.12　危险性控制顺序

表 2.6　预先危险性分析工作表格

单元：　　　编制人员：　　　日期：

危险	原因	后果	危险等级	改进措施/预防方法

表 2.7　预先危险性分析工作的典型表格

地区(单元)：　　　会议日期：

图号：　　　小组成员：

危险/意外事故	阶段	原因	危险等级	改进措施、预防方法

表 2.8　预先危险性分析通用表格

系统：　　　子系统：　　　状态：　　　制表者：

编号：　　　日期：　　　制表单位：

潜在事故	危险因素	触发事件(1)	发生条件	触发事件(2)	事故后果	危险等级	防范措施	备注

注：触发事件(1)指导致产生危险因素的不希望发生的事件或错误；
　　触发事件(2)指导致产生事故发生的不希望发生的事件或错误。

8. 预先危险性分析应用举例

【例 2.6】　机场油库火灾、爆炸事故预先危险性分析见表 2.9。

表 2.9　机场油库火灾、爆炸事故预失危险性分析

序号	危险因素	触发条件	事故后果	危险等级	对策措施
1	航油失控，造成溢油、滴油	1. 操作使用问题 a. 执行制度不严和误操作，造成阀门错开、误开、关闭不严、甚至怕下次阀门难开，有意不关严等； b. 保管人员不熟悉阀门操作使用，误将进出油阀门审油、放空油罐器油，或者从呼吸阀、测量孔流失； c. 放空管道后，阀门未关，或油罐罐进出油阀门审油，放空油罐器油，或者从呼吸阀、测量孔流失； d. 用加压泵进行灌装油作业时，灌装油桶嘴全部处于关闭状态，压力增大冲毁管道阀门，法兰连接处垫片； e. 管道放空后，进气管阀门失灵，或夹闭不严、或夹闭不严、胶管老化破裂； f. 收发油作业后，保管人员怕下次阀门难开，将阀门少关两圈，造成下次作业时放空放空油罐器油； g. 收发油作业时放空放空油罐器油。 2. 设计安装问题 a. 没有按规范要求进行设计，施工安装没有严格执行技术要求（如阀门选用不当，在寒区、严寒区选用了铸铁阀门，且未采取保温措施，水积存于阀门门中，冬季结冰将阀门冻裂）； b. 管道未设置泄压装置，管内存油、管线受热膨胀、管线阀门、法兰连接处的严密性； c. 管道未按要求设置补偿器，热胀冷缩时，管线受力破坏处的密封性；焊缝裂口，或弯曲应力破坏了管线阀门，法兰连接处的密封不良，焊缝受弯应力倾斜断裂； d. 阀门位置选择不当，如将阀门设置于横向位置的管段，且距管路支管座近，施工安装时，未按规定定期清洗、试验、有渗漏、窜油等现象，或者法兰座近； e. 施工选材不当，老化变质等； f. 管道整体强度试验后，水未放空或排放不净，冬季结冰而冻裂阀门、管线，或者试验时操作不当，造成水击冲裂垫片，或检查验收不严和不验收而交付使用，留下了隐患； g. 设备、材料安装前没有进行检查验收，使用了劣质的或不符合技术要求的设备、材料	造成物质损失，为机场油库火灾、爆炸事故埋下重要隐患	II	1. 及时维护保养设备、及时检查阀门工作状态、及时更换失修、失灵阀门； 2. 管线按照检查维修周期进行技术检查和鉴定、定期检查设备设施的腐蚀情况，如果设备设施腐蚀穿孔，应及时更换 及时清理阀门内的沉积杂物，

续表

序号	危险因素	触发条件	事故后果	危险等级	对策措施
2	航油泄漏、油气释放、油气浓度达到爆炸极限；泵房、油罐爆炸	1. 故障泄漏 a. 油罐、管线、阀门、法兰等泄漏或破裂； b. 油罐等超温装置溢出； c. 机、泵破裂或转动设备、泵密封处泄漏； d. 罐、机、泵、阀门不当泄漏； e. 罐、机、泵、阀门、流量计、仪表等连接处泄漏； f. 安全不当泄漏（如管道加工质量、材质、焊接等）或安全阀因质量不合格（如制造加工质量不好）或人为破坏造成油罐、管线等破裂而泄漏； g. 由自然灾害造成的破裂、泄漏，物体跌落等，如雷击、台风等。 2. 运行泄漏 a. 超压造成破裂、泄漏； b. 液压安全阀、透气阀等安全附件失灵、损坏或操作不当； c. 垫片撕裂造成泄漏； d. 转动部分不洁，摩擦产生高温及高温物体，遇易燃物品。 3. 油气泄漏浓度达到爆炸极限 a. 开敞状态下释放油气的孔口、测量孔、人孔不加盖或未关闭；呼吸阀故障，液压安全阀缺油等，使油罐与大气空间直通，有油蒸汽释放； b. 封闭状态的孔口或部位，正常情况下有微量油气泄漏； c. 装有阀门、管接头处及仪表的管线，在正常情况下有微量油气泄漏	航油跑损、人员伤亡，造成严重经济财产损失	Ⅲ	1. 严格控制设备质量及其安装 a. 罐、管线、机、泵、阀等设备及其配套仪表要选用质量好的合格产品，并把好质量关； b. 管道、油罐及其有关设施按要求进行定期检验、检测、试压； c. 对设备、管线、机、泵、阀、仪表、报警器、监测装置等要定期进行检查、保养、维修，保持完好状态； d. 按规定安装电气线路，定期进行检查、保养，保持完好状态。 2. 防止油品的跑、冒、滴、漏 3. 加强油库安全管理 a. 杜绝"三违"，坚持巡回检查，发现问题及时处理，如液位报警器、呼吸阀、压力表、安全阀、液位报警器是否完好，消防及救护设施是否正常，防腐、防寒保温、管线、泵、阀等是否畅通，地为部分的隔离等； b. 检修时，必须做好与其他部分的隔离（如安装盲板等），并且要彻底清理，在有现场监护及交通良好的条件下，方能进行动火等作业； c. 检查有否违章、违纪现象； d. 加强培训、教育、考核工作； e. 防止车辆靠近管线等设施。 4. 安全设施要齐全保持完好 a. 安全设施齐全并保持完好； b. 油罐安装高、低液位报警器； c. 易燃、易爆场所安装可燃气体检测报警装置。 5. 改善通风条件 a. 改善油库周围的自然通风条件，确保油场与周边建筑物的安全距离； b. 在油库场所安装经常运转的通风机，能保证油场所足够的换气次数和适当的均匀程度，且风机故障时有备用风机自动投入运转； c. 在油库场所设置多个可燃气体浓度自动控制的检测仪器，在油气浓度接近爆炸下限时，发出可靠报警信号或者联动风机自动有效通风

续表

序号	危险因素	触发条件	事故后果	危险等级	控制与消除火源 对策措施
3	油气遇明火或火花	1. 明火 　a. 点火吸烟; 　b. 外来人员带火种; 　c. 抢修、检修时违章动火，焊接时未按规定动火; 　d. 物质过热引起燃烧; 　e. 其他火源; 　f. 其他火灾引发二次火灾等。 2. 火花 　a. 穿带钉皮鞋; 　b. 击打管道、设备产生撞击火花; 　c. 电器火花; 　d. 电器线路陈旧老化或受到损坏产生短路火花，以及因超载、绝缘烧坏 引起明火; 　e. 静电放电; 　f. 雷击(直接雷击、雷击二次作用，沿着电气线路或金属管道侵入); 　g. 驶入车辆未带阻火器等; 　h. 焊、割、打磨产生火花等	油库爆炸，造成 重大人员伤亡 及财产损失	IV	a. 严禁吸烟、携带火种，穿带钉皮鞋进入易燃易爆区; b. 油库动火必须按动火手续办理动火证，并采取 有效防范措施; c. 易燃易爆场所应使用防爆型电器; d. 使用不发火的工具，严禁钢质工具敲打、撞击、抛 掷; e. 按规定安装避雷装置，并定期进行检测; f. 按规定采取防静电措施; g. 加强门卫，严禁机动车辆进入危险区，运送油品的 车辆必须装配完好阻火器，正确行驶，杜绝发生任何 故障和车祸

2.2.3　故障类型和影响分析

1. 概述

故障类型和影响分析(Failure Mode and Effect Analysis, FMEA)是找出设计上潜在缺陷的手段,是设计审查中必须重视的资料之一,是美国在 20 世纪 50 年代为评价飞机发动机故障而开发的一种方法,目前运用范围较广。其目的是识别单一设备和系统的故障及每种故障模式对系统或装置造成的影响。

故障类型、影响及致命度分析(Failure Mode, Effect and Criticality Analysis, FMECA)是在故障类型和影响分析的基础上增加一层工作,即计算出故障模式影响的致命度,使其分析量化。

2. 应用特点

(1)通过原因来分析系统故障(结果)。利用系统工程方法,从元件(或组件)的故障开始,从下往上逐次分析其可能发生的问题,预测整个系统的故障。

(2)以功能为中心,以逻辑推理为重点进行分析。分析过程除了考虑系统中各组件的上下层次结构、空间关系,还要从功能上考虑系统组件的相互联系。

(3)是一种定性方法,不需要数据作为预测依据。一般只需要理论分析和过去的故障经验的积累即可采用该方法进行分析。

(4)该方法适用于产品设计、工艺设计、装备设计和预防维修等环节。

3. 分析步骤

故障类型和影响分析步骤如图 2.13 所示。

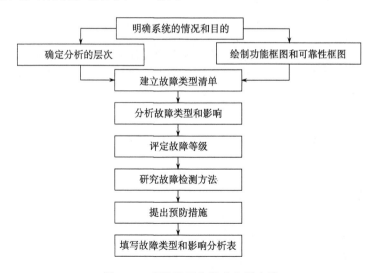

图 2.13　故障类型和影响分析步骤

1)明确系统的情况和目的

在分析中,首先应对系统的任务、功能、结构和运行条件等诸方面有一个全面的了解。例如,系统涉及的子系统、组件和元件,各个子系统、组件和元件的特点,各个子系统、组件和元件之间的联系方式,系统运行方式和参数等。这些需要收集系统的设计任务说明书、技术设计说明书、图纸、使用说明书等。

2) 确定分析的层次

分析开始时，就要确定分析的层次。在各分析层次中，由于故障所在层次不同，故障类型对上一层的影响和下一层故障原因的追究深度也不相同。分析过浅，会漏掉重要的故障类型；分析过深，结果会复杂，费时也多，制定措施也困难。一般来说，关键系统分析得深些，次要系统分析得浅些。

3) 绘制功能框图和可靠性框图

可靠性框图将实际系统的物理、空间要素与现象表示为功能与功能之间的联系，尤其明确了它们之间的逻辑关系。

4) 建立故障类型清单、分析故障类型和影响

该步是分析的核心。分析从设计方案考虑会发生的故障类型，即对每一种输出功能的偏差，预测可能发生的故障类型。可通过如图 2.14 所示的程序确定元素故障类型。

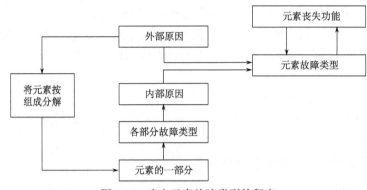

图 2.14　确定元素故障类型的程序

故障指元件、子系统、系统在运行时，达不到设计要求，因而达不到规定功能或不能完成预期任务的情况。故障发生过程可通过故障原因、故障机理和故障模式三个方面进行描述。为了便于理解，可以通过图 2.15 的例子来看。

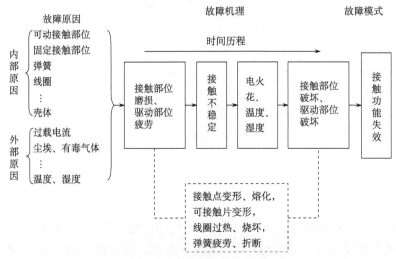

图 2.15　交流接触器故障过程示意图

5) 评定故障等级

由于各种故障类型所引起的子系统、系统事故有很大的差别，因而在处理措施上就要分清轻重缓急，区别对待。故障类型分级如表 2.10 所示(注意与危险性等级的区别)。

表 2.10 故障类型分级

故障等级	影响程度	可能造成的危害或损失
I	致命性的	可能造成死亡或系统损失
II	严重的	可能造成严重危害、严重职业病或主要系统损坏
III	临界的	可能造成轻伤、职业病或次要系统损坏
IV	可忽略的	不会造成伤害和职业病，系统也不会受损

故障等级的确定方法如下。

(1) 评点法。在难以取得可靠性数据的情况下，可采用此方法。

它从若干方面来考虑故障对系统的影响程度，用一定的点数表示程度，通过计算求出故障等级。

$$C_S = \sqrt[i]{C_1 C_2 \cdots C_i}$$

式中，C_S 为总点数，$0 < C_S < 10$；C_i 为因素系数，$0 < C_i < 10$。

评点因素从故障影响程度、对系统影响程度、发生故障频率、防止故障的难易程度、是否为新设计的工艺等方面考虑。

因素系数的确定 { 头脑风暴 函询调查

专家评议 {

现场座谈
头脑风暴法(Brain Storming)：由 3~5 位专家座谈、讨论，发挥每个人的聪明才智，确定评点因素的点数

信件交流
德尔菲法 (Delphi Technique)(又称函询调查法)：将提出的问题和必要的背景材料用信件的方式向有经验的专家提出，然后将他们的回复进行综合，再反馈给他们，如此反复多次，直到认为合适

(2) 查表法 $C_S = C_1 + C_2 + C_3 + C_4 + C_5$。评点因素点数表和评点数与故障等级分别见表 2.11 和表 2.12。

表 2.11 评点因素点数表

评点因素	内容	点数
故障影响程度	造成生命损失 造成相当程度的损失 元件功能有损失 无功能损失	5.0 3.0 1.0 0.5
对系统影响程度	对系统造成两处以上的重大影响 对系统造成一处以上的重大影响 对系统无过大影响	2.0 1.0 0.5
发生故障频率	容易发生 能够发生 不易发生	1.5 1.0 0.7
防止故障的难易程度	不能防止 能够防止 易于防止	1.3 1.0 0.7
是否为新设计的工艺	内容相当新的设计 内容和过去相似的设计 内容和过去同样的设计	1.2 1.0 0.8

表 2.12 评点数与故障等级

故障等级	程度	评点数	内容	应采取的措施
I	致命	7~10	完不成任务，人员伤亡	变更设计
II	重大	1~7	大部分任务完不成	重新讨论，也可变更设计
III	轻微	1~2	一部分任务完不成	不必变更设计
IV	小	<2	无影响	无

6) 研究故障检测方法

设定故障发生后，说明故障所表现的异常状态及检测方法。对保护装置和警报装置，要研究能被检测出的程度并做出评价。

7) 填写故障类型和影响分析表

表 2.13 是故障类型和影响分析表，针对不同的系统可作适当修改使用。

表 2.13 故障类型和影响分析表

系统名称： 部门：
图号： 制表人：
页面： 完成日期：

项目	功能	故障类型	发生时机	故障原因	检测方法	故障影响			现有安全装置	等级	措施	备注
						子系统	系统	人员				

4. 应用举例

【例 2.7】 某轻型飞机全动平尾操纵系统故障类型和影响分析。

全动平尾操纵系统的功能是操纵平尾偏转以实现飞机的纵向(俯仰)控制。某轻型飞机全动平尾操纵系统如图 2.16 所示。该系统由 3 只摇臂、4 根拉杆把中央操纵机构(操纵盘至图中铰接点 *D* 部分)与全动平尾相连。当后拉操纵杆(驾驶杆)到底时,机头上仰,全动平尾前缘下偏;当前推操纵杆到底时,机头下俯,全动平尾前缘上偏;当操纵杆回中立位置时,全动平尾弦平面不在水平位置,此时前缘向下,弦线与水平面夹角为 θ,即全动平尾下偏 θ 时,操纵系统的拉杆轴线和摇臂轴线垂直。

全动平尾的主限动安装在操纵杆上,安装在仪表板上的限动块起到主限动作用。安全限动为尾锥隔板上的凸台(图 2.16 中未画出),当主限动失效时,安全限动起限制舵面偏转角度的作用。

全动平尾舵面锁设计是在操纵杆上开一小通孔,在仪表板下方安装一定位片,片上的小孔与操纵杆上的小孔对正,插上舵面锁插销,舵面即被锁住。全动平尾、副翼共用此舵面锁。调整片的作用是保证全动平尾保持在要求位置,并补偿一部分铰链力矩。

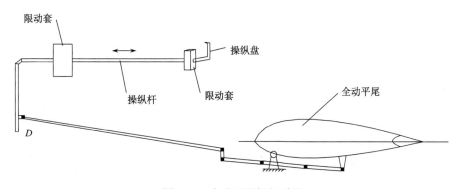

图 2.16 全动平尾操纵系统

由图 2.16 可看出,全动平尾操纵系统是一纯机械传动系统,除主限动与安全限动装置起双重保护作用(此处安全限动作为主限动的备用设备,属于并联结构)外,传动线路上各机构在可靠性框图中均可看作串联结构。明确系统各功能单元之间的相互关系之后,即可对系统进行故障类型和影响分析(表 2.14)。

2.2.4 危险性和可操作性研究

1. 概述

危险性和可操作性研究(HAZOP)是英国帝国化学工业公司(ICI)于 1974 年开发的用于热力-水力系统安全分析的方法。

危险性和可操作性研究是一种定性的安全评价方法。它的基本过程是以关键词为引导,找出过程中工艺状态的变化(即偏差),然后分析找出偏差的原因、后果及可采取的对策。其侧重点是工艺部分或操作步骤各种具体值,如图 2.17 所示。

表 2.14　某轻型飞机全动平尾操纵系统故障类型和影响分析

项目编码	项目名称	功能		故障模式		故障原因		故障影响			故障检测方法	改进描述	严重度类别
		代码	描述	代码	描述	代码	描述	局部影响	对上一层的影响	最终影响			
011	操纵机构传动机构	1	控制舵面偏转。拉操纵盘全动平尾前缘下偏；推操纵盘全动平尾前缘上偏	A	摇臂固定连接松脱	1	连接螺母被振松	传动机构机件分离	无法控制全动平尾	可能导致机毁人亡	推拉操纵盘、目视	设计上采取锁紧措施	I
				B	摇臂与拉杆连接螺栓断裂	1	连接部位刚度不够	传动机构机件分离	无法控制全动平尾	可能导致机毁人亡	推拉操纵盘、目视	设计上进行刚度设计并经过严格边界条件的静力试验考核	I
				C	拉杆断裂	1	拉杆强度不足	传动机构机件分离	无法控制全动平尾	可能导致机毁人亡	推拉操纵盘、目视	设计上进行刚度设计并经过严格边界条件的静力试验考核	I
				D	摇臂与拉杆连接处卡死或阻滞（活动受阻）	1	加工不符合要求或铰接处磨损、变形、有异物、润滑不良	推拉操纵杆不灵活	全动平尾操纵困难或不可操纵	可能导致机毁人亡	推拉操纵盘、目视	消除工艺制造误差；使用中加强检查、活动关节按时清洗、涂油，保持灵活运动	I
				E	全动平尾转轴转动不便或卡死	1	加工不符合要求或铰接处磨损、变形、有异物、润滑不良	推拉操纵杆不灵活	全动平尾操纵困难或不可操纵	可能导致机毁人亡	推拉操纵盘、目视	消除工艺制造误差；使用中加强检查、活动关节按时清洗、涂油，保持灵活运动	I
				F	拉杆变形	1	拉杆刚度不足	传动机构功能下降	全动平尾最大偏角小于设计值	飞机姿态操纵不灵活	目视；驾驶员操纵时仪表显示姿态变化	设计时增加安全系数	III
012	主限动机构	1	限制全动平尾偏转角度	A	操纵杆上限动套损坏	1	材料强度不足	操纵杆行程大于设计量	全动平尾偏转过量	飞机姿态失控	目视	设计时增加安全系数	II

续表

项目编码	项目名称	功能		故障模式		故障原因		故障影响				故障检测方法	改进描述	严重度类别
		代码	描述	代码	描述	代码	描述	局部影响	对上一层的影响	最终影响				
013	安全限动机构	1	主限动失效时，限制全动平尾的偏角	A	尾锥隔板上凸台损坏	1	材料强度不足	操纵杆行程大于设计值	全动平尾偏转过量	飞机姿态失控		目视	设计时校核材料刚度，加大安全系数；使用中定期检查	II
014	舵面锁	1	锁着全动平尾及副翼舵面	A	定位销断裂或定位孔变形，定位销无法插入	1	设计强度、刚度不足	舵面锁锁不起作用	全动平尾舵面活动，停放、移动时，机件随机磨损、撞击	对飞机影响不大		目视	设计时加强安全系数；生产时消除制造误差；使用中加强检查	IV
				B	定位销被振松	1	定位销被振松	舵面锁锁不起作用	全动平尾舵面活动，停放、移动时，机件随机磨损、撞击	对飞机影响不大		目视	设计上采取锁紧措施	IV
015	调整片	1	保持全动平尾舵面在要求位置，补偿一部分铰链力矩	A	钢索断裂	1	材料强度不足	机件分离，无法操纵调整片	全动平尾铰链力矩大，易磨损机件	驾驶员操纵吃力		目视	设计上增大安全系数	IV
				B	连接处卡死	1	加工不符合要求；磨损、变形、有异物、润滑不良	机件分离，无法操纵调整片	全动平尾铰链力矩大，易磨损机件	驾驶员操纵吃力		目视	消除工艺制造误差；使用中加强检查，按时清洁、润滑，保持灵活运动	IV

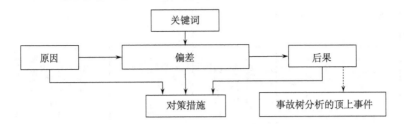

图 2.17　危险性和可操作性研究的分析程序

危险性和可操作性研究的理论依据是：工艺流程的状态参数(如温度、压力、流量等)一旦与设计规定的基准状态发生偏离，就会发生问题或出现危险。危险性和可操作性研究方法适用于设计阶段和现有的生产装置的评价，多用于化工行业。

与其他安全评价方法的明显不同之处是，其他方法可由某人单独使用，而危险性和可操作研究则必须由一个多方面的、专业的、熟练的人员组成的小组采用头脑风暴来完成。

头脑风暴法(Brain Storming)是现代创造学的创始人——美国学者阿历克斯·奥斯本于1938 年首次提出的。Brain Storming 原指精神病患者头脑中短时间出现的思维紊乱现象，患者会产生大量的胡思乱想。奥斯本借用这个概念来比喻思维高度活跃、打破常规的思维方式而产生大量创造性设想的状况。

2. 方法简介

危险性和可操作性研究采用的分析方法是不同专业的专家评议法。其目的是激发专业设计人员、安全专业人员、管理人员和操作人员想象力，使他们能够辨识系统的危险性，以便采取措施，排除影响系统运行和人身安全的危险有害因素。

运用引导词如"不(没有)""大""小"等进行危险性和可操作性研究时，分析生产工艺部分或操作过程出现了由引导词与工艺参数相结合而构成的与意图的偏离，如"没压力""压力过大"等。这样便可详细地分析出偏离的可能原因，以及可能造成的后果，从而采取相应措施防止产生偏离。

引导词是在危险源辨识的过程中，为了启发人的思维，对设计意图定性或定量描述的简单词语。危险性和可操作性研究引导词如表 2.15 所示。

表 2.15　危险性和可操作性研究引导词

引导词	意义	注释
没有或不	完全否定	意图全部没有实现，没有其他事件发生
较大 较小	量的增加 量的减少	量正增长，或活动增加 量负增长，或活动减少
也、又 部分	量的增加 量的减少	与某些附加活动一起实现全部设计或操作意图 只实现一些意图，没实现另一些意图
反向 不同于 非	意图相反 完全替代	与意图相反的活动或物质 全部没有实现意图 发生完全另外的事情

3. 分析步骤及关键

危险性和可操作性研究方法可按分析准备、完成分析和编制分析结果报告 3 个步骤来完成。危险性和可操作性研究分析过程如图 2.18 所示。值得注意的是，分析步骤可交替进行。

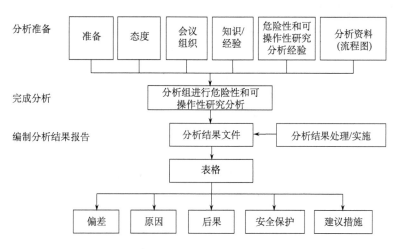

图 2.18 　危险性和可操作性研究分析全过程

1) 分析准备

准备工作在危险性和可操作性研究分析中非常重要。

(1) 确定分析的目的、对象和范围。目的、对象和范围必须确定，一般在分析组的组织者协助下，由装置或项目的负责人确定。

(2) 分析 (评价) 组的组成。组成人员应具有危险性和可操作性研究经验，最少 4 人，包括组织者、记录员、2 名熟悉过程设计和操作人员，5～7 人较为理想。如果人员少，规模小，评价的水平不会太高。

(3) 所要获取的必要资料。基础数据、工艺流程、操作规程、计算机程序、逻辑图、流程图、配管图、设备图、过程控制模拟等。

(4) 将资料转换成适当的表格并拟定分析顺序。一般根据图纸确定分析节点 (工艺单元或操作步骤)，并制定详细的计划。

(5) 安排会议次数和时间。一般来说，一个分析节点平均需要 20～30min。

2) 完成分析

危险性和可操作性研究分析需要将工艺图或操作程序划分为分析节点或操作步骤，然后利用引导词找出过程的危险，具体如下。

(1) 分节点 (或称单元分区)。将系统划分成节点时应注意以下因素：单元的目的与功能；单元的物料 (体积或质量)；合理的隔离/切断点；划分方法的一致性。

(2) 解释工艺指标或操作步骤。在选择分析节点以后，分析组组长应确认该分析节点的关键参数，如设备的设计能力、温度和压力、结构规格等，并确保小组中的每一个成员都知道设计意图。如果有可能最好由工艺专家做一次讲解与解释。

(3) 确定有意义的偏差。引导词法为确定偏差的通用方法，即对每个分析节点的工艺参数由引导词进行结构化,确定具有实际意义的偏差。引导词法能确保不遗漏偏差,缺点是浪费时间。

基于偏差库的方法一般是在危险性和可操作性研究分析会议之前,由危险性和可操作性研究组织者或记录员对标准偏差库进行调查,以确定每个节点或操作步骤的恰当偏差,形成要进行分析的偏差库。

基于知识的方法所使用的引导词部分或全部来自分析组的知识和特殊的检查表。这种分析的前提是分析组成员对大量设计标准非常熟悉。

(4)对偏差进行分析。分析组按确定的程序对每个节点或操作步骤的偏差进行分析。分析得到一系列的结果:偏差的原因、后果、安全保护、建议措施等。

3)编制危险性和可操作性研究分析表

建立危险性和可操作性研究分析表,如表 2.16 所示,将各分析结果填入表中。

表 2.16　危险性和可操作性研究分析记录表

车间/工段:××车间/××工段　系统:　任务:			日期:　代号:　页码:　设计者:　审核者:	
关键词	偏差	可能的原因	后果	必要的对策

4. 应用举例

【例 2.8】　图 2.19 为一个典型的抓斗式反推力装置示意图。

其工作原理为:在空中正常工作情况下,反推力装置的两扇斗门完全关闭,锁机构将其上锁。在反推力装置工作时,通过液压作动筒将两侧的斗门打开,由正推力气流施加给斗门形成的大于正推力气流 90°方向的气流即反推力气流,由反推力气流产生与飞行方向相反的反推力,从而起到使飞机减速的作用。

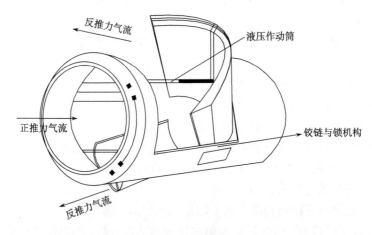

图 2.19　反推力装置

反推力装置通过在座舱内设置的反推操纵杆进行操纵，通常，反推杆与正推力油门杆是集成于一体的。反推杆和正推力油门杆之间有连锁机构，在进行正推力操纵时，反推杆被锁定，不能移动；在进行反推力操纵时，正推力油门杆被锁定在"慢车"位置，不能移动。为防止反推力装置在空中意外打开，一般在油门台上设置有电联锁机构，通过起落架系统传来的轮载或速度信号与电联锁机构进行关联，当收到解锁信号(轮载或速度)后解锁，方可进行反推力操纵。另外，在座舱里还设置有反推力装置工作状态指示设备，以便飞行员及时判断反推力工作状态。

图 2.20 为反推力系统正常使用场景顺序图。

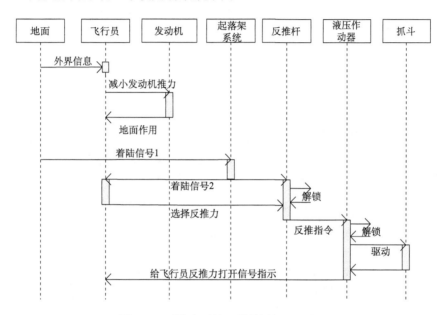

图 2.20 反推力系统正常使用场景顺序图

针对由顺序图建立的反推力使用场景模型，以对"着陆信号 2"和"反推指令"这两个消息的分析为例给出具体的危险性和可操作性研究分析过程，如表 2.17～表 2.19 所示。

表 2.17 消息状态属性的危险性和可操作性研究分析

序号	要素	引导词	偏差	危险	可能的原因	影响后果	安全性要求/建议措施
1	着陆信号2	无	飞机着陆后反推杆解锁信号在发送过程中丢失	着陆时反推力打不开	信号传输通路失效；电磁干扰	可能导致飞机高速冲出跑道	提高信号传输的可靠性；采取防电磁干扰措施
		伴随	飞机着陆后反推杆解锁信号被干扰	着陆时反推力打不开	电磁干扰	可能导致飞机高速冲出跑道	采取防电磁干扰措施
		部分	飞机着陆后反推杆解锁信号部分丢失	着陆时反推力打不开	电磁干扰	可能导致飞机高速冲出跑道	采取防电磁干扰措施

续表

序号	要素	引导词	偏差	危险	可能的原因	影响后果	安全性要求/建议措施
2	反推指令	无	反推指令在发送过程中丢失	着陆时反推力打不开	信号传输通路失效；电磁干扰	可能导致飞机高速冲出跑道	提高信号传输的可靠性；采取防电磁干扰措施
		相反	打开指令变为关闭指令	着陆时反推力打不开	软件运行错误	可能导致飞机高速冲出跑道	加强研制中软件测试和过程控制

表 2.18　消息时间属性的危险性和可操作性研究分析

序号	要素	引导词	偏差	危险	可能的原因	影响后果	安全性要求/建议措施
1	着陆信号 2	无	飞机着陆后没有给反推杆发送解锁信号	着陆时反推力打不开	传感器故障	可能导致飞机高速冲出跑道	传感器采取冗余措施
		早	飞机着陆前就给反推杆发送解锁信号	可能在着陆前打开反推(考虑与其他情况的组合)	传感器故障	飞行员需要应急处置，增加了工作负担	增加信息源和传感器，综合判断飞机着陆状态
		晚	飞机着陆后一段时间才给反推杆发送解锁信号	飞机不能及时减速	传感器故障	增加了飞行员工作负担，飞机有可能会冲出跑道	增加信息源和传感器，综合判断飞机着陆状态
		异常	飞机在空中就给反推杆发送解锁信号	可能在空中打开反推力(考虑与其他情况的组合)	传感器故障	推力突变，可能导致灾难性后果	增加信息源和传感器，综合判断飞机着陆状态
2	反推指令	无	没有根据飞行员的操作给液压作动器发送反推指令	着陆时反推力打不开	反推操纵系统故障	可能导致飞机高速冲出跑道	考虑操纵系统采取冗余措施
		异常	飞机在空中就给液压作动器发送反推指令	空中打开反推力	软件运行错误	推力突变，可能导致灾难性后果	加强研制中软件测试和过程控制

表 2.19　消息目标属性的危险性和可操作性研究分析

序号	要素	引导词	偏差	危险	可能的原因	影响后果	安全性要求/建议措施
1	着陆信号 2	无	解锁信号没有发送到反推杆	着陆时反推力打不开	信号传输通路失效	可能导致飞机高速冲出跑道	提高信号传输的可靠性
2	反推指令	无	反推指令没有发动到液压作动器	着陆时反推力打不开	信号传输通路失效	可能导致飞机高速冲出跑道	提高信号传输的可靠性

2.2.5　事件树分析

1. 概述

事件树分析法是一种时序逻辑的事故分析方法，它以一初始事件为起点，按照事故的发展顺序，分成阶段，一步一步地进行分析，每一事件可能的后续事件只能取完全对立的两种状态(成功或失败、正常或故障、安全或危险等)之一的原则，逐步向结果方面发展，直至达到系统故障或事故。所分析的情况用树枝状图表示，故称为事件树，如图 2.21 所示。

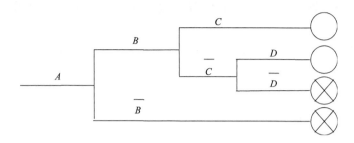

图 2.21　事件树

它既可以定性地了解整个事件的动态变化过程，又可以定量计算出各阶段的概率，最终了解事故发展过程中各种状态的发生概率。

事件树分析法的功能如下：事件树分析可以事前预测事故及不安全因素，估计事故的可能后果，寻求最经济的预防手段和方法；事后用事件树分析事故原因，十分方便明确；事件树分析的资料既可作为直观的安全教育资料，也有助于推测类似事故的预防对策；当积累了大量事故资料时，可采用计算机模拟，使事件树分析对事故的预测更为有效；在安全管理上用事件树分析对重大问题进行决策，具有其他方法所不具备的优势。

2. 事件树编制

(1)确定初始事件。事件树分析是一种系统地研究作为危险源的初始事件如何与后续事件形成时序逻辑关系而最终导致事故的方法。正确选择初始事件十分重要。初始事件是事故在未发生时，其发展过程中的危害事件或危险事件，如机器故障、设备损坏、能量外逸或失控、人的误动作等。可以用两种方法确定初始事件：①根据系统设计、系统危险性评价、系统运行经验或事故经验等确定；②根据系统重大故障或事故树分析，从其中间事件或初始事件中选择。

(2)找出与初始事件有关的环节事件。环节事件就是出现在初始事件后一系列可能造成事故后果的其他原因事件。

(3)绘制事件树。从初始事件开始，按事件发展过程自左向右绘制事件树，用树枝代表事件发展途径。首先考察初始事件一旦发生时最先起作用的安全功能，把可以发挥功能的状态画在上面的分枝，不能发挥功能的状态画在下面的分枝。然后依次考察各种安全功能的两种可能状态，把发挥功能的状态(又称成功状态)画在上面的分枝，把不能发挥功能的状态(又称失败状态)画在下面的分枝，直至达到系统故障或事故。

(4)说明分析结果。为清楚起见，要在每个树枝上写出事件状态，树枝横线上面写明事件过程内容特征，横线下面注明成功或失败的状况说明。

3. 事件树定性分析

事件树定性分析在绘制事件树的过程中就已进行，绘制事件树必须根据事件的客观条件和事件的特征做出符合科学性的逻辑推理，用与事件有关的技术知识确认事件可能状态，所以在绘制事件树的过程中就已对每一发展过程和事件发展的途径作了可能性的分析。

(1)找出事故连锁。事件树的各分枝代表初始事件一旦发生其可能的发展途径。其中，最终导致事故的途径即事故连锁。一般地，导致系统事故的途径有很多，即有许多事故连锁。事故连锁中包含的初始事件和安全功能故障的后续事件之间具有"逻辑与"的关系，显然，事故连锁越多，系统故障的可控性越强；事故连锁越少，系统故障的可控性越弱。

(2)找出预防事故的途径。事件树中最终达到安全的途径可以指导采取措施预防事故。在达到安全的途径中，发挥安全功能的事件构成事件树的成功连锁。如果能保证这些安全功能发挥作用，则可以防止事故。一般地，事件树中包含的成功连锁可能有多个，即可以通过若干途径来防止事故发生。显然，成功连锁越多，系统越安全；成功连锁越少，系统越危险。

4. 事件树定量分析

事件树定量分析是指根据每一事件的发生概率，计算各种途径的事故发生概率，比较各个途径概率值，做出事故发生可能性序列，确定最易发生事故的途径。一般地，当各事件之间相互统计独立时，其定量分析比较简单。当事件之间相互统计不独立时(如共同原因故障、顺序运行等)，定量分析变得非常复杂。这里仅讨论前一种情况。

(1)各发展途径的概率。各发展途径的概率等于自初始事件开始的各事件发生概率的乘积。

(2)事故发生概率。事件树定量分析中，事故发生概率等于导致事故的各发展途径的概率和。定量分析要有事件概率数据作为计算的依据，而且事件过程的状态是多种多样的，一般都因缺少概率数据而不能实现定量分析。

(3)事故预防。事件树分析把事故的发生发展过程表述得清楚而有条理，对设计事故预防方案和制定事故预防措施提供了有力的依据。

从事件树上可以看出，最后的事故是一系列危害和危险的发展结果，如果中断这种发展过程就可以避免事故发生。因此，在事故发展过程的各阶段，应采取各种可能措施，控制事件的可能性状态，减小危害状态出现概率，增大安全状态出现概率，把事件发展过程引向安全的发展途径。

显然，要在各条事件发展途径上都采取措施才行。

5. 事件树分析应用举例

【例2.9】　机场油库输油管线投用一段时间后，由于应力、腐蚀或材料、结构及焊接工艺等方面的缺陷，在使用过程中会逐渐产生穿孔、裂纹等，并因外界其他客观因素导致渗漏。在改造与建设进程中也会根据需要，动用电焊、气焊等进行动火补焊、碰接及改造。动火作业是一项技术性强、要求高、难度大、颇具危险性的作业，为了避免发生火灾、爆炸、人身伤亡以及其他作业事故，动火作业必须采取一系列严格有效的安全防护措施。

基于事件树分析对机场油库动火作业风险进行评估，有助于明确不同作业环节对作业后果的影响程度，从而能够迅速采取相应的应急响应，有效规避作业风险，如图2.22所示。

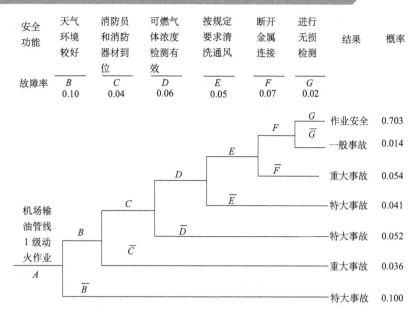

図 2.22　机场油库动火作业事件树分析

2.2.6　事故树分析

1. 事故树分析方法的产生及发展

事故树分析(Fault Tree Analysis, FTA), 又称故障树分析, 是一种演绎推理法。它把系统可能发生的某种事故与导致事故发生的各种原因之间的逻辑关系用一种称为事故树的树形图表示, 通过对事故树的定性与定量分析, 找出事故发生的主要原因。它不仅能分析事故的直接原因, 而且能深入地揭示事故的潜在原因。用它描述事故的因果关系直观、明了, 思路清晰, 逻辑性强。

20 世纪 60 年代初期, 很多高新产品在没有确保安全的情况下就投入市场, 导致大量使用事故的发生, 从而迫使企业寻找一种科学方法确保安全。1961 年美国贝尔电话研究所研究民兵式导弹发射控制系统时首先提出了事故树分析; 1974 年美国原子能委员会运用事故树分析对核电站事故进行了风险评价, 发表了著名的《拉姆逊报告》, 从而使事故树分析受到了广泛的重视。我国 1978 年开始开展事故树分析方法的研究。目前已有很多部门和企业正在进行普及与推广工作, 促进了企业的安全生产。20 世纪 80 年代末, 铁路运输系统开始把事故树分析方法应用到安全生产和劳动保护上来, 也已取得了较好的效果。

2. 事故树分析特点

事故树分析优点如下。

(1)事故树分析是一种图形演绎方法, 是事故事件在一定条件下的逻辑推理方法。

(2)事故树分析具有很大的灵活性, 不仅可以分析某些单元故障对系统的影响, 还可以对系统事故的特殊原因进行分析。

(3)进行事故树分析的过程, 是一个对系统更深入认识的过程, 它要求分析人员把握系统内各要素间的内在联系, 弄清各种潜在因素对事故发生影响的途径和程度, 因而许多问题在分析的过程中就可以发现和解决, 从而提高系统的安全性。

(4)利用事故树模型可以定量计算复杂系统发生事故的概率,为改善和评价系统安全性提供定量依据。

事故树分析缺点如下。

(1)事故树分析需要花费大量的人力、物力和时间。

(2)事故树分析的难度较大,建树过程复杂,需要经验丰富的技术人员参加,即使这样,也难免发生遗漏和错误。

(3)事故树分析只考虑(0, 1)状态的事件,而大部分系统存在局部正常、局部故障的状态,因而建立数学模型时,会产生较大误差。

(4)事故树分析虽然可以考虑人的因素,但人的失误很难量化。

3. 事故树概念

"树"的分析技术属于系统工程的图论范畴。"树"是其网络分析技术中的概念,要明确"树",首先要弄清"图"、"圈"、连通图等。

图论中的图是指由若干个点及连接这些点的连线组成的图形。图中的点称为节点,线称为边或弧。$G=\{V, E\}$。

节点表示某一个具体事物,边表示事物之间的某种特定的关系。

一个图中,若任何两点之间至少有一条边则称这个图是连通图。若图中某一点、边顺序衔接,序列中始点和终点重合,则称为圈(或回路)。

树就是一个无圈(或无回路)的连通图(在图 G 中,包含所有节点,但没有构成闭合回路的子图就称为树)。

4. 事故树的符号

(1)事件及事件符号。各种非正常状态或不正常情况皆称事故事件,各种完好状态或正常情况皆称成功事件,两者均简称为事件。事件及事件符号如图 2.23 所示。

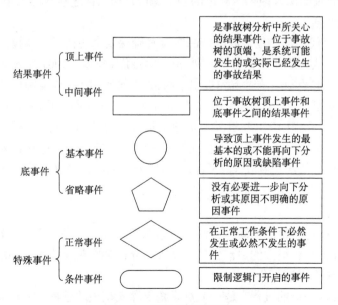

图 2.23　事件及事件符号

(2)逻辑门符号。逻辑门符号是连接各事件并表示其逻辑关系的符号,如图 2.24 所示。

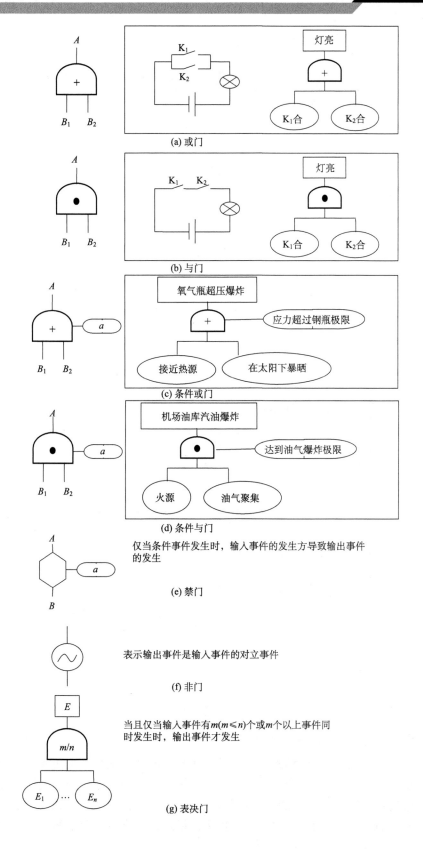

(a) 或门

(b) 与门

(c) 条件或门

(d) 条件与门

仅当条件事件发生时，输入事件的发生方导致输出事件的发生

(e) 禁门

表示输出事件是输入事件的对立事件

(f) 非门

当且仅当输入事件有 $m(m \leqslant n)$ 个或 m 个以上事件同时发生时，输出事件才发生

(g) 表决门

(h) 异或门

图 2.24　逻辑门符号

(3) 转移符号 (图 2.25)。

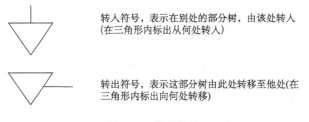

图 2.25　转移符号

5. 事故树分析程序

事故树分析程序如图 2.26 所示。

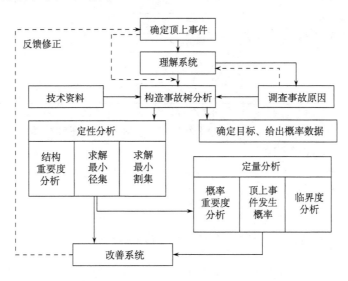

图 2.26　事故树分析程序

6. 事故树的编制 (构造事故树分析)

机坪管理是以在机坪上活动的飞机、各种车辆、旅客、货邮和工作人员为管理对象，通过规范他们的活动，实现安全、有序、整洁的机坪环境的管理活动。机坪事故往往不像航空器事故惹人关注，但是一旦发生机坪事故不但会造成直接损失，如人员伤亡、航空器损伤等，还会造成航班取消和延误等间接损失。机坪多发事故类型主要是车辆与机坪设备相撞、车辆与车辆相撞、飞机与设备相撞、外来物(Foreign Object Debris, FOD)。综合机场机坪事故主要类型，可以做出以下事故树，由于篇幅所限，仅给出航空器与设备相撞的事故树，如图 2.27 所示。

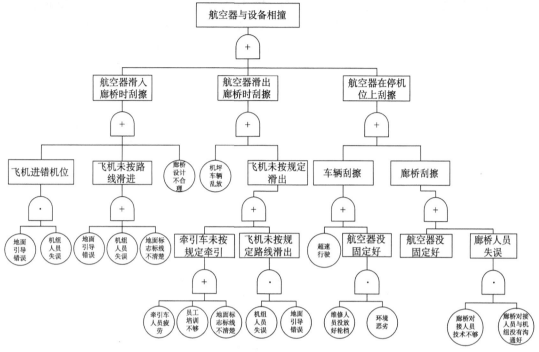

图 2.27　航空器与设备相撞的事故树

根据如图 2.28 所示的事故树，可建立规范化事故树，如图 2.28 所示。

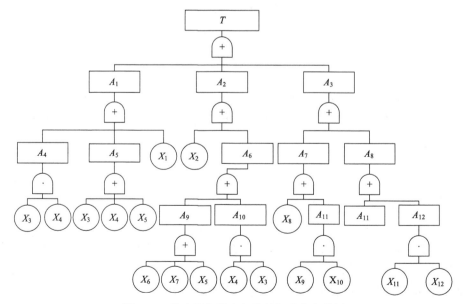

图 2.28　航空器与设备相撞的规范化事故树

其中，T 为航空器与设备相撞；A_1 为航空器滑入廊桥时刮擦；A_2 为航空器滑出廊桥时刮擦；A_3 为航空器在停机位上刮擦；A_4 为飞机进错机位；A_5 为飞机未按路线滑进；A_6 为飞机未按规定滑出；A_7 为车辆刮擦；A_8 为廊桥刮擦；A_9 为牵引车未按规定牵引；A_{10} 为飞机未按规定路线滑出；A_{11} 为航空器没固定好；A_{12} 为廊桥人员失误；X_1 为廊桥设计不合理；X_2 为机坪车辆乱放；X_3 为地面引导错误；X_4 为机组人员失误；X_5 为地面标志标线不清楚；X_6 为牵引车人员疲劳；X_7 为员工培训不够；X_8 为超速行驶；X_9 为维修人员没放好轮挡；X_{10} 为环境恶劣；X_{11} 为廊桥对接人员技术不够；X_{12} 为廊桥对接人员与机组没有沟通好。

【课堂练习】

某日，一只机场附近居民饲养的狗因受惊吓突破机场控制区围界，进入机场控制区，由于巡场人员没有及时发现并阻止，导致狗冲上跑道，撞上了准备起飞的飞机。图 2.29 为狗冲上跑道撞上飞机事故树。

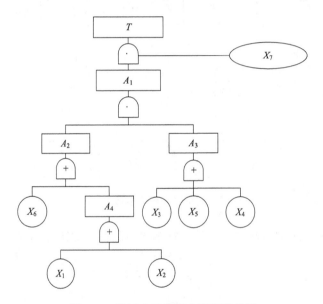

图 2.29　狗冲上跑道撞上飞机事故树

其中，T 为狗冲上跑道撞上飞机；A_1 为狗冲上跑道；A_2 为未及时阻拦；A_3 为围界不起作用；A_4 为无能力阻止；X_1 为射击未中；X_2 为射击不及时；X_3 为围栏太矮；X_4 为围栏破损；X_5 为日常维护时趁机闯入；X_6 为无人值守；X_7 为跑道上有飞机。

7. 事故树分析相关数学知识

(1)集合的概念。事故树分析就是研究某一个事故树中各基本事件构成的各种集合，以及它们之间的逻辑关系，最后达到最优化处理的一门技术。

具有某种共同属性的事物的全体称为集合。集合中的事物称为元素。

包含一切元素的集合称为全集，用符号 Ω 表示；不包含任何元素的集合称为空集，用符号 $\varnothing$ 表示。

(2)集合论。大写字母表示集合，小写字母表示元素。

集合的表示方法有三种：枚举法，如 $A=\{1，2，3\}$；描述法，描述集合中元素的共同属性，如 $B=\{x\,|\,x>5\}$；图示法，用一条封闭的曲线的内部来表示一个集合——文氏图(图 2.30)。

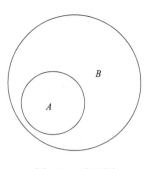

集合运算：集合运算主要讨论由给定的集合产生新集合的方法。

①并集：设 A、B 是两个集合，则属于 A 或属于 B 的所有元素所组成的集合 S，称为 A 与 B 的并集。并集用符号 $\cup$ 表示，如 $S=A\cup B$。

图 2.30　文氏图

②交集：设 A、B 是两个集合，那么同时属于 A 和 B 的所有元素所组成的集合 P，称为 A 与 B 的交集。两个集合相交的关系用符号 $\cap$ 表示，如 $P=A\cap B$。

③补集：在整个集合(Ω)中集合 A 的补集为一个不属于 A 的所有元素的集。补集又称余，记为 $\overline{A}$ 或 A'。

(3)逻辑运算(布尔运算)。逻辑运算的对象是命题。成立的命题称为真命题，其真值等于 1；不成立的命题称为假命题，其真值等于 0。

逻辑代数也可进行运算，其基本运算有三种：逻辑加、逻辑乘、逻辑非。

①逻辑加：给定两个命题 A、B，对它们进行逻辑运算后构成的新命题为 S。若 A、B 两者有一个成立或同时成立，S 就成立；否则 S 不成立。则这种 A、B 间的逻辑运算称为逻辑加，也称"或"运算。记作 $A\cup B=S$ 或记作 $A+B=S$。逻辑加相当于集合运算中的"并集"。

②逻辑乘：给定两个命题 A、B，对它们进行逻辑运算后构成新的命题 P。若 A、B 同时成立，P 就成立，否则 P 不成立。则这种 A、B 间的逻辑运算，称为逻辑乘，也称"与"运算。记作 $A\cap B=P$。逻辑乘相当于集合运算中的"交集"。

③逻辑非：给定一个命题 A，对它进行逻辑运算后，构成新的命题为 F。若 A 成立，F 就不成立；若 A 不成立，F 就成立。这种对 A 所进行的逻辑运算，称为命题 A 的逻辑非，构成的新命题 F 称为命题 A 的逻辑非。A 的逻辑非记作 $\overline{A}$，读作"A 非"。逻辑非相当于集合运算的"补集"。

(4)逻辑运算法则。

结合律：$a+(b+c)=(a+b)+c, a(bc)=(ab)c$

交换律：$a+b=b+a, ab=ba$

分配律：$a+bc=(a+b)(a+c), a(b+c)=ab+ac$

幺元律：$a+0=a, a\cdot 1=a$

极元律：$a+1=1, a\cdot 0=0$

重叠律：$a+a'b=a+b, a(a'+b)=ab$

消去律：$ab+ab'=a,(a+b)(a+b')=a$

吸收律：$a+ab=a, a(a+b)=a$

幂等律：$a+a=a, aa=a$

反演律：$(a+b)'=a'b', (ab)'=a'+b'$

舍弃律：$ab+a'c+bc=ab+a'c, (a+b)(a'+c)(b+c)=(a+b)(a'+c)$

频率：设随机事件 A 在 n 次试验中发生了 m 次，则比值 $f(A) = m/n$ 称为随机事件 A 在 n 次试验中发生的频率。

概率：在同一条件下进行 n 次重复试验，其中事件 A 出现 m 次，事件 A 出现的频率 m/n 随试验次数的变化稳定在某个数值 P，则定义事件 A 的概率为 P。当 n 充分大时，以事件 A 的频率作为 A 的概率近似值，即 $P(A) = m/n$。

概率运算：

①若事件 A 与事件 B 互斥，则 $P(A+B) = P(A) + P(B)$。

设 $\overline{A}$ 是 A 的对立事件，则 $P(A) = 1 - P(\overline{A})$。

设 A、B 为任意两个事件，则 $P(A+B) = P(A) + P(B) - P(AB)$。

设 A 是 B 的子集，且 $P(B) \geqslant P(A)$，则 $P(B-A) = P(B) - P(A)$。

②有限个独立事件 A_1，A_2，$\cdots$，A_n 并的概率：

$$P(A_1 + A_2 + \cdots + A_n) = 1 - \prod_{i=1}^{n}\left[1 - P(A_i)\right]$$

有限个独立事件 A_1，A_2，$\cdots$，A_n 交的概率，等于这些事件的概率的乘积，即

$$P(A_1 A_2 \cdots A_n) = P(A_1)P(A_2)\cdots P(A_n)$$

8. 布尔代数化简事故树

事故树编制完后，需要进行化简，特别是在事故树的不同位置存在同一基本事件时，必须化简整理，然后才能进行定性定量分析，否则，就有可能造成分析结果的错误。

如图 2.31 所示，设顶上事件为 T，基本事件 X_1，X_2，X_3 为独立事件，其发生概率为 $q_1 = q_2 = q_3 = 0.1$，求顶上事件的发生概率。

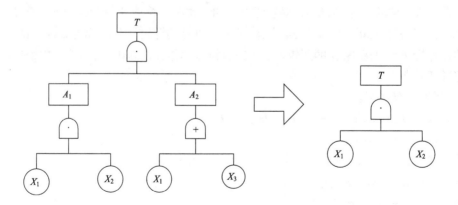

图 2.31　布尔代数化简事故树

化简前：$T = A_1 \cdot A_2 = X_1 \cdot X_2 \cdot (X_1 + X_3) = 0.1 \times 0.1 \times \left[1 - (1-0.1) \times (1-0.1)\right] = 0.0019$

化简后：$T = A_1 \cdot A_2 = X_1 \cdot X_2 \cdot (X_1 + X_3) = X_1 \cdot X_2 + X_1 \cdot X_2 \cdot X_3 = X_1 \cdot X_2 = 0.01$

由图 2.31 知，只要 X_1，X_2 发生，无论 X_3 是否发生，顶上事件都发生，称 X_3 为多余事件，因此，要正确求解顶上事件的发生概率，必须对事故树进行化简，去除多余事件。

定性分析是通过对最小割集（最小径集）的求解，确定基本事件的结构重要度，从而了

解系统的危险程度和安全程度，掌握导致事故发生的各基本原因事件的组合关系及其重要程度。

2.2.7　割集与径集在事故树中的应用

1. 最小割集

1）概念

割集是图论中的概念，它是图 G 的一组边的集合。任一割集可以使图 G 分离为两个部分。因此，割集的存在就意味着故障的发生。

事故树中的割集是导致顶上事件发生的基本事件的组合。它是系统发生故障的充要条件。

最小割集是导致顶上事件发生的最起码的基本事件的组合。

2）求解方法

割集的求解方法有布尔代数法、行列法、结构法和矩阵法。

（1）布尔代数法。任何一个事故树都可以用布尔函数来描述（图 2.32）。化简布尔函数，其最简析取标准式中每个最小项所属变元构成的集合，便是最小割集（图 2.33）。

任何布尔函数可以化简为析取和合取两种标准形式。

析取标准式：$f = A_1 + A_2 + \cdots + A_n = \sum\limits_{i=1}^{n} A_i$

合取标准式：$f = B_1 B_2 \cdots B_n = \prod\limits_{i=1}^{n} B_i$

其中，A、B 分别是事故树的割集和径集。

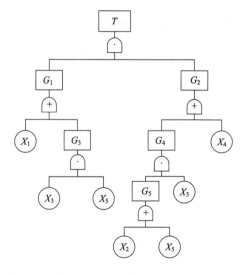

图 2.32　布尔代数法事故树

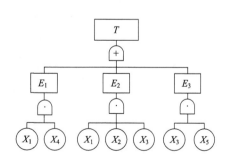

图 2.33　布尔代数法求最小割集

$$T = X_1 X_2 X_3 + X_1 X_4 + X_3 X_5$$

即该事故树有三个最小割集：$\{X_1, X_2, X_3\}, \{X_1, X_4\}, \{X_3, X_5\}$。

素数法求最小割集的步骤如下：

①素数表示的为最小割集，与该素数成倍的数所表示的不是最小割集；

②去掉割集和最小割集后，素数乘积最小的为割集，与该数成倍的不是最小割集；

③重复上述步骤。

$$T = X_1X_2X_3 + X_1X_3X_5 + X_1X_4 + X_5X_3X_2 + X_5X_3 + X_5X_3X_4$$
$$= 2\cdot3\cdot5 + 2\cdot5\cdot9 + 2\cdot7 + 9\cdot5\cdot3 + 9\cdot5 + 9\cdot5\cdot7$$
$$= 30 + 90 + 14 + 45\times3 + 45 + 45\times7$$

可见，事故树最小割集为 $\{X_1, X_2, X_3\}, \{X_1, X_4\}, \{X_3, X_5\}$。

(2) 行列法。富塞尔和文西利于 1972 年提出行列法。

其理论依据是："与门"使割集容量增加，而不增加割集的数量；"或门"使割集的数量增加，而不增加割集的容量。这种方法是从顶上事件开始，用下一层事件代替上一层事件，把"与门"连接的事件，按行横向排列；把"或门"连接的事件，按列纵横向摆开。这样，如图 2.33 所示的事故树逐层向下分解，直至各基本事件，列出若干行，最后利用布尔代数化简。化简结果，就得出若干最小割集，由图 2.32 可得表 2.20。

表 2.20　行列法求最小割集表

	一	二	三	四	五	六
T	G_1, G_2	X_1, G_2	X_1, G_4	X_1, X_3, G_5	X_1, X_3, X_2	X_1, X_2, X_3
					X_1, X_3, X_5	
			X_1, X_4	X_1, X_4	X_1, X_4	X_1, X_4
		G_3, G_2	G_3, G_4	X_3, X_5, G_5, X_3	X_3, X_5, X_2, X_4	
					X_3, X_5, X_5, X_3	X_3, X_5
			G_3, X_4	X_3, X_5, X_4	X_3, X_5, X_4	

(3) 结构法。理论根据是：事故树的结构完全可以用最小割集来表示。事故树为各个交集(最小割集)相互间的并集，由图 2.32 的事故树通过结构法可求得相应的最小割集。

$$T = G_1 \cap G_2$$
$$= (X_1 \cup G_3) \cap G_2$$
$$= (X_1 \cap G_2) \cup G_3 \cap G_2$$
$$= X_1 \cap (G_4 \cup X_4) \cup G_3 \cap (G_4 \cup X_4)$$
$$= X_1 \cap G_4 \cup X_1 \cap X_4 \cup G_3 \cap G_4 \cup G_3 \cap X_4$$
$$= X_1 \cap G_4 \cup X_1 \cap X_4 \cup (X_3 \cap X_5) \cap G_4 \cup (X_3 \cap X_5) \cap X_4$$
$$= X_1 \cap G_5 \cap X_3 \cup X_1 \cap X_4 \cup X_3 \cap X_5 \cap G_5 \cap X_3 \cup X_3 \cap X_5 \cap X_4$$
$$= X_1 \cap (X_2 \cup X_5) \cap X_3 \cup X_1 \cap X_4 \cup X_3 \cap X_5 \cap (X_2 \cup X_5) \cap X_3 \cup X_3 \cap X_5 \cap X_4$$
$$= X_1 \cap X_2 \cap X_3 \cup X_1 \cap X_3 \cap X_5 \cup X_1 \cap X_4 \cup X_2 \cap X_3 \cap X_5 \cap X_3 \cup X_3 \cap X_5 \cap X_5$$
$$\cap X_3 \cup X_3 \cap X_4 \cap X_5$$
$$= X_1 \cap X_2 \cap X_3 \cup X_1 \cap X_3 \cap X_5 \cup X_1 \cap X_4 \cup X_2 \cap X_3 \cap X_5 \cup X_3 \cap X_5 \cup X_3 \cap X_4 \cap X_5$$
$$= X_1 \cap X_2 \cap X_3 \cup X_1 \cap X_4 \cup X_3 \cap X_5$$

最小割集为 $\{X_1, X_2, X_3\}, \{X_1, X_4\}, \{X_3, X_5\}$。

3) 最小割集在事故树分析中作用

(1) 表示系统的危险性。每一个最小割集都表示顶事件发生的一种可能，事故树中有几个最小割集，顶事件发生就有几种可能，因此，最小割集越多，系统危险性越大。

(2)表示顶事件发生的原因组合。事故树顶事件的发生必然是某个最小割集中基本事件同时发生的结果。显然，掌握了最小割集，对于掌握事故的发生规律、调查事故发生的原因有很大帮助。

(3)为降低系统的危险性提出控制方向和预防措施。每个最小割集都代表了一种事故模式。若不考虑基本事件发生的概率，或假定基本事件发生的概率相同，则少事件的最小割集比多事件的最小割集容易发生。因此，为了降低系统的危险性，对含基本事件少的最小割集应优先考虑采取安全措施。

(4)可以判定事故树中基本事件的结构重要度和方便计算顶事件发生的概率。

2. 最小径集

1)概念

径集：当事故树中某些基本事件不发生，顶事件就不发生，这种基本事件的集合称为径集。

最小径集就是顶事件不发生所必需的最低限度的径集(组数)。最小径集是最小割集的对偶，最小径集构成的就是成功树。

最小径集的求解方法有对偶树法、布尔代数法和行列法。

2)求解方法

(1)对偶树法。根据对偶原理，求成功树的割集，其对应的基本事件的集合就是事故树的径集。

成功树的绘制就是将事故树中的"与门"换成"或门"，将"或门"换成"与门"，并将全部事件加上"′"，变成事件"补"的形式。由图 2.32 的事故树变换的成功树，如图 2.34 所示。

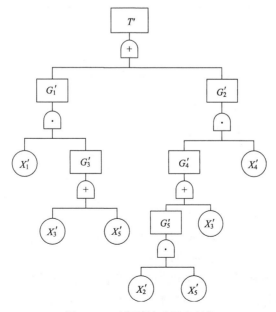

图 2.34　对偶树法求最小径集

成功树的割集为 $\{X_1', X_3'\}, \{X_1', X_5'\}, \{X_3', X_4'\}, \{X_2', X_4', X_5'\}$ ，则事故树的最小径集为 $\{X_1, X_3\}, \{X_1, X_5\}, \{X_3, X_4\}, \{X_2, X_4, X_5\}$ 。

(2)布尔代数法。将事故树的布尔表达式化成最简合取标准形式,原始事故树为图 2.32。

$$T = G_1 G_2$$
$$= (X_1 + G_3)(G_4 + X_4)$$
$$= (X_1 + X_3 X_5)(G_5 X_3 + X_4)$$
$$= (X_1 + X_3 X_5)[(X_2 + X_5)X_3 + X_4]$$
$$= (X_1 + X_3 X_5)(X_2 X_3 + X_3 X_5 + X_4)$$
$$= (X_1 X_1 + X_1 X_3 + X_3 X_1 + X_3 X_5)(X_2 X_3 + X_3 X_5 + X_4)$$
$$= (X_1 + X_3)(X_1 + X_5)(X_2 X_3 + X_3 X_5 + X_4)$$
$$= (X_1 + X_3)(X_1 + X_5)[X_2 X_3 + (X_3 X_5 + X_4)]$$
$$= (X_1 + X_3)(X_1 + X_5)[X_2 X_3 + X_2(X_3 X_5 + X_4) + X_3(X_3 X_5 + X_4) + (X_3 X_5 + X_4)(X_3 X_5 + X_4)]$$
$$= (X_1 + X_3)(X_1 + X_5)(X_2 + X_3 X_5 + X_4)(X_3 + X_3 X_5 + X_4)$$
$$= (X_1 + X_3)(X_1 + X_5)(X_2 + X_3 + X_4)(X_2 + X_5 + X_4)(X_3 + X_3 + X_4)(X_3 + X_5 + X_4)$$
$$= (X_1 + X_3)(X_1 + X_5)(X_2 + X_5 + X_4)(X_3 + X_4)$$

事故树有四个最小径集: $\{X_1, X_3\}, \{X_1, X_5\}, \{X_3, X_4\}, \{X_2, X_4, X_5\}$。

(3)行列法。从顶层开始,凡是用"与门"连接的,按列排列;用"或门"连接的,按行排列。由图 2.32 的事故树可由行列法求得最小径集表 2.21。

表 2.21　行列法求最小径集表

	一	二	三	四
T	G_1 G_2	$X_1,\ G_3$ $G_4,\ X_4$	$X_1,\ X_3$ $X_1,\ X_5$ $G_5,\ X_4$ $X_3,\ X_4$	$X_1,\ X_3$ $X_1,\ X_5$ $X_2,\ X_5,\ X_4$ $X_3,\ X_4$

可见,上述三种方法所求最小径集相同。

3)最小径集在事故树分析中作用

(1)表示系统的安全性。一个所包含的基本事件都不发生,就可预防顶事件发生。可见,每一个最小径集都是保证事故树顶事件不发生的条件,是采取预防措施、防止发生事故的一种途径。

(2)选取确保系统安全的最佳方案。每一个最小径集都是防止顶事件发生的一个方案,可以根据最小径集中所包含的基本事件的个数、技术上的难易程度、耗费的时间以及投入资金数量,来选择最经济、最有效的事故控制方案。

(3)可以判定事故树中基本事件的结构重要度和方便计算顶事件发生的概率。

最小径集和最小割集在不同的事故树中方便性是不同的。一般而言,与门多,最小割集就少,定性分析最好从最小割集入手;或门多,最小径集少,分析时可尽量用最小径集。

2.2.8　系统安全分析方法小结

1. 系统安全分析方法分类

(1) 按逻辑思维方法分

归纳法是从个别情况出发，推出一般结论。根据故障找出故障对系统的影响。

演绎法是从一般到个别的推理。系统已经失效，找出造成这种失效的部件(或子系统)行为模式。

在系统安全中，可以通过安全检查表、预先危险性分析、故障类型和影响分析、危险性和可操作性研究进行归纳。在事故树分析和事件树分析中采用演绎法。

(2) 按定性和定量分析方法分

定性的安全分析：是指对影响系统、操作、产品或人身安全的全部因素，进行非数学方法的研究与分析，或对事件只进行"0"或"1"的分析程序。

定量分析是在定性分析的基础上，运用数学方法与计算工具，分析事故、故障及其影响因素之间的数量关系和数量变化规律。其目的是对事故或危险发生的概率及风险度进行客观评定。

系统安全中，可以通过安全检查表、预先危险性分析、故障类型和影响分析、危险性和可操作性研究进行定性分析。在事故树分析和事件树分析中采用定量分析。

2. 各分析方法的特点及适用范围

各分析方法的特点及适用范围如表 2.22 所示。

表 2.22　各分析方法的特点及适用范围

分析方法	特点	适用范围
安全检查表	按一定的方式检查设计、系统和工艺过程，查出危险性所在	用途广泛，没有任何限制
预先危险性分析	分析工作做在前面，防止考虑不周而造成损失	检修后开车、制定操作规程、技术改造之后、使用新工艺
故障类型和影响分析	以硬件为对象，对元件逐个研究，查明每个元件的故障模式，再进一步查明每个故障模式对子系统以及系统的影响，易于理解，是广泛采用的标准方法，但一般用于考虑非危险性失效，费时多，且不能考虑人、环境和部件之间的相互关系	设计阶段
危险性和可操作性研究	由中间参数的偏差开始，向下找原因，向上判明结果	流体或能量的流动情况分析，特别是大型化工企业
事件树分析	由初始事件出发，按照逻辑推导其发展过程及结果	广泛用于各种系统，是一种动态宏观分析方法，不适用详细分析

2.3　系统安全预测方法

1. 概述

预测是运用各种知识和科学手段，分析研究历史资料，对安全生产发展的趋势或可能的结果进行事先的推测和估计。也就是说，预测就是由过去和现在去推测未来，由已知去推测未知。

预测由四部分组成，即预测信息、预测分析、预测技术和预测结果。

系统安全预测就是预测造成事故后果的许多前级事件，包括起因事件、过程事件和情况变化；随着生产的发展以及新工艺、新技术的应用，预测会产生的新危险、新的不安全因素；随着科学技术的发展，预测未来的安全生产面貌及应采取的安全对策。

按预测对象范围的划分法如下。

(1)宏观预测是指对整个行业、一个省区、一个局(企业)的安全状况的预测。

(2)微观预测是指对一个厂(矿)的生产系统或对其子系统的安全状况的预测。

按预测时间长短的划分法如下。

(1)长(远)期预测是指对五年以上的安全状况的预测。它为安全管理方面的重大决策提供科学依据。

(2)中期预测是指对一年以上五年以内的安全生产发展前景进行的预测。它是制定五年计划和任务的依据。

(3)短期预测是指对一年以内的安全状态的预测。它是年度计划、季度计划以及规定短期发展任务的依据。

2. 预测方法

机场安全中常用的预测方法有回归分析法、灰色预测法、马尔可夫预测法等。

1)回归分析法

要准确地预测，就必须研究事物的因果关系。回归分析法就是一种从事物变化的因果关系出发的预测方法。它利用数理统计原理，在大量统计数据的基础上，通过寻求数据变化规律来推测、判断和描述事物未来的发展趋势。

事物变化的因果关系可用一组变量来描述，即自变量与因变量之间的关系。这些依从关系一般可以分为两大类。一类是确定的关系，它的特点是自变量为已知时，就可以准确地求出因变量，变量之间的关系可用函数关系确切地表示出来；另一类是相关关系，或称为非确定关系，它的特点是虽然自变量与因变量之间存在密切的关系，却不能由一个或几个自变量的数值准确地求出因变量，变量之间往往没有明确的数学表达式，但可以通过观察，用统计方法大致地或平均地说明自变量与因变量之间的统计关系。回归分析法正是根据这种相互关系建立回归方程的。

(1)一元线性回归法。比较典型的回归分析法是一元线性回归法，它是根据自变量(x)与因变量(y)的相互关系，用自变量的变动来推测因变量变动的方向和程度，其基本方程式是

$$y = a + bx$$

式中，y 为因变量；x 为自变量；a、b 为回归系数。

进行一元线性回归，应首先收集事故数据，并在以时间为横坐标的坐标系中，画出各个相对应的点，根据图中各点的变化情况，就可以大致看出事故变化的某种趋势，然后进行计算，求出回归直线。

回归系数 a 和 b 是根据统计的事故数据，通过以下方程组来决定的：

$$\begin{cases} \sum y = n \cdot a + b \cdot \sum x \\ \sum xy = a \cdot \sum x + b \sum x^2 \end{cases} \tag{2.1}$$

式中，x 为自变量，为时间序号；y 为因变量，为事故数据；n 为事故数据总数。

解上述方程组得

$$\begin{cases} a = \dfrac{\sum x \cdot \sum xy - \sum x^2 \cdot \sum y}{(\sum x)^2 - n \cdot \sum x^2} \\ b = \dfrac{\sum x \cdot \sum y - n \cdot \sum xy}{(\sum x)^2 - n \cdot \sum x^2} \end{cases} \tag{2.2}$$

a 和 b 确定之后就可以在坐标系中画出回归直线。

【例 2.10】　表 2.23 是 2001～2010 年的美国民航鸟击事故次数的统计数据，试用一元线性回归方法建立其预测方程。

表 2.23　2001～2010 年的美国民航鸟击事故次数统计表

年份	时间顺序 x	鸟击事故次数 y	x^2	$x \cdot y$	y^2
2001	1	28	1	28	784
2002	2	34	4	68	1156
2003	3	21	9	63	441
2004	4	26	16	104	676
2005	5	34	25	170	1156
2006	6	37	36	222	1369
2007	7	37	49	259	1369
2008	8	28	64	224	784
2009	9	33	81	297	1089
2010	10	30	100	300	900
合计	$\sum x = 55$	$\sum y = 308$	$\sum x^2 = 385$	$\sum x \cdot y = 1735$	$\sum y^2 = 9724$

解：将表 2.23 中数据代入式 (2.2) 便可求出 a 和 b 的值，即

$$a = \frac{\sum x \cdot \sum x \cdot y - \sum x^2 \cdot \sum y}{(\sum x)^2 - n \cdot \sum x^2} = \frac{55 \times 1735 - 385 \times 308}{55^2 - 10 \times 385} = 28.07$$

$$b = \frac{\sum x \cdot \sum y - n \cdot \sum x \cdot y}{(\sum x)^2 - n \cdot \sum x^2} = \frac{55 \times 308 - 10 \times 1735}{55^2 - 10 \times 385} = 0.497$$

故回归直线的方程为

$$y = 28.07 + 0.497x$$

在坐标系中画出回归直线，见图 2.35。

在回归分析中，为了了解回归直线对实际数据变化趋势的符合程度，还应求出相关系数 r。其计算公式如下：

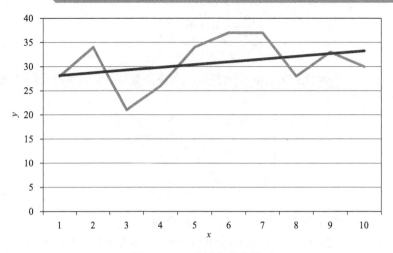

图 2.35　一元回归直线图

$$r = \frac{L_{xy}}{\sqrt{L_{xx} \cdot L_{yy}}}$$

式中

$$L_{xy} = \sum x \cdot y - \frac{1}{n} \cdot \sum x \cdot \sum y$$

$$L_{xx} = \sum x^2 - \frac{1}{n} \cdot (\sum x)^2$$

$$L_{yy} = \sum y^2 - \frac{1}{n} \cdot (\sum y)^2$$

将表 2.23 中的有关数据代入，即

$$L_{xy} = \sum x \cdot y - \frac{1}{n} \cdot \sum x \cdot \sum y = 1735 - \frac{1}{10} \times 55 \times 308 = 41$$

$$L_{xx} = \sum x^2 - \frac{1}{n} \cdot (\sum x)^2 = 385 - \frac{1}{10} \times 55^2 = 82.5$$

$$L_{yy} = \sum y^2 - \frac{1}{n} \cdot (\sum y)^2 = 9724 - \frac{1}{10} \times 308^2 = 237.6$$

所以

$$r = \frac{L_{xy}}{\sqrt{L_{xx} \cdot L_{yy}}} = \frac{41}{\sqrt{82.5 \times 237.6}} = 0.293$$

$|r| = 0.293 > 0$，回归直线与实际数据的变化趋势大致符合，可以根据所建立的回归直线预测方程对以后的鸟击事故趋势进行预测。

注意：相关系数 $r=1$ 时，说明回归直线与实际数据的变化趋势完全相符；$r=0$ 时，说明 x 与 y 之间完全没有线性关系；在大部分情况下，$0<|r|<1$。这时，就需要判别变量 x 与 y 之间有无密切的线性关系。一般来说，r 越接近于 1，说明 x 与 y 之间存在的线性关系越强，用线性回归方程来描述这两者的关系就越合适，利用回归方程求得的预测值也就越可靠。

（2）一元非线性回归方法。在回归分析法中，除了一元线性回归法，还有一元非线性回归法、多元线性回归法、多元非线性回归法等。

非线性回归的回归曲线有多种，选用回归曲线时要看实际数据在坐标系中的变化分布形状，也可根据专业知识确定分析曲线。非线性回归的分析方法是通过一定的变换，将非线性问题转化为线性问题，然后利用线性回归的方法进行回归分析。

根据专业知识和实用观点，这里仅列举一种非线性回归曲线——指数函数。

$$y = a \cdot e^{bx} \tag{2.3}$$

令 $y' = \ln y$，$a' = \ln a$，则有 $y' = a' + bx$。

$$y = a \cdot e^{\frac{b}{x}} \tag{2.4}$$

令 $y' = \ln y$，$x' = \dfrac{1}{x}$，$a' = \ln a$，则有 $y' = a' + bx'$。

【**例 2.11**】　2010 年中国鸟击事故次数的统计数据见表 2.24，用指数函数 $y = a \cdot e^{bx}$ 进行回归分析。

表 2.24　2010 年中国鸟击事故次数统计数据

月份	时间序号 x	鸟击次数 y	$y' = \ln y$	x^2	$x \cdot y'$	y'^2
1	1	14	2.639057	1	2.639057	6.964624
2	2	13	2.564949	4	5.129899	6.578965
3	3	34	3.526361	9	10.57908	43.85106
4	4	74	4.304065	16	17.21626	18.52498
5	5	105	4.65396	25	23.2698	21.65935
6	6	43	3.7612	36	22.5672	14.14663
7	7	102	4.624973	49	32.37481	21.39037
8	8	124	4.820282	64	38.56225	23.23511
9	9	234	5.455321	81	49.09789	29.76053
10	10	133	4.890349	100	48.90349	23.91551
11	11	68	4.219508	121	46.41458	17.80425
12	12	27	3.295837	144	39.55004	10.86254
合计	$\sum x = 78$		$\sum y' = 48.756$	$\sum x^2 = 650$	$\sum x \cdot y' = 336.304$	$\sum y'^2 = 238.694$

解： 对 $y = a \cdot e^{bx}$ 两边取自然对数得

$$\ln y = \ln a + bx$$

令 $y' = \ln y$，$a' = \ln a$，则 $y' = a' + bx$。

用一元线性回归方程计算公式得

$$a' = \frac{\sum x \cdot \sum x \cdot y' - \sum x^2 \cdot \sum y'}{(\sum x)^2 - n \cdot \sum x^2} = \frac{78 \times 336.304 - 650 \times 48.756}{78^2 - 12 \times 650} \approx 3.182$$

$$b' = \frac{\sum x \cdot \sum y' - n \cdot \sum x \cdot y'}{(\sum x)^2 - n \cdot \sum x^2} = \frac{78 \times 48.756 - 12 \times 336.304}{78^2 - 12 \times 650} \approx 0.136$$

因为 $a' = \ln a$，所以 $a = e^{a'} = e^{3.182} \approx 24.0949$。

故指数回归方程为

$$y = 24.0949 e^{0.136x}$$

求相关系数 r：

$$L_{xy'} = \sum x \cdot y' - \frac{1}{n} \cdot \sum x \cdot \sum y' = 336.304 - \frac{1}{12} \times 78 \times 48.756 = 19.39$$

$$L_{xx} = \sum x^2 - \frac{1}{n} \cdot (\sum x)^2 = 650 - \frac{1}{12} \times 78^2 = 143$$

$$L_{y'y'} = \sum y'^2 - \frac{1}{n} \cdot (\sum y')^2 = 238.694 - \frac{1}{12} \times 48.756^2 = 40.598372$$

$$r = \frac{L_{xy'}}{\sqrt{L_{xx} \cdot L_{y'y'}}} = \frac{19.39}{\sqrt{143 \times 40.598372}} \approx \frac{19.39}{76.194} \approx 0.254$$

$r = -0.87$，说明用指数曲线进行回归分析，在一定程度上反映了鸟击事故的趋势，故可根据建立的回归方程对以后鸟击事故发生趋势进行预测。

回归分析方法还可用于事故预测。根据过去的事故变化情况和事故统计数据进行回归分析，由得到的回归曲线方程，预测判断下一阶段的事故变化趋势，以指导下一步的安全工作。

*2) 灰色预测法

灰色系统是邓聚龙提出的一种新的系统理论，利用灰色预测法的主要优点是：它通过一系列数据生成方法(直接累加法、移动平均法、加权累加法、遗传因子累加法、自适性累加法等)将根本没规律的、杂乱无章的或规律性不强的一组原始数据序列变得具有明显的规律性，解决了数学界一直认为不能解决的微积分方程建模问题。

灰色预测法是从灰色系统的建模、关联度及残差辨识的思想出发，所获得的关于预测的新概念、观点和方法。

将灰色预测法用于厂矿企业预测事故，一般选用 GM(1,1) 模型，是一阶的一个变量的微分方程模型。

(1) 灰色预测法建模。设原始离散数据序列 $x^{(0)} = \{x_1^0, x_2^0, \cdots, x_N^0\}$，其中 N 为序列长度，对其进行一次累加生成处理：

$$x_k^{(1)} = \sum_{j=1}^{k} x_j^{(0)}, \quad k = 1, 2, \cdots, N \tag{2.5}$$

则以生成序列 $x^{(1)} = \{x_1^1, x_2^1, \cdots, x_N^1\}$ 为基础建立灰色的生成模型：

$$\frac{dx^{(1)}}{dt} + ax^{(1)} = u \tag{2.6}$$

称为一阶灰色微分方程，记为 GM(1,1)，式中 a 和 μ 为待辨识参数。

设参数向量

$$\hat{a} = \left[au \right]^{\mathrm{T}}, \quad y_N = \left[x_2^{(0)}, x_3^{(0)}, \cdots, x_N^{(0)} \right]^{\mathrm{T}} \text{和} B = \begin{bmatrix} -\left(x_2^{(1)} + x_1^{(1)} \right)/2 & 1 \\ \vdots & \vdots \\ -\left(x_N^{(1)} + x_{N-1}^{(1)} \right)/2 & 1 \end{bmatrix}$$

则

$$\hat{a} = (B^{\mathrm{T}} B)^{-1} B^{\mathrm{T}} y_N \tag{2.7}$$

由式(2.7)求得的最小二乘解的时间响应方程(即式(2.6)的解):

$$\hat{x}_1^{(1)} = \left(x_1^{(1)} - \frac{u}{a} \right) \mathrm{e}^{-ak} + \frac{u}{a} \tag{2.8}$$

离散响应方程:

$$\hat{x}_{k+1}^{(1)} = (x_1^{(1)} - u/a) \mathrm{e}^{-ak} + \frac{u}{a} \tag{2.9}$$

$$x_1^{(1)} = x_1^{(0)}$$

式中,将 $\hat{x}_{k+1}^{(1)}$ 计算值作累减还原,即得到原始数据的估计值:

$$\hat{x}_{k+1}^{(0)} = \hat{x}_{k+1}^{(1)} - \hat{x}_k^{(1)} \tag{2.10}$$

GM(1,1)模型的拟合残差中往往还有一部分动态有效信息,可以通过建立残差 GM(1,1)模型对原模型进行修正。

(2)预测模型的后验差检验。可以用关联度及后验差对预测模型进行检验,下面介绍后验差检验。记 0 阶残差为

$$\varepsilon_1^{(0)} = x_i^{(0)} - \hat{x}_i^{(0)}, \quad i = 1, 2, \cdots, n \tag{2.11}$$

式中, $\hat{x}_i^{(0)}$ 是通过预测模型得到的预测值。

残差均值:

$$\overline{\varepsilon}^{(0)} = \frac{1}{n} \sum_{i=1}^{n} \varepsilon_i^{(0)} \tag{2.12}$$

残差方差:

$$s_1^2 = \frac{1}{n} \sum_{i=1}^{n} (\varepsilon_i^{(0)} - \overline{\varepsilon})^2 \tag{2.13}$$

原始数据均值:

$$\overline{x} = \frac{1}{n} \sum_{i=1}^{n} x_i^{(0)} \tag{2.14}$$

原始数据方差:

$$s_2^2 = \frac{1}{n} \sum_{i=1}^{n} (x_i^{(0)} - x)^2 \tag{2.15}$$

为此可计算后验差检验指标后验差比值 c:

$$c = s_1 / s_2 \tag{2.16}$$

小误差概率 p:

$$p = p\left\{ |\, \varepsilon_1^{(0)} - \overline{\varepsilon}^{(0)}|\, < 0.6745 s_2 \right\} \tag{2.17}$$

按照上述两指标，可从表 2.25 查出精度检验等级。

表 2.25 精度检验等级

预测精度等级	$p(0\sim1)$	$c(0\sim1)$
好（good）	>0.95	<0.35
合格（qualified）	>0.80	<0.50
勉强（just mark）	>0.70	<0.45
不合格（unqualified）	≤0.70	≥0.65

*3）马尔可夫预测法

若事物未来的发展及演变仅受当时状况的影响，即具有马尔可夫性质，且一种状态转变为另一种状态的规律又可知的情况下，就可以利用马尔可夫链的概念进行计算和分析，预测未来特定时刻的状态。

马尔可夫链表征一个系统在变化过程中的特性状态，可用一组随时间进程而变化的变量来描述。如果系统在任何时刻的状态是随机性的，则变化过程是一个随机过程，当时刻 t 变到 $t+1$ 时，状态变量从某个取值变到另一个取值，系统就实现了状态转移。系统从某种状态转移到各种状态的可能性，可用转移概率来描述。

马尔可夫计算所使用的基本公式如下。

已知初始状态向量为

$$s^{(0)} = \left[s_1^{(0)}, s_2^{(0)}, s_3^{(0)}, \cdots, s_n^{(0)} \right] \tag{2.18}$$

状态转移概率矩阵为

$$p = \begin{bmatrix} p_{11} & p_{12} & \cdots & p_{1n} \\ p_{21} & p_{22} & \cdots & p_{2n} \\ \vdots & \vdots & & \vdots \\ p_{n1} & p_{n2} & \cdots & p_{nn} \end{bmatrix} \tag{2.19}$$

状态转移概率矩阵是一个 n 阶方阵，它满足概率矩阵的一般性质，即

① $0 \leqslant p_{ij} \leqslant 1$；

② $\sum_{j=1}^{n} p_{ij} = 1$。

满足这两个性质的行向量称为概率向量。

状态转移概率矩阵的所有行向量都是概率向量；反之，所有行向量都是概率向量组成的矩阵，即概率矩阵。

一次转移向量 $s^{(1)}$ 为

$$s^{(1)} = s^{(0)} p \tag{2.20}$$

二次转移向量 $s^{(2)}$ 为

$$s^{(2)} = s^{(1)} p = s^{(0)} p^2 \tag{2.21}$$

类似地

$$s^{(k+1)} = s^{(0)} p^{(k+1)} \tag{2.22}$$

2.4　系统与安全评价

2.4.1　安全评价概述

1. 风险的定义

风险考虑内容如下。

(1) 受害程度或损失程度。有无风险在很大程度上取决于可能造成的损失程度。

(2) 造成某种损失或损害的难易程度。损害发生的难易性一般用某种损害发生的概率来描述。

$$\text{Risk(风险)} = \text{Uncertainty(不可靠性)} \times \text{Damage(损害)}$$

没有危险的地方就没有风险，另外，在没有不可靠性的地方也没有风险。

从另一个角度来看，

$$\text{Risk(风险)} = \text{Hazard(危险源)} / \text{Safeguards(安全防护)}$$

随安全防护的增大，风险会减小；只要危险源不为零，风险就客观存在。

风险可通过两方面衡量：一是不可靠性，以概率事件来处理；二是损害，一般用效用表示。所以风险也可以用如下的风险率来表示：

$$\text{风险率} = P \cdot U$$

式中，P 为某一事项发生的概率；U 为该事项发生的效用（一般为负）。

风险评价中效用 U 一般包括三个方面：费用(Cost)，安全投资、保险费用；利益(Benefit)，开展安全工作带来的效益；损害(Damage)，事故造成的损失。

当然，在安全评价或风险评价的初级阶段，"效用"一项一般只考虑损害，即严重度，用严重度代入上式来计算风险率。

2. 安全评价的定义

安全评价就是以实现工程、系统安全为目的，应用系统安全工程原理和方法，对工程、系统中存在的危险有害因素进行识别与分析，判断工程、系统发生事故和职业危害的可能性及其严重程度，从而为工程、系统的设计、施工、生产经营活动制定防范措施，为安全管理决策提供科学依据。

安全评价包含三层意思：

(1) 对系统存在的不安全因素进行定性和定量分析，这是安全评价的基础，这里面包括安全测定、安全检查和安全分析；

(2) 通过与评价标准的比较得出系统发生危险的可能性或程度的评价；

(3) 提出改进措施，以寻求最低的事故率，达到安全评价的最终目的。

3. 安全标准

安全标准界定为社会各方面允许的、可以接受的危害度或风险率。安全标准的确定主要取决于一个国家、行业或部门的政治、经济、技术和安全科学发展的水平。

安全标准的确定方法是统计某一事件的平均死亡率或伤害程度，如果大众并没有因如此高的死亡率或伤害程度而放弃做该事件，则可将该事件的安全标准定为该伤害率。

(1)统计法，一般以行业一定时间内的实际平均死亡率作为确定安全标准的依据。

(2)风险与收益比较法。

(3)安全评价法。

4. 安全评价原理

(1)安全评价是系统工程，因此，从系统的观点出发，以全局的观点、更大的范围、更长的时间、更大的空间、更高的层次来考虑系统安全评价问题，并把系统中影响安全的因素用集合性、相关性和阶层性协调起来。

(2)类推和概率推断原则。如果已经知道两个不同事件之间的相互制约关系或共同联系规律，则可利用先导事件的发展规律来评价迟发事件发展趋势，这就是类推评价。可以看出，这实际是一种预测技术。

(3)惯性原理。对于同一个事物，可以根据事物的发展都带有一定的延续性即惯性，来推断系统未来发展趋势。因此，惯性原理也可以称为趋势外推原理。应该注意的是，应用此原理进行安全评价是有条件的，它以系统的稳定性为前提，也就是说，只有在系统稳定时，事物之间的内在联系及其基本特征才有可能延续下去。但是，绝对稳定的系统是不存在的，这就要根据系统由于某些增强活力的偏离程度对评价结果进行修正。

5. 生产设备及安全管理评价

生产设备及安全管理可利用本书前面介绍的方法进行定性和定量评价，一般可用：

(1)安全检查表；

(2)事故树分析；

(3)事件树分析；

(4)预先危险性分析；

(5)故障类型和影响分析。

6. 安全评价内容

安全评价内容如图 2.36 所示。

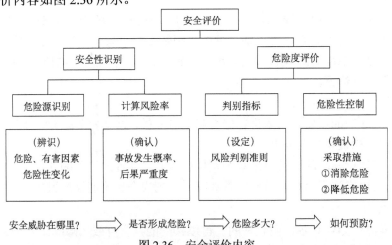

图 2.36　安全评价内容

7. 安全评价程序

安全评价程序如图 2.37 所示。

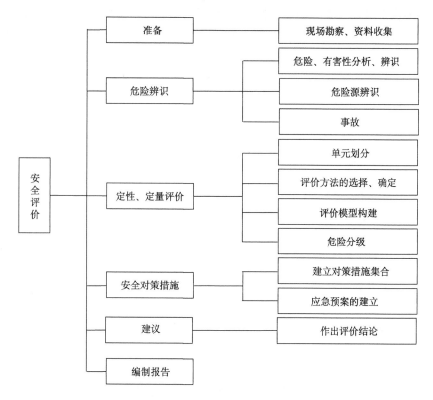

图 2.37　安全评价程序

8. 安全评价方法分类

(1)按评价结果的量化程度分为定性安全评价和定量安全评价。

(2)根据工程、系统生命周期和评价的目的分为安全预评价、安全验收评价、安全现状评价、专项安全评价。

2.4.2　概率评价法

概率评价法是一种定量评价法，先求出系统发生事故的概率，在求出事故发生概率的基础上，进一步计算风险率，以风险率确定系统的安全程度。系统危险性取决于两个方面：一是事故发生的概率；二是造成后果的严重度。

风险率综合两个方面因素，它的数值等于事故的概率(频率)与严重度的乘积，其计算公式如下：

$$R(风险率，事故损失/单位时间)=S(严重度，事故损失/事故次数)·P(事故发生概率(频率)，$$
$$事故次数/单位时间)$$

1. 元件的概率及求法

系统的故障率可通过求解各组件的故障率及各组件间的相互关系，结合事故树求解。

故障率稳定时，元件故障概率为

$$P(t) = 1 - R(t) = 1 - e^{-\lambda t}$$

式中，故障率 $\lambda = 1/\tau$。

故障率不稳定时，元件故障率如图 2.38 所示，也称浴盆曲线。

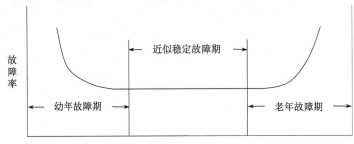

图 2.38　浴盆曲线

2. 元件的连接及系统故障(事故)概率计算

1) 串联的元件用逻辑"或门"表示

可靠度为

$$R = \prod_{i=1}^{n} R_i$$

系统故障概率为

$$P = 1 - \prod_{i=1}^{n} (1 - P_i)$$

$$P(A或B) = P(A) + P(B) - P(A)P(B)$$

2) 并联的元件用逻辑"与门"表示

系统故障概率为

$$P = \prod_{i=1}^{n} P_i$$

可靠度为

$$R = 1 - \prod_{i=1}^{n} (1 - R_i)$$

3. 系统故障概率的计算举例

如图 2.39 所示的某反应器内进行的是放热反应，当温度超过一定值后，会引起反应失控而爆炸。为及时移走反应热，在反应器外面安装了夹套冷却水系统。由反应器上的热电偶温度测量仪与冷却水进口阀连接，根据温度控制冷却水流量。为防止冷却水供给失效，在冷却水进水管上安装了压力开关，并与原料进口阀连接，当水压小到一定值时，原料进口阀会自动关闭，停止反应。

查表得热电偶温度测量、控制阀、压力开关的故障率分别是 0.52 次/a、0.60 次/a、0.14 次/a。

热电偶温度测量仪：

$$R_1 = e^{-0.52 \times 1} = 0.59 \qquad P_1 = 1 - R_1 = 1 - 0.59 = 0.41$$

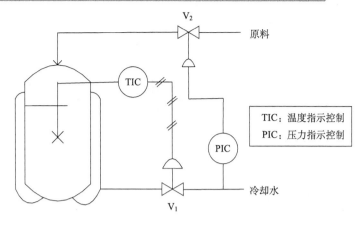

图 2.39　反应器原理图

控制阀：

$$R_2 = e^{-0.60 \times 1} = 0.55 \qquad P_2 = 1 - R_2 = 1 - 0.55 = 0.45$$

压力开关：

$$R_3 = e^{-0.14 \times 1} = 0.87 \qquad P_3 = 1 - R_3 = 1 - 0.87 = 0.13$$

温度控制部分：

$$R_A = R_1 R_2 = 0.59 \times 0.55 = 0.32 \qquad P_A = 1 - R_A = 1 - 0.32 = 0.68$$

$$\lambda_A = -\ln R_A / t = -\ln 0.32 / 1 = 1.14 \qquad \tau_A = 1 / \lambda_A = 1 / 1.14 = 0.88$$

原料关闭部分：

$$R_B = R_2 R_3 = 0.55 \times 0.87 = 0.48 \qquad P_B = 1 - R_B = 1 - 0.48 = 0.52$$

$$\lambda_B = -\ln R_B / t = -\ln 0.48 / 1 = 0.73 \qquad \tau_B = 1 / \lambda_B = 1 / 0.73 = 1.37$$

超温防护系统：

$$P = P_A P_B = 0.68 \times 0.52 = 0.35 \qquad R = 1 - P = 1 - 0.35 = 0.65$$

$$\lambda = -\ln R / t = -\ln 0.65 / 1 = 0.43 \qquad \tau = 1 / 0.43 = 2.3$$

2.4.3　系统安全综合评价法

1. 综合评价原理

系统安全综合评价原理图如图 2.40 所示。

2. 评价模式

现以具有燃烧与爆炸性的典型危险源为评价对象，讨论其评价模式。

（1）燃烧爆炸危险源潜在的危险主要是意外能量释放，故可用能量危险系数 W_B 来表示。W_B 主要取决于具有燃爆性质的物质的本质特性（敏感度、威力等）、数量和在生产条件下所处的工艺状态（温度、压力等），即 W_B 为物性系数、物量系数、工艺条件系数的乘积：

$$W_B = \alpha \cdot \beta \cdot \gamma$$

（2）作业环境内的危险度 $H_内$

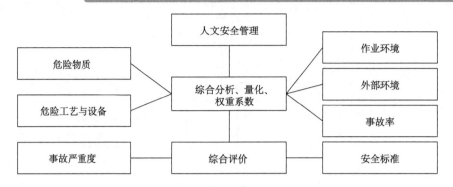

图 2.40 系统安全综合评价原理图

$$H_{内}=KB$$

式中，B 由能量危险系数 P、W_B 和作业环境内人员密度或出现频次 D 所决定，即 $B=W_B \cdot D \cdot P$；K 是可控危险未受控系数，也可称为安全隐患系数。

(3)K 主要取决于安全管理，它主要是指作业环境内设备与设施的安全状况、完好率，作业环境条件(气、尘、光、辐射等)和人文安全管理等综合因素，也就是作业环境内的危险度可通过人、机(物)、环境的安全管理得到控制。

(4)对人、机(物)、环境安全状态的控制分别用 $S_x/S_人$、$S_y/S_机$、$S_z/S_环$ 来表示，那么 $(1-S_x/S_人)$、$(1-S_y/S_机)$、$(1-S_z/S_环)$ 就分别表示人、机(物)、环境的安全未达标率，也就是三个子系统的失控率。事故的发生就是这些失控因素在时空域交叉作用的结果。当然，由于人、机(物)、环境失控对事故形成的重要程度是不同的，所以还要用不同的权重系数 X、Y、Z 加以区别。通过分析事故资料结合实际考虑，有文献提出权重系数 $X=6.1$，$Y=2.2$，$Z=1.7$，于是

$$K = 6.1 \times \left(1 - \frac{S_x}{S_人}\right)\left(1 - \frac{S_y}{S_机}\right) + 2.2 \times \left(1 - \frac{S_x}{S_人}\right)\left(1 - \frac{S_z}{S_环}\right) + 1.7 \times \left(1 - \frac{S_y}{S_机}\right)\left(1 - \frac{S_z}{S_环}\right)$$

(5)燃烧爆炸危险源系统危险性的评价，应把一定范围的外部环境作为系统组成成分来考虑，原因是作业区域内一旦发生燃烧事故，作业区域外的安全距离不足的建筑物 $\left(用\left(1 - \frac{R_1}{R_0}\right)表示安全距离未达标率\right)$ 及人员、财物都可能受到影响或伤害，其严重度用 C 表示。

(6)综上所述，确定系统危险度 H 评估方程为

$$H = H_{内} + H_{外} = KB + \sum\left(1 - \frac{R_{1i}}{R_{oi}}\right)$$

3. 评价标准

根据安全评价结果，对照表 2.26 可作为确定评价对象危险等级的参考。

表 2.26　危险源的危险等级表

危险等级	现实危险度 H	危险类别	可能后果	技术措施分级
I	<500	轻度危险	较小伤亡和损失	车间或分厂级
II	500～800	比较危险	一定伤亡和损失	工厂或总厂级
III	800～1200	中等危险	较大伤亡和损失	主管部门级
IV	1200～1500	严重危险	重大伤亡和损失	集团公司级
V	>1500	非常危险	灾难性伤亡和损失	国家级

2.5　安 全 决 策

2.5.1　决策概述

决策是指人们在寻求生存与发展过程中，以对事物发展规律及主客观条件的认识为依据，寻求并实现某种最佳(满意)准则和行动方案而进行的活动。决策要素包括合理的准则(标准)体系、足够可靠的信息数据、可供选择的决策方法、落实的决策组织和实施办法。

决策是在价值判断的基础上做出抉择和选择。安全的价值或效用是不容置疑的，所以，安全决策同样是建立在安全价值判断基础上的。

1. 决策与评价关系

决策与评价既有区别，又有共同点。决策和综合评价有共同的理论基础与组成要素，其方法和步骤大致相同。评价是指评价主体估测评价对象(客体)达到既定需求的过程。它是根据既定的准则体系来测评客体的各种属性量值及其满足主体需求的效用(价值)。决策是主体根据既定的准则考察客体达到最优效用(价值)的情况。决策往往是事前进行的选择，而系统评价大多在事后进行。决策总是在多个备选方案中作抉择，而系统评价可以只对一个方案进行评判。

2. 决策的分类

决策可分为确定型决策和非确定型决策。

(1)确定型决策是在一种已知的完全确定的自然状态下，选择满足目标要求的最优方案。

确定型决策的条件如下：①存在决策者希望达到的一个明确目标(收益大或损失小)；②只存在一个确定的自然状态；③存在决策者可选择的两个或两个以上的抉择方案；④不同的决策方案在确定的状态下的益损值可以计算。

(2)非确定型决策。当决策问题有两种以上自然状态时，事件发生是不确定的，在此情况下的决策称为非确定型决策。非确定型决策包含风险型决策和完全不确定型决策。

风险型决策是当决策问题自然状态的概率能确定，即在概率基础上做决策，但要冒一定的风险。

完全不确定型决策是如果自然状态的概率不能确定，即没有任何有关每一自然状态可能发生的信息情况下的决策。

非确定型决策的条件如下：①存在决策者希望达到的一个明确目标；②存在决策者无法控制的两种或两种以上的自然状态；③存在可供决策者选择的两个或两个以上的抉择方案；④不同的抉择方案在不同的自然状态下的益损值可以计算出来；⑤每种自然状态出现的概率可以估算出来。

2.5.2　安全决策过程与决策要素

1. 决策过程

安全决策过程如图2.41所示。

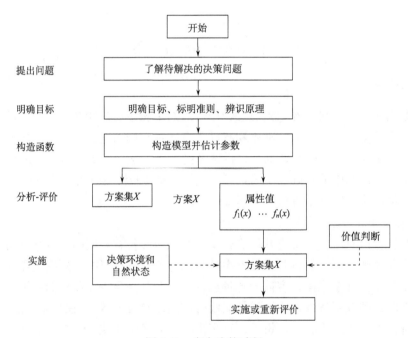

图2.41　安全决策过程

2. 决策要素

决策要素包括决策单元、准则(指标)体系、决策结构和环境、决策规则等。

(1)决策单元。决策者是指对所研究问题有权力有能力做出最终判断与选择的个人或集体。决策单元包括决策者及共同完成决策分析研究的决策分析者，以及用以进行信息处理的设备。

(2)准则(指标)体系。备选方案中,各方案一般可细化为各部分(相当于方案的下一层)，对于一个大的系统，方案往往能够细化为多层结构形式。为了配合方案各层的选择，决策准则也常具有层次结构。其中，准则体系最上层的总准则只有一个，一般比较宏观、笼统、抽象，不便于量化、测算、比较、判断。而各级子准则则相当具体、直观，并可以直接或间接地用备选方案本身的属性(性能、参数)来表征。

(3)决策结构和环境。根据决策变量的类型(连续、离散)，决策可分为多目标决策和多属性决策，两者又统称为多准则决策；根据决策环境条件可分为确定型决策和非确定型决策两大类。

(4)决策规则。将多准则问题方案的全部属性值进行排序,从而依序择优。这种促使方案完全序列化的规则,便称为决策规则。决策规则一般分为两大类:最优规则和满意规则。

3. 安全决策步骤

(1)发现问题。发现问题是安全决策的起点,一切安全决策都是从问题开始的。问题就是安全决策对象存在的矛盾,通常指应该或可能达到的状况同现实状况之间存在的差距。问题确定得准,就为合理确定目标打下良好的基础。

(2)明确目标与构造函数。目标的确定,直接决定着方案的拟定,影响到方案的选择和安全决策后的方案实施。为此,安全决策确定的目标必须具体明确,既不能含糊不清,也不能抽象空洞,否则方案的拟定和选择就会无所适从。一般情况下,确定的目标应符合以下基本要求:①目标必须是单一的;②必须有明确的目标标准,以便能检查目标达到和实现的程度;③明确目标的主客观约束条件;④在存在多目标的情况下,应对各个目标进行具体分析,分清主次,把主要的列为目标,次要的降为约束条件。决策过程首先需要明确目标,也就是要明确需要解决的问题。安全决策所涉及的主要问题就是保证人们的生产安全、生活安全和生存安全。由于这样的目标所涉及的范围和内容太大了,以至于无法操作,实际应用中一般需要进一步界定、分解和量化。

(3)拟订方案与方案评估。安全决策的目标确定以后,接下来的工作是研究实现目标的途径和方法,也就是拟订方案。任何安全问题的解决都存在着多种可能途径,可以有多种方案。制订备选方案是一项技术性很强的安全管理活动,无论哪一种备选方案,都必须建立在科学的基础上,方案中能够进行数量化和定量分析。方案评估就是对所拟订的各种备选方案,从理论上进行综合分析后对其加以评比估价,从而得出各备选方案的优劣利弊的结论。对备选决策方案,决策者要向自己提出"假如采用这个方案,将要产生什么样的结果?假如采用这个方案,可能导致哪些不良后果和错误?"等问题,从这些可能产生的后果中进行比较,以决定方案的取舍。其中,需要注意人身安全问题、人的精神和思想问题和人的行为问题。

(4)实施与反馈。决策方案在实施过程中应注意制订实施规划,落实实施机构、人员职责,并及时检查与反馈实施情况。使决策方案在实施过程中趋于完善并达到预期效果。

2.5.3　定性属性的量化

1. 量化等级与范围

心理学家米勒(Miller)经过实验表明,在某个属性上对若干个不同物体进行辨别时,普通人能够正确区别属性等级在 5~9 级。因此,定性属性量化等级取 5~9 级,可能时尽量用 9 个等级。量化等级见表 2.27。

表 2.27　量化等级表

等级数	量化值								
	1	2	3	4	5	6	7	8	9
9	最差	很差	差	较差	相当	较好	好	很好	最好
7	最差	很差	差		相当		好	很好	最好
5	最好		差		相当		好		最好

2. 量化方法

由于客观事物的复杂性、多样性和主观认识的局限性，决策对象往往具有不确定性、模糊性和随机性，可以采用集值统计原理广集专家意见，对定性属性进行量化处理。

集值统计原理如下：评价者对某定性属性值 $(f_j(x_i))$ 估计等级区间，记第 k 个评价者估计的区间为 $[Z_{1k}, Z_{2k}]$。若共有 L 个评价者，可得 L 个区间值，从而形成一个集值统计序列 $[Z_{11}, Z_{21}], [Z_{12}, Z_{22}], \cdots, [Z_{1L}, Z_{2L}]$，这 L 个子集叠加在一起，则形成覆盖在评价值轴上的一种分布：

$$P(Z) = \frac{1}{L}\sum_{k=1}^{L}\oint(Z) = \begin{cases} 1, & Z_1{}^k \leqslant Z \leqslant Z_2{}^k \\ 0, & 其他 \end{cases}$$

3. 属性函数 $F(X)$ 规范化（归一化）

(1) 线性变换法。

$$f_j(x) = \begin{cases} 1, & f_j(x) > f_j^* \\ \dfrac{f_j(x) - f_j^0}{f_j^* - f_j^0}, & f_j^* > f_j(x) > f_j^0 \\ 0, & f_j^0 > f_j(x) \end{cases}$$

式中，f_j^* 为 $f_j(x)$ 的最优值；f_j^0 为 $f_j(x)$ 的最劣值。

(2) S 形变换法。当单属性的最优（劣）值难以达到时，用变化缓和的 S 形曲线变换它。

$$f_j'(x) = \left[1 + \left(\frac{1-\delta}{\delta} \right)^{1-2\overline{f_j(x)}} \right]^{-1}$$

式中，$\overline{f_j(x)} = \dfrac{f_j(x) - f_j^0}{f_j^* - f_j^0}$。

4. 权重及其量化方法

权重是表征子准则或因素对总准则或总目标影响或作用的量化值，一般包括重要性权重、信息量权重、独立性权重、组合（综合）权重。

1) 重要性权重

重要性权重用相邻比较法确定，步骤如下。

(1) 将同层次所有子准则（因素）$f_j = (j=1,2,\cdots,m)$ 按照上层准则（或总准则）的相对重要性排序。

(2) 求相邻准则的相对重要性比值，即 $b_{j+1,j} = \dfrac{\omega_{j+1}}{\omega_j}, 0 \leqslant b_{j+1,j} \leqslant 1(j=1,2,\cdots,m)$，并假定上一个准则的相对重要性始终为 1。

(3) 按 $\overline{\omega_j} \Big/ \sum_{j=1}^{m}\overline{\omega_j}$ 求归一化权重系数，其中 $\overline{\omega_j} = b_{j+1,j} \times b_j$，$\overline{\omega_{j=1}} = b_1 = 1$。

2) 信息量权重 ω^2

由于各准则值所包含的信息量不同，它们对被评价方案（决策方案）的作用也就不同。考虑信息量不同产生的影响的量化值称为信息量权重。另外，当某些准则值在各被评价方案之间差异较大时，其分辨能力较强，包含的信息量就多，它们在综合评价、最终决策中的作用就大，其信息权重系数也较大。

信息量权重的确定方法为变异系数法，步骤如下。

(1) 求各准则的方差 D_j：

$$D_j = \frac{1}{n-1} \sum_{i=1}^{n} (f_j(x_i) - E(f_j(x_i)))^2$$

式中，准则期望 $E(f_j(x_i)) = \frac{1}{n} \sum_{i=1}^{n} f_j(x_i)$；$f_j(x_i)$ 为备选方案的第 j 个准则值。

(2) 求各准则值的变异系数 V_j：

$$V_j = \sqrt{D_j} \, / \, E(f_j(x_i))$$

(3) 归一化变异系数即得信息量权重系数：

$$\omega_j^2 = V_j \bigg/ \sum_{j=1}^{m} V_j$$

3) 独立性权重 ω^3

虽然在理想准则体系中，要求准则具有无冗余性，在多属性决策方案中，希望属性之间具有独立性，但由于安全系统的高度复杂性，准则体系中各准则之间难免有部分重复信息存在，使它们在综合评价或决策过程中过多地发挥了作用。

独立性权重可用相关系数法确定，步骤如下。

若 m 个准则间的相关系数矩阵 $R=[r_{ij}]_{m \times n}$ 可以求得，根据概率论对 r_{ij} 的定义，有相关系 r_{ij}：

$$r_{ij} = \mathrm{COV}(f_i, f_j) / (\sigma_{f_i} \times \sigma_{f_j})$$

式中，协方差 $\mathrm{COV}(f_i, f_j) = E([f_i - E(f(i))][f_j - E(f_j)])$；均方差 $\sigma_{f_{i(j)}} = \left[\sum_{k=1}^{n} [f_{i(j)}(x_k) - E(f_{i(j)}(x_k))] P(f_{i(j)}(x_k)) \right]^{0.5}$；期望 $E(f_{i(j)}) = \sum_{k=1}^{n} f_{i(j)}(x_k) P(f_{i(j)}(x_k))$。

若 $r_{ij} < 0$，则取 $r_{ij}=0$。

对 r_{ij} 按列求和：

$$\sum_{i=1}^{n} r_{ij} = r_{mj}$$

归一化可得独立性权重系数：

$$\omega_j^3 = r_{ij} \bigg/ \sum_{j=1}^{m} r_{ij}$$

4) 组合 (综合) 权重

根据实际需要可以从上述 3 个方面的权重中选用，当用两种以上的权重时，就存在一个组合的问题，常用的有两种算法求取组合 (综合) 权重。

(1) 乘法：$\omega_j = \prod_{k=1}^{3} \omega_j^k \bigg/ \sum_{j=1}^{m} \prod_{k=1}^{3} \omega_j^k$；

(2)加法：$\omega_j = \sum_{k=1}^{3} \lambda_k \omega_j^k \bigg/ \sum_{j=1}^{m} \sum_{k=1}^{3} \lambda_k \omega_j^k$。

式中，$\lambda_k (k=1,2,3)$ 为 3 种权重的权系数，有 $\sum_{k=1}^{3} \lambda_k = 1$。

2.5.4　安全决策方法

安全决策是一门学科交叉性很强的学问，它既含有从运筹学、概率论、控制论、模糊数学等引入的数学方法，也会有从安全心理学、行为科学、计算机科学、信息科学引入的各种社会、技术科学。

经过多年的发展，决策方法也有很多种，这里介绍最常用的评分法和决策树法。

1. 评分法

(1)评分标准。一般按 5 分制评分：优、良、中、差、最差。当然也可按 7 个等级评分，这要视决策方案的数量及其之间的差别和决策者的要求而定。

(2)评分方法。评分方法多数采用专家打分的办法，即以专家根据评价目标对各个决策方案评分，然后取其平均值或除去最大值和最小值后的平均值作为分值。

(3)评价指标体系。评价指标一般应包括三个方面的内容：技术指标、经济指标和社会指标。对于安全问题决策，若有不同的技术抉择方案，则其评价指标体系技术指标大致有技术先进性、可靠性、安全性、维修性、可操作性等；经济指标有成本、质量可靠性、原材料、周期、风险率等；社会指标有劳动条件、环境、精神习惯、道德伦理等。当然要注意指标因素不宜过多，否则不但难以突出主要因素，而且会造成评价结果不符合实际。

(4)加权系数。由于各评价指标其重要性不一样，必须给每个评价指标一个加权系数。为了便于工作与计算，一般取各个评价指标的加权系数 g_i 之和为 1。加权系数值可由经验确定或用判断表法计算。判断表法是将评价目标的重要性两两比较，同等重要各给 2 分；某一项重要则分别给 3 分和 1 分；某一项比另一项重要得多，则分别给 4 分和 0 分。将上述对比的给分填入表 2.28 中。

表 2.28　判断表法

比较者＼被比者	A	B	C	D	k_i	权重
A		1	0	1	2	0.083
B	3		1	2	6	0.250
C	4	3		3	10	0.417
D	3	2	1		6	0.250
重要程度排序 C>B，D>A						

(5)计算总分。计算总分也有多种方法，见表 2.29，可根据其适用范围选用，总分或有效值高者当为首选方案。

表 2.29　计算总分的方法

序号	方法名称	公式	适用范围
1	分值相加法	$Q_1 = \sum_{i=1}^{n} k_i$	计算简单直观
2	分值相乘法	$Q_2 = \prod_{i=1}^{n} k_i$	各方案总分相差大，便于比较
3	均值法	$Q_3 = \frac{1}{n} \prod_{i=1}^{n} k_i$	计算简单直观
4	相对值法	$Q_4 = \sum_{i=1}^{n} k_i / n Q_0$	能看出与理想方案的差距
5	有效值法	$N = \prod_{i=1}^{n} k_i g_i$	总分中考虑各评价指标的重要性

2. 决策树法

决策树法是风险决策的基本方法之一。决策树分析方法又称概率分析决策方法，是一种有序的概率图解法。

(1)决策树形如图 2.42 所示。

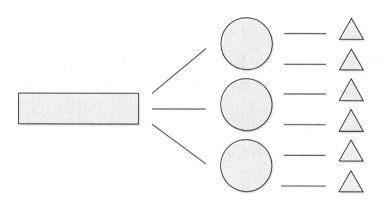

图 2.42　决策树形

□表示决策点。从它引出的分支称为方案分支，分支数即提出的方案数。○表示方案节点(也称自然状态点)。从它引出的分支称为概率分支，每条分支上面应注明自然状态(客观条件)及其概率值，分支数即可能出现的自然状态数。△表示结果节点(也称末梢)。它旁边的数值是每一方案在相应状态下的收益值。

(2)决策步骤如下：根据决策问题绘制决策树；计算概率分支的概率值和相近的结果节点的收益值；计算各概率点的收益期望值；确定最优方案。

2.5.5　模糊决策(评价)

利用模糊数学的办法将模糊的安全信息定量化，从而对多因素进行定量评价与决策，就是模糊决策(评价)。

传统的安全管理，基本上是凭经验与感性认识去分析和处理生产中各类安全问题，对系统的评价只有"安全"或"不安全"的定性估计。这样的分析，忽略了问题性质的程度上的差异，而这种差异有时是很重要的。例如，在分析和识别高处作业的危险性时，不能简单地划分为"安全""不安全"，而必须考虑"危险性"这个模糊概念的程度。模糊概念不是只用"1"（安全）"0"（不安全）两个数值去度量，而是用 0~1 的一个实数去度量，这个数就称为隶属度。用函数表示不同条件下隶属度的变化规律称为隶属函数，隶属度可通过已知的隶属函数或统计法求得。

模糊决策主要分为两步进行：首先按每个因素单独评判，然后按所有因素综合评判。

1）建立因素集

因素集是指以所决策（评价）系统中影响评判的各种因素为元素所组成的集合，通常用 U 表示，即 $U = \{u_1, u_2, \cdots, u_m\}$。

各元素 $u_i (i = 1, 2, \cdots, m)$ 即代表各影响因素。这些因素通常都具有不同程度的模糊性。

例如，评判作业人员的安全生产素质时，为了通过综合评判得出合理的值，可列出影响作业人员的安全生产素质取值的因素，一般包括：u_1 为安全责任心；u_2 为所受安全教育程度；u_3 为文化程度；u_4 为作业纠错技能；u_5 为监测故障技能；u_6 为一般故障排除技能；u_7 为事故临界状态的辨识及应急操作技能。

上述因素 $u_1 \sim u_7$ 都是模糊的，由它们组成的集合，便是评判操作人员的安全生产技能的因素集。

2）建立权重集

一般说来，因素集 U 中的各因素对安全系统的影响程度是不一样的。为了反映各因素的重要程度，对各个因素应赋予一相应的权数 a_i。由各权数所组成的集合：

$$A = \{a_1, a_2, \cdots, a_m\}$$

式中，A 称为因素权重集，简称权重集。

各权数 a_i 应满足归一性和非负性条件：

$$\sum_{i=1}^{n} a_i = 1, \ a_i \geqslant 0$$

3）建立评判集

评判集是评判者对评判对象可能做出的各种总的评判结果所组成的集合，通常用 V 表示，即

$$V = \{v_1, v_2, \cdots, v_m\}$$

各元素 v_i 即代表各种可能的总评判结果。模糊综合评判的目的，就是在综合考虑所有影响因素基础上，从评判集中得出最佳的评判结果。

4）单因素模糊评判

单独从一个因素进行评判，以确定评判对象对评判集元素的隶属度，称为单因素模糊评判。

设对因素集 U 中第 i 个因素 u_i 进行评判，对评判集 V 中第 j 个元素 v_j 的隶属度为 r_{ij}，则按第 i 个因素 u_i 的评判结果，可得模糊集合：

$$R_i = (r_{i1}, r_{i2}, \cdots, r_{in})$$

同理，可得到相应于每个因素的单因素评判集如下：

$$R_1 = (r_{11}, r_{12}, \cdots, r_{1n})$$
$$R_2 = (r_{21}, r_{22}, \cdots, r_{2n})$$
$$R_m = (r_{m1}, r_{m2}, \cdots, r_{mn})$$

将各单因素评判集的隶属度行组成矩阵，又称为评判(决策)矩阵。

$$R = \begin{bmatrix} r_{11} & r_{12} & \cdots & r_{1n} \\ \vdots & \vdots & & \vdots \\ r_{m1} & r_{m2} & \cdots & r_{mn} \end{bmatrix}$$

5) 模糊综合决策

单因素模糊评判仅反映了一个因素对评判对象的影响。要综合考虑所有因素的影响，得出正确的评判结果，这就是模糊综合决策。

如果已给出决策矩阵 R，再考虑各因素的重要程度，即给定隶属函数或权重集 A，则模糊综合决策模型为 $B = A \cdot R$。

评判集 V 上的模糊子集，表示系评判集诸因素的相对重要程度。

例如，设评判某类事故的危险性，一般可考虑事故发生的可能性、事故后的严重程度、对社会造成的影响以及防止事故的难易程度。这 4 个因素就可构成危险性的因素集，即

$U=\{$事故发生的可能性(u_1)，事故后的严重程度(u_2)，对社会造成的影响(u_3)，防止事故的难易程度$(u_4)\}$。

由于因素集中各因素对安全系统影响程度是不一样的，因此要考虑权重系数。若评判人确定的权重系数用集合表示，即权重集为

$$A = (0.5,\ 0.2,\ 0.2,\ 0.1)$$

建立评判集。若评判人对评判对象可能做出各种总的评语为危险性很大、较大、一般、小，则评判集为

$V=\{$很大(v_1)，较大(v_2)，一般(v_3)，小$(v_4)\}$

对因素集中的各个因素的评判，可用专家座谈的方式来评定。具体做法是，任意固定一个因素，进行单因素评判，联合所有单因素评判，得单因素评判矩阵 R。例如，对事故发生的可能性(u_1)这个因素评判，若有 40%的人认为很大，50%的人认为较大，10%的人认为一般，没有人认为会发生，则评判集为

$$(0.4,\ 0.5,\ 0.1,\ 0)$$

同理，可得到其他 3 个因素的评判集，即事故后的严重程度的评判集为

$$(0.5,\ 0.4,\ 0.1,\ 0)$$

对社会造成的影响的评判集为

$$(0.1,\ 0.3,\ 0.5,\ 0.1)$$

防止事故的难易程度的评判集为

$$(0,\ 0.3,\ 0.5,\ 0.2)$$

于是可将各单因素评判集的隶属度分别为行组成评判矩阵：

$$R = \begin{bmatrix} 0.4 & 0.5 & 0.1 & 0 \\ 0.5 & 0.4 & 0.1 & 0 \\ 0.1 & 0.3 & 0.5 & 0.1 \\ 0 & 0.3 & 0.5 & 0.2 \end{bmatrix}$$

事故危险性综合评判模型为 $B = A \cdot R$。

将 A 和 R 代入，计算：

$$B = (0.5 \quad 0.2 \quad 0.2 \quad 0.1) \begin{bmatrix} 0.4 & 0.5 & 0.1 & 0 \\ 0.5 & 0.4 & 0.1 & 0 \\ 0.1 & 0.3 & 0.5 & 0.1 \\ 0 & 0.3 & 0.5 & 0.2 \end{bmatrix} = (0.4 \quad 0.5 \quad 0.2 \quad 0.2)$$

B 就代表评判集结果，但是因为 0.4+0.5+0.2+0.1=1.2，不容易看出百分比例关系，为此，可进行归一化处理：

$$B' = \left(\frac{0.4}{1.2} \quad \frac{0.5}{1.2} \quad \frac{0.2}{1.2} \quad \frac{0.1}{1.2} \right) = (0.33 \quad 0.42 \quad 0.17 \quad 0.08)$$

也就是说，对这类事故就上述 4 个因素的综合决策为：有 33%的评价人认为危险性很严重，有 42%的评价人认为较严重，有 17%的评价人认为危险性一般，有 8%的评价人认为这类事故的危险性或风险性小。

第3章 安全管理体系

依据民航局《民用机场使用许可规定》、《民用机场运行安全管理规定》以及《中国民用航空安全管理体系建设总体实施方案》、民航局机场司咨询通告《机场安全管理体系建设指南》，参照国际民航组织《安全管理手册》(Doc9859 号文件)，在差异分析基础上进行机场运行安全管理的系统设计，规范基本的安全管理活动，从而建立符合中国民航安全规章以及国际民航组织标准，管用有效、持续稳定的安全管理体系，进一步提高机场运行安全保障能力。

安全管理体系是一种管理安全的系统方法，包括所需的组织结构、职责、政策和程序(国际民航组织附件 14 第 8 版)。机场安全管理体系(Safety Management System，SMS)是一种对机场安全进行管理的系统，包括机场运营人为实施机场安全措施所建立的组织机构、职责、程序、处理办法以及规定，对机场提供安全监控并确保机场的安全使用。其基本内涵是系统的、主动的、清晰的安全风险管理方法，通过持续的危险识别和风险管理，将人员伤害和财产损失的风险降至并保持在可接受的水平或其以下。不仅适用于机场各部门、单位，而且驻机场各单位也应参照执行相关规定。

机场安全管理体系以风险管理为核心，是一种规范化、体系化、结构化的安全管理方式，能够清楚界定安全责任，前移安全关口，鼓励全员参与，为航空公司安全管理提供了全新的指导思想和管理方法，对于航空公司提高安全品质、保持持续安全具有重要意义。

机场安全管理体系的 10 大要素为安全政策、安全目标、组织结构及职责、文件管理、信息管理、安全教育及培训、风险管理、不安全事件调查、应急响应、监督审核。建立并实施安全管理体系是机场管理机构的责任。机场管理机构应致力于建立完善的安全管理长效机制，探索安全管理体系融入日常安全运行保障的方法、途径，有计划有步骤地推进安全管理体系建设。各机场的安全管理体系应至少满足安全管理体系 10 个要素的相关要求。

建立和实施安全管理体系，根本目的是树立持续安全理念，探索安全工作规律，创新安全管理方法，实现从事后到事前、从开环到闭环、从局部到系统的安全管理，构建长效机制，增强安全基础。

3.1 国内外安全管理体系建设现状

3.1.1 国外民航安全管理体系建设状况

目前，美国、加拿大和欧盟在民航安全管理体系中居于前列，安全管理体系各有特点。总体来说，美国的安全管理体系偏重于政府监管，欧盟的安全管理体系偏重于成员国空域管理的一体化，加拿大的安全管理体系偏重于企业自律。

1. 美国的安全管理体系

1995 年底，新任美国联邦航空管理局(Federal Aviation Administration，FAA)局长 David R. Hinson 应美国政府的要求开始着手对联邦航空管理局进行改革。1996 年 1 月提出了 Ac-quisition Management System (AMS)，随后 1996 年 5 月 11 日发生的 VALUEJET 航空公司造成 109 人死亡的坠机事故使联邦航空管理局重新审视传统的安全管理体系。联邦航空管理局发现除了传统的"规章安全"外，还应补充其他管理活动，以实现主动寻找应被消除或避免的危险，开始引入"系统安全"的思想，形成了 System Safety Management Program (SSMP)。

2004 年 12 月，SSMP 经历了 10 次修订。2004 年 10 月，联邦航空管理局编写了《安全管理体系手册》，并将其纳入 SSMP 中。该手册包括安全风险管理(Security Risk Management，SRM)，并由系统安全办公室(Office of System Safety)负责管理。从系统安全办公室在 2003 年和 2004 年举办的航空风险分析与安全绩效测量年会的主题"系统安全方法的有效使用"和"构建安全管理体系"，可以看出安全管理体系在美国的发展历程。联邦航空管理局在其 Flight Plan 2004-2008 发展战略中也正式提出："设计、开发和实施安全管理体系。"

美国的安全管理体系有如下特点。

(1) 组织体系健全。美国现行航空行政管理机构是联邦航空管理局，它的组织机构按照"管理幅度与管理层次相适应，层级制与职能制并用"的原则设置，分为总部、地区办公室和现场办公室三级机构。

(2) 有全面的安全管理规章体系。联邦航空管理局根据《联邦航空条例》(Federal Aviation Regulations，FAR)对民用航空实施管理。

(3) 重视空域管理。联邦航空管理局在美国国家空域系统(National Airspace System，NAS)现代化方面一直强调以安全、空防和效益为基础。

联邦航空管理局与美国众多的航空集团携手制定了《国家空域运行发展规划》(National Airspace System Operation Development Plan)，该规划是美国国家空域系统扩容和增效的基础，它按照进/离港率、航路拥挤、机场天气条件和航路恶劣天气四类问题进行组织，针对每一类问题都提出了一整套的解决方案，这些解决方案包括利益、计划和重要决策。

(4) 重视科技对安全管理的支撑作用。联邦航空管理局技术中心是联邦航空管理局研发和测试各类航空技术设备的机构，该技术中心下设空管工程和测试、新航行系统工程和测试、空域系统工程和分析、航空安全研究与开发、航空保安研究与开发、航空系统标准、软件开发等七个部门，负责民航领域中概念、设备和程序的研发与测试。

美国麦特公司(MITRE)属于公益性营利机构，主要研究包括空域设计、流量管理、飞行冲突等；飞行安全方面的研究主要包括航空安全管理体系、国家航空计划以及性能研究等。

(5) 重视对民航企业的安全监察。联邦航空管理局应用系统安全管理思想对航空公司进行安全监察，具体体现在：符合规章的要求；对公司整体进行系统评价，将系统安全的 6 个属性(责任、权力、工作流程、控制、过程评价和系统内部交流)应用到安全监察中；对航空运输系统的各种风险加以管理。

基于这一思想，联邦航空管理局采用风险分析流程建立了基于网络的航空运输检查工作系统（Air Transportation Oversight System，ATOS）。联邦航空管理局航空运输安全监察系统模型如图 3.1 所示。

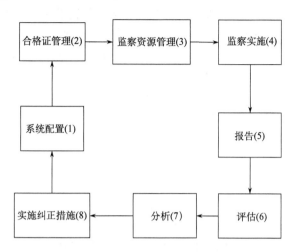

图 3.1　联邦航空管理局航空运输安全监察系统模型

2. 欧盟的安全管理体系

以英国为代表，在对传统的安全管理进行研究后发现，安全管理体系应与财务管理系统一样，紧密联系组织中的各项工作，从而构建体系。于是，英国在 2005 年陆续出版了 CAP 712《商业航空运输的安全管理系统》和 CAP 726《安全管理系统的建立与审核指南》等系列规章与指导材料。

欧盟推进民航安全管理体系的建设力度主要表现在以下两个方面。

（1）推进欧洲天空一体化进程。SESAR（Single European Sky ATM Research，欧洲天空一体化研究）项目是为"欧洲天空一体化"方案而作的技术和运行准备，研究队伍包括各类航空运输相关企业、用户和厂商，它的研究目标是消除各个成员国之间不连续的管制空域，制定从研究到运行同步的综合计划，实现载机设备与地面设备同步，寻求技术和运行上的解决途径，同时符合欧盟的制度、财政和法规。

（2）建设统一的航空安全信息系统。ECCAIRS（European Co-ordination Centre for Accident and Incident Reporting System，欧盟航空事故和事故征候联合报告系统）一方面是为欧盟成员国提供报告、收集、保存、发布和分析航空安全信息的工具，另一方面在欧盟层次上协调工作，综合和分析信息，以便提高效率和共享知识。

3. 加拿大的安全管理体系

加拿大的安全管理体系由十七个要素、六个部分组成。其中，安全管理规划的要素有安全政策、非惩罚性安全管理体系政策、角色、职责和员工参与、沟通、安全规划、目的和目标、业绩表现测评、管理审核。文件管理的要素有确保并保存相应的规章、安全管理体系文件系统、记录管理。安全监察的要素有回应性的程序、积极的程序、调查和分析、风险管理。培训的要素有培训、意识和能力。质量保证的要素有运行质量保证。应急准备的要素有应急准备和反应。

3.1.2　我国民航安全管理发展历程

我国 2002 年体制改革后，在民航运输量快速增长、民航事故率保持不下的双重压力下，从 2004 年也开始探索安全管理的新机制。在对加拿大民用航空运输部、美国联邦航空管理局等大量调研后，责成中国民航大学安全学院作为安全管理体系的研发小组对安全管理体系开展预研。中国民航大学安全学院安全管理体系研发组对国内外民航安全管理体系的大量调研、分析后，就"中国民航安全管理面临的挑战与现代安全管理理论的发展""国外安全管理体系对比研究、安全管理体系的背景及意义""安全管理体系的原理和理念与中国现有民航安全管理体系的关系""中国民航安全管理体系实施的总体框架"等内容，向民航总局(现民航局)进行了汇报。此后，经过几次论证，民航总局于 2005 年成立了安全管理体系领导小组和办公室，在《中国民用航空发展第十一个五年规划》中明确提出建立适合中国国情并符合国际民航组织要求的中国民航安全管理体系，将"航空安全管理体系建设工程"列入规划实施的重大项目中的第一项开始建设。

我国的民航安全管理经历了由技术管理转变为人本管理，又向系统管理演变的发展历程。技术管理时期为中华人民共和国成立初期到 20 世纪 90 年代初，该时期的航空事故主要是由于飞行技术问题，民航业依据"八该一反对"规定，即"该复飞的复飞，该穿云的穿云，该返航的返航，该备降的备降，该绕飞的绕飞，该等待的等待，该提醒的提醒，该动手的动手，反对盲目蛮干"。

在人本管理时期，人为差错成为空难的主要因素，民航把提高安全的重点放在了人为因素上。在系统管理时期，民航管理体制改革完成了"政企分开，资产重组，机场属地化"，安全管理实现了从事后到事前、从开放到闭环、从个人到系统、从局部到全局的四个转变。

3.2　我国民航安全管理体系的基本结构

民航安全管理体系是民航管理体系的基础，建设民航安全管理体系应在一系列基础环节上加强。目前，我国的民航安全基础还比较薄弱，因此，一般地将安全管理体系称为民航安全管理基础体系。

3.2.1　民航安全管理基础体系的内涵

1. 安全及其相对性

在国际民航组织文件中，安全是以风险界定的。安全是一种状态，在这种状态下，产生伤害或损害的风险被限制在可接受的水平之内。这表明安全是相对的，没有绝对的安全，也没有永恒的安全。

在日常生活中，风险是可能发生的危险，而危险是指有遭遇损坏或失败的可能。在工业系统中，风险是指特定危害时间发生的概率与后果的结合，又称风险度或危险性。风险是系统内部矛盾运动以及系统与外部环境相互作用的定常性的一种基本性质和状态表征。风险与系统是共存的，只要有系统在，其内部必然存在矛盾运动，与其外部就必然存在相互作用，因此就必然存在风险。因此，绝对没有风险的系统是不存在的，民航业也不会绝对没有风险。

2. 管理与系统

管理是人们为了实现预定的目标，按照一定的原则，通过科学地组织、指挥和协调群体的活动，以达到个人单独活动所不能及的效果而开展的各项活动。管理是相对组织或系统的管理，因而具有系统性。

健全的管理系统应具备目的性、整体性、层次性和环境适应性等四个方面的基本属性。目的性决定系统的目标取向；整体性决定系统的综合效能；层次性决定系统的内在活力；环境适应性决定系统的生存能力。

3. 民航安全管理基础体系

民航安全管理是政府管理部门和生产经营单位的管理者为了实现民航安全生产目标，按照一定的安全管理原则，科学地组织、指挥和协调全体员工进行民航安全生产的活动。在民航运行过程中，使整个系统达到安全生产总目标所必需的管理要素构成民航安全管理基础体系。

民航安全管理基础体系是通过对民航运行的所有领域进行全面和有组织的安全管理，包括从系统安全的角度识别、评估和记录系统的危险，在危险形成事故之前对它们进行预判断并找出症结所在，不断地改进和完善整个系统的安全。建立民航安全管理体系是为了利用各种管理手段，减少航空事故的数量以及减少航空事故的严重程度，将人民生命和财产损失降到最低程度，实现安全管理的预期目标。安全管理体系的基本属性对民航安全管理基础体系的要求表现在明确的目的性、高度的整体性、清晰的层次性和富有活力的环境适应性。

4. 民航安全管理基础体系的基本功能

健全的民航安全管理基础体系是一个自适应系统。其基本功能可以概括为计划、组织、协调、规范、监控和学习完善等基本功能。

计划功能是系统目的性的内在要求，是民航安全管理基础体系的首要功能，是实现安全管理基础体系其他功能的前提条件。它包括两个方面的基本含义：制定安全目标和实施方案，以及在法律规定的范围内制定系统的工作程序。

组织功能是实现系统整体性和层次性的基本保障。组织功能包括以下方面：合理分解计划安全目标，确定实施步骤和方法；建立合理的组织体制，充分调动各种要素的积极性；建立快速高效的指挥系统，做到政令统一，指挥有力；协调上下级政府之间、政府之间、政府与企业之间以及企业内部各个部门之间的关系，使之能够互相配合，向着既定的管理目标运行。

协调功能是指不能孤立地研究某个系统本身，而要注意研究系统与外部环境的相互关系。强调系统内部子系统之间的关系，研究它们的相互作用方式、机制和整体效应。

规范功能。规范是管理的依据，是实现系统整体性的必然要求。在安全管理基础体系中，对安全管理的内容、标准、方式都应有明确的要求。

监控功能是实施管理的关键环节，是实现系统整体性、层次性的必然要求。在实施安全管理中，控制不是对既定要素的简单投入过程，而是对政策或目标执行过程中各类输入的调整。

学习完善功能是系统环境适应性的必然要求，有助于提高从业人员的整体素质，满足行业不断发展的需要，提高安全管理水平。

5. 民航安全管理基础体系外延

我国民航安全管理组织体系由不同层次的管理主体和管理对象组成，不同的层次具有不同的职能，各层次之间有相应的责任权利关系。

我国民航安全管理体系各层次的职能大致划分如下：民航局代表国家建设安全管理法规标准体系，地区管理局和安全监督管理局依法进行航空安全监督检查；企业内部的安全管理部门作为管理主体来解决日常运行中的大量安全问题，各层次管理主体按照职责要求，执行管理功能，保证民航系统的安全，如图 3.2 所示。

从安全管理基础体系建设角度看，目前应该进一步全面把握安全管理基础体系的外延。第一，外延与功能匹配；第二，处理好借鉴和继承的关系；第三，分层次建设；第四，全面建设。

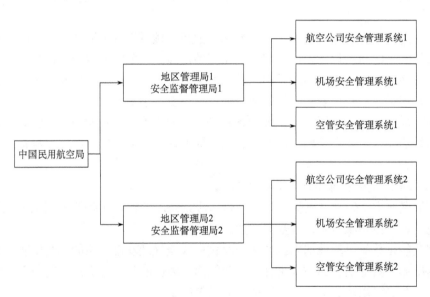

图 3.2　我国民航安全管理组织体系

3.2.2　民航安全管理基础体系的基本结构

1. 结构模型和结构函数

安全管理基础体系的管理模式以组织管理为主导，规章标准健全和监督检查全面落实到位，安全管理工作实现从事后到事前、从开放到闭环、从个人到系统、从局部到全局的四个转变。建立安全管理基础体系的首要任务是强化政府立法、依法管理和监督航空安全的职能，其次是建立企业的主动安全管理机制。"五严"（即"严在组织领导、严在规章标准、严在监督检查、严在教育培训以及严在系统完善"）要求全面、精辟地总结民航安全工作的主要组成环节，构成我国民航安全管理基础体系的基本框架。

2. 中国民航安全管理基础体系 ROSE 模型

中国民航安全管理基础体系 ROSE 模型，其结构图如图 3.3 所示。这是一个动态的立体模型，整个球体表示安全管理体系的外部环境，球内的三棱柱表示安全管理体系的核心主体，系统主体和环境之间存在耗散结构意义上广泛的能量与信息交换。三棱柱的两个底面表示政府和企业两个层次的安全管理体系，包括法规标准、组织和监督检查等 3 个子系统。三棱柱的侧面表示 2 个层面之间通过 3 个子系统有机联系。其中，O 为组织体系，R 为法规标准体系，S 为监督检查体系，E 为环境因素。

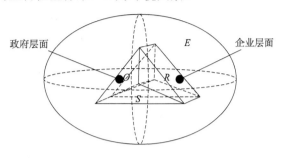

图 3.3 ROSE 模型

我国民航安全的管理水平用下列函数表示：

$$\text{SMIS\_LEVEL} = F(R, O, S, E)$$

$$(F_1, \ F_2) \in F$$

式中，F_1 为政府层面安全管理体系；F_2 为企业层面安全管理体系；E 为环境因素。E 可以用下式表示：

$$(A_1, \ A_2, \ A_3, \ A_4, \cdots) \in E$$

式中，A_1 为科学技术水平；A_2 为教育培训投入；A_3 为安全文化建设；A_4 为经济运行条件。

3. 民航安全管理基础体系的核心部分

1) 组织体系

安全管理组织体系是依法管理航空安全的主体，是我国民航安全管理基础体系的基础，健全各级安全管理机构是民航实施安全管理的基本条件。

民航安全管理的组织机构分为两个基本层次，政府层和企事业单位(国际民航组织称为服务提供者)。政府层包括民航局、地区管理局和安全监督管理局。目前，在民航安全管理的政府层基本形成了两级政府三级监管的组织结构。民航局下设 7 个中国民用航空地区管理局，共派出 33 个中国民用航空安全监督管理局。服务提供者包括航空公司、机场、空管、维修单位、制造商等。责任是与组织机构相对应的。持续安全保障体系的责任包括企业的安全主体责任、政府部门的安全监管责任(安全监督和运行监察)、领导者的安全领导责任和员工的安全岗位责任。每一个责任组成都应该有详细的责任规定、监管手段及问责办法。此外，社会公众是民航服务对象，他们非常关心民航安全，应当积极加强与新闻媒体沟通，重视公众对民航安全的监督、举报，通过多种渠道接受社会公众对民航安全生产工作的监督。

民航的政府安全管理组织体系从功能结构上可以划分为立法决策层、组织实施层和监督检查层；企业安全管理组织体系可分为决策层、监督层和执行操作层。完善的安全管理体系应满足合理的功能结构和优秀的管理团队。优秀的管理团队是组织体系的核心，是系

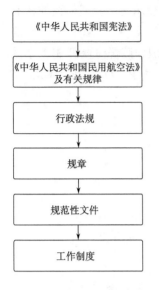

图 3.4　安全管理法规体系

统运行的动力。优秀团队是指通过组织内成员的共同努力，能够产生积极的协同作用，绩效水平显著高于一般群体。优秀的管理团队首先要有优秀的领导干部，因为领导干部的行为具有示范和辐射效应。优秀的管理团队还应有数量足够、具备合格素质的管理人员。

　　2)法规标准体系

　　安全管理法规体系属于航空法律范畴，是民航局依法管理民航安全的法律保障，是企业安全生产和安全管理的行为准则。它明确了从业人员的责任和义务，用于指导人们的行为，以达到安全管理的目的，如图 3.4 所示。

　　(1)法律。国家有关法律包括《中华人民共和国刑法》、《中华人民共和国安全生产法》和《中华人民共和国民用航空法》。《中华人民共和国民用航空法》是关于航空器、公共航空运输、通用航空运输以及在我国境内涉及国内和国际空中航行所产生的行政管理与民商法律关系的一整套规则。

　　(2)行政法规。国务院行政法规是调整民航航空活动中各种法律关系的重要依据。《国务院关于重大安全事故行政责任追究的规定》(2001 年颁布)明确了安全事故要追究各级政府领导责任。《安全生产违法行为行政处罚办法》(2003 年颁布)明确了企业及个人在安全生产中的责任及处罚形式。

　　(3)规章。民航有关安全的主要规章包括《民用航空器飞行事故调查规定》(CCAR-395)和《民用运输机场突发事件应急救援管理规则》(CCAR-139-Ⅱ-R1)。

　　(4)规范性文件。规范性文件是安全管理法规体系的重要组成部分，是为各种活动或其结果提供规则、导则或规定性的文件，是规章的解释、细化和操作方法，包括标准、规程及技术规范等。

　　标准也是规范性文件的一种，是为了在一定范围内获得最佳秩序，经协商一致制定并由公认机构批准，共同使用和重复使用的一种规范性文件。

　　民航安全标准体系分为三个层次，见图 3.5。

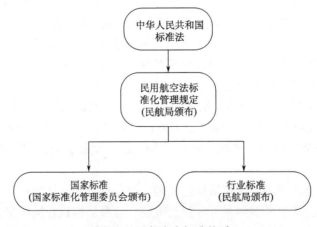

图 3.5　民航安全标准体系

(5)工作制度。在安全管理工作制度体系中，安全责任制处于核心地位。

3)监督检查体系

在建设监督检查子系统乃至整个安全管理基础体系中，应特别重视风险监测的核心作用。完善的监督检查体系应符合体系完整、责任落实，使用科学的监督检查方法手段，充分发挥安全信息在监督检查中的作用等要求。

4. 民航安全管理基础体系的外围部分

外围部分包括科学技术、教育培训、安全文化。

5. 各要素之间的关系

1)核心要素之间的关系

首先，健全的组织体系为法规标准体系建设和监督检查体系运行奠定基础。

其次，法规标准体系一方面为安全管理组织体系建设和监督检查工作提供法律与标准依据，规范从业人员的行为准则，使安全管理处于可控和有序状态；另一方面随着法规标准体系的建设和发展，对组织体系的监督检查工作也提出更高的要求，在很大程度上促进组织体系和监督检查体系的发展。

最后，监督检查是组织体系的重要工作，是落实依法管理航空安全的重要环节，只有通过有效的监督检查，才能发现系统中存在的问题，减少和消除存在的风险，不断地改进和完善现有组织体系与法规标准体系，使我国民航安全管理基础体系更加完善。

2)外围要素和核心要素之间的关系

科学技术对安全管理基础体系核心因素的作用是非常显著的，科学技术是事故预防的重要力量。教育培训可以显著提升系统中的人员素质，对组织体系、法规标准体系以及监督检查体系都会产生直接的影响。安全文化建设可以提高系统内部员工的安全意识，有利于建立自我检查和监督的机制。民航经济运行与安全管理协调发展，民航系统内各组织之间的运行才能实现预期的交往状态，民航的安全管理才会处于有序和可控的良好状态。

3.2.3　安全管理体系的建立过程

有多种方法可以满足一个组织对安全管理的需求。但是绝对不存在适合所有组织的某种单一的安全管理模式。

企业的规模、复杂程度、运营方式、安全文化和运行环境都会影响最适合于特定组织及其独特情况的安全管理的结构。有些组织需要一套正式的安全管理体系，有些组织需要执行大部分同样的功能，但只具有非结构化的方法。启动并运行一个有效的安全管理程序是一项艰巨的工作任务。采用系统的方法将有助于确保建立一个所必需的各种要素完备的有效系统。

本节讨论将各种要素融入一个统一安全管理体系中的 10 个步骤。虽然所概述的各个步骤的次序存在某种逻辑关系，但并不是一成不变的。某些步骤可以推迟实施，以等待更加适合的时机。在执行各个步骤时，可以用每一步骤提供的强调必要措施的确认检查单来监控进展情况。

建立安全管理体系的 10 个步骤如下。

1)策划

(1)评审。安全管理体系的策划小组可以通过评审组织现有安全管理能力(包括经验、知识、过程、程序、资源等)来确定组织现有的安全管理实力，必须识别出安全管理经验方面的缺陷，并且分配资源来协助开发及实施已经确定的安全管理体系。

很多运行部门可能已经制定了一些用于事故征候调查、危险识别及安全监控等方面的内部程序。这些功能在融入安全管理体系时应加以评审并进行适当的调整。

在此评审过程中，策划小组还应与其他在规模和业务等方面相似的组织进行协商，验证最佳的企业安全管理方法。

(2)安全评估。安全评估可以作为协助策划小组的一种方法，避免安全管理体系的设计及实施对组织带来的可能产生的新隐患。

(3)安全指标及目标。策划小组应确定安全指标，并建立组织的安全目标。考虑到组织的规模、复杂程度、运营方式、资源限制等，这些指标和目标必须是现实可行的。尽管建立这些指标和目标可能有一定的难度，但它们是评价安全管理体系成功的基础。

(4)实施方案。基于上述一致通过的安全目标，策划小组可以制定满足目标要求的切实可行的实施方案。

实施方案应结合主动的安全策略和被动的安全策略，还应充分考虑安全过程及安全活动的类型。

(5)策划。策划阶段应确定建立和实施安全管理体系的详细计划。通常，在安全管理体系实施的 1～3 年前进行策划。

策划应考虑以下内容：安全目标、实施方案、安全管理过程及活动、资源限制及时间限制。

确认检查单 1
策划

已制定一个安全小组及安全经理。

➢ 策划小组：

具备一定的经验；

定期与高层管理者接触；

接受各种资源(包括会议时间)。

➢ 策划小组制定出一套可以满足组织安全需要的切实可行的安全管理体系战略和实施计划。

➢ 高层管理者核准计划。

---

2)高级管理者对安全的承诺

安全的最终责任由组织的董事和高层管理者承担。无论运营的规模、复杂性或类型如何，安全管理体系的运行成功取决于高层管理者对安全作为一个核心管理问题所投入的必要时间、资源和关注。管理者对安全所做的一切将决定组织的安全文化。安全政策和目标确定组织致力于实现的目标，以及实现目标的途径。管理者通过其陈述的安全政策和目标首先向本组织的全体员工表明其对安全的承诺。

(1)安全政策(方针)。管理者对安全的承诺应在本组织的安全政策声明中正式加以表述。安全政策可以采取不同的形式，但通常包括以下陈述：组织的总体安全目标；高层管理者对确保运营的各方面都达到安全绩效目标而做出的承诺；组织对于为有效的安全管理提供必要的资源所做出的承诺；组织为保持安全第一的原则所做出的承诺；组织关于各级安全责任和问责办法的政策。

在制定安全政策方针的准备过程中，高层管理者应与员工全面协商，企业安全方针还必须符合相关的国家法律要求。

确认检查单 2
高层管理者对安全的承诺

➢ 高层管理者参与支持安全管理体系的工作。

➢ 高层管理者已批准本组织的安全政策、安全目标、安全管理体系的执行计划和安全运行标准。

在高层管理者的明确支持赞同下向全体员工传达上述文件。

➢ 安全政策已由管理者和员工制定并由首席执行官签署。安全政策：

得到全体员工的支持和参与；

与其他运营政策一致；

为执行这项政策提供指导；

规定董事、经理及员工的责任和问责方法；

体现在所有员工的行动和决定中；

已经传达到所有的员工；

定期加以评审。

➢ 安全目标是切合实际、可以实现的并定期得到适当性审查。

➢ 确立了安全绩效标准（包括截止日期）。

➢ 清楚地了解措施的责任。

➢ 管理者全程参与并让责任人说明其实现安全目标的情况。

➢ 分配适当的资源支持安全经理的工作。

➢ 高层管理者为纠正构成不可接受风险的危险投入资源。

➢ 高层管理者已建立了一个适当的安全问题报告链。

➢ 高层管理者积极鼓励员工参与安全管理体系的各种安全方案。

➢ 高层管理者推动一种安全文化，从而：

积极地获取安全信息；

员工得到安全职责方面的培训；

安全是大家共同的职责；

把与安全相关的信息传达到所有相关人员；

潜在的系统故障和危险会得到管理人员的迅速过问并做出任何有必要的改进；

有定期对安全绩效进行评估的正式方案；

欢迎有关安全的各种新建议。

（2）安全目标。明确声明的安全目标可以带来提高组织安全水平的措施的承诺。

3）组织

组织协调其商业运营与安全管理之间的关系将影响其针对意外情况的恢复能力及降低风险的能力。

要建立一个支持安全管理体系的有效组织时，需要考虑一些基本要素，例如，任命一名安全总监；有助于安全管理的组织结构；责任与义务的声明；建立安全委员会；培训和能力。

(1)安全总监。建立安全管理体系的首要任务是任命一名安全总监。安全管理是各级管理者的共同职责，并由安全总监统一领导，但具体的安全活动是各级管理者的职责。

通常，安全总监除了安全责任外不具备任何其他职责，但在规模较小的组织中，安全总监可能是具有其他职责的管理者。

安全总监有责任管理安全管理体系运行的各个方面内容，包括确保安全文件恰当地反映当前的环境、监控纠正措施的有效性、提交定期安全绩效报告等。

(2)组织结构。图 3.6 和图 3.7 概括了两种不同的营运人组织结构，对安全管理的要求是一致的，这两种不同的结构设计都支持安全管理体系。

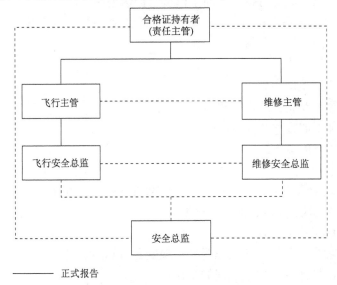

图 3.6　安全管理营运人的组织结构：模型 A

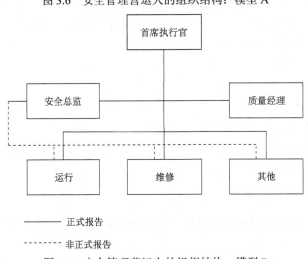

图 3.7　安全管理营运人的组织结构：模型 B

(3)安全委员会。建立安全委员会为讨论与组织安全水平及安全管理体系是否正常运行的相关问题提供了平台。安全委员会的存在及其机构取决于组织规模，在较小的组织中，最高管理层与基层之间只有很小的层次，这样的组织就不一定需要建立安全委员会。安全委员会通常应建立在高级管理层，并且应包括安全总监和其他高级管理者。

(4)培训及员工应具备的能力。所有培训方案应包括安全管理体系培训及岗位相关程序的培训。

确认检查单 3
组织

➢ 组织结构利于：

安全总监或首席执行官以及与一线经理之间的交流；

明确权力、责任和问责办法，从而避免误解、重叠和冲突(如安全总监与一线管理者之间)；

安全识别和安全监督。

➢ 已任命了一名安全总监(具有相应的资格和能力)。

➢ 安全总监的作用及职责已明确规定并形成文件。

➢ 安全委员会定期评审安全效果并向高层管理者提出建议。

➢ 安全总监(和员工)已接受了适当的安全培训。

➢ 员工和管理者了解并支持安全总监的职责，安全总监得到首席执行官的支持。

---

4)危险识别

危险识别本质上分为主动和被动两种形式。趋势监控、不安全事件报告及事故调查基本上属于被动的活动。以下是一些比较常见的安全活动，在组织中可以借助它们形成正规的危险识别过程：

(1)安全评估；

(2)趋势监控；

(3)事故征候报告；

(4)安全调查和评审；

(5)主动危险识别程序(如飞行数据分析、航线运行安全审计和常规运行安全调查)。

有效危险识别过程必须在无惩罚的安全文化中进行。

安全检查单 4
危险识别

➢ 建立了系统地识别危险的正规机制(如安全评估和安全审计)。

➢ 事故报告系统有效，包括事故征候自愿报告系统。

➢ 管理者为危险识别提供了充足的资源。

➢ 员工接受了支持危险识别方案的必要培训。

➢ 称职的人员管理危险识别方案，使方案始终与当前运营相适应。

➢ 任何记录在案或报告的事故征候涉及的员工都知道他们不会因为正常的差错而受惩罚，管理促进营造无惩罚(正义)的环境。

➢ 系统地记录、保存并分析所有确认的危险数据。

➢ 有保护敏感资料的安全措施。

5) 风险管理

风险管理主要是针对不确定性而进行的规划过程, 由于考虑了风险因素的制约和影响, 管理过程相对来说较复杂。

安全检查单 5
风险管理

➢ 确定评估风险的标准。
➢ 由能胜任风险评估的人 (包括经验丰富的员工代表) 对风险进行分析和分级。
➢ 评估可行的风险控制措施。
➢ 管理者采取措施以减少、消除或规避风险。
➢ 员工知道为避免或消除风险所采取的措施。
➢ 各种程序完善, 可以确认所采取的措施正如预期发挥作用。

---

6) 调查能力

要彻底弄清不安全事件的起因需要查清隐藏在表面原因背后的深层次原因, 并将重点放在识别所有致因因素上, 有些致因因素可能涉及系统内预防措施的缺陷或其他组织结构问题。

确认检查单 6
调查能力

➢ 关键运行人员已接受了安全调查方面的正规培训。
➢ 对每一危险和事故征候报告进行评价, 并视必要性进行更加深入的安全调查。
➢ 管理者支持安全信息的获取和分析。
➢ 管理者重视调查结果, 并对已识别出的危险应用风险管理程序。
➢ 广泛宣传取得的安全经验教训。
➢ 管理当局已了解可能影响其他经营人或需要管理当局采取行动的重大安全问题。

---

7) 安全分析能力

安全分析是对事实进行客观的组织及评价的过程。安全分析已经用于以下内容:

(1) 趋势分析;
(2) 不安全事件调查;
(3) 隐患识别;
(4) 风险评价;
(5) 评价风险缓解措施;
(6) 监控安全水平。

确认检查单 7
安全分析能力

➢ 安全总监具有使用分析方法的经验或接受过分析方法培训, 或者可以获得有能力的安全分析员的帮助。

> 能得到各种分析工具(和专家的支持)以支持安全分析。
> 组织有可靠的安全数据库。
> 可以获得其他信息源。
> 对危险信息及绩效数据进行日常监控(趋势分析等)。
> 安全分析必须经历一个被质疑的过程(同行评审)。
> 向管理者提出安全建议，采取纠正措施，并检查纠正措施的效果，以确保纠正措施是适当的和有效的。

8) 安全宣传和培训

对所有员工进行适当的安全培训体现了管理者对有效实施安全管理体系的承诺。指导性的培训应着重强调"在本组织中，如何进行商业运营"。安全总监是从企业的角度提出组织安全管理方法的最合适人选。

确认检查单 8
安全宣传和培训

> 管理者意识到本组织的各级都需要安全管理方面的培训，整个组织中的需求各有不同。
> 职务说明反映了对能力的要求。
> 所有人员接受安全教育培训并参与经常性特定安全管理培训。
> 本组织有一套及时推动解决安全问题的有效方案。
> 员工清楚在安全管理体系与他们的职务有关的要素中所起的作用。
> 当运行环境改变时(季节、运行条件、管理要求等变化)提供附加的安全意识培训。
> 员工了解安全管理与追究责任无关。

9) 安全管理文件和信息管理

组织的安全管理手册应为组织将安全管理活动融入完整、一致的安全系统提供必要的指导，手册应该包括安全管理体系各方面的内容。

确认检查单 9
安全管理文件和信息管理

> 管理者支持认真编制文件和进行数据控制的需要。
> 在安全管理手册中提供了有关安全管理体系的详细的资料。
> 定期更新文件内容，需要文件的人很容易得到它。
> 已经采取了可靠的措施保护敏感的安全信息。
> 可以得到适当的设备和技术支持来管理安全信息。
> 安全数据库用于支持安全分析和绩效监控。
> 部分员工可使用安全数据库。
> 员工接受了使用和维持安全信息管理系统的必要培训。

10) 安全监督和安全绩效监控

安全管理体系的方法需要形成"闭环"，安全监督可以通过检查、调查及审核来完成，安全绩效监控证实安全管理体系的有效性，不仅证实员工正在执行自己的工作，而且证实在大家的共同努力下已实现了组织的安全目标。

确认检查单 10
安全监督和安全绩效监控

➢ 已商定安全绩效指标并确定切实可行的安全目标。
➢ 为安全监督和安全绩效监控职能分配充足的资源。
➢ 征求员工意见，并且员工不怕报复地反映他们的意见。
➢ 在组织的所有运行领域(包括合同代理机构的活动)定期安全审计。
➢ 安全监督包括对所有反馈信息的系统审查，如安全评估、质量保证方案结果、安全趋势分析、安全调查、安全审计。
➢ 向员工传达安全监督和安全绩效监控发现的问题，并根据需要采取改革措施以加强这一系统。

3.2.4 构建我国民航特色安全管理体系的战略思想

1. 战略选择

1) 战略选择空间

构建我国民航特色的安全管理体系战略有以下选择：全面跟随战略、重点发展战略、重点跨越战略(局部超越战略)、全面领先战略，选择战略时，要根据实力和目标。

全面跟随战略：比较落后的国家在发展初期必须采用的战略，尤其是对航空业这种国际性行业，落后的国家没有话语权，只有跟在发达国家后面，使用发达国家的产品，采用发达国家的标准和规范，按照发达国家的先进经验实施运行工作，以期利用后发优势，逐渐缩小差距。

重点发展战略：选择自己有优势的方面，或者有可能形成优势的方面，或者能够较快缩小差距的方面，投入较大的力量，进行重点发展，以期尽快缩小差距，形成优势。

重点跨越战略：选择自己有优势的方面，或者有可能形成优势的方面，在重点发展的基础上，形成比较优势和局部优势，以期虽然综合实力还落后于发达国家，但是在局部超越发达国家，在国际上占有一席之地。

全面领先战略：只有头号航空发达国家美国可以采用的战略。

2) 战略规划

近期采用全面跟随战略，利用后发优势结合我国民航实际，直接采用国际先进的技术手段和管理经验，弥补薄弱环节，全面缩小我国民航安全管理体系与航空发达国家的差距。

中期逐步实现由全面跟随战略向重点发展战略的转变，在全面缩小差距的基础上，选择有条件的方面，进行重点发展，使我国民航安全管理体系建设全面接近航空发达国家水平。

后期采用重点跨越战略，在发展质量，即安全管理各个方面，全面赶上航空发达国家，并实现重点跨越，在这些重点领域逐步发挥引领作用。

2. 战略重点

确定我国民航安全管理基础体系建设的战略重点，应体现如下基本原则。

(1) 全局性或系统性。选择具有战略地位、能对局部产生显著影响、有效促进系统发展的环节。

(2) 前瞻性。影响深刻、长久，在新一代航空运输系统和民航强国建设过程中都有良好的效果。

(3) 针对性。针对薄弱环节，体现中国特色，借鉴国外经验，发挥后发优势。

我国民航安全管理体系的战略重点如下。

(1) 完善航空安全法规和标准体系。建立实施意见反馈和分析系统，实施建议措施的跟踪、研究机构等，建立参考资料库，进行人才培养，建立信息网络平台。

(2) 健全安全管理组织。需要健全政府安全监管体系，航空公司、维修单位和运行保障单位的自我审核体系，以及社会公众监督体系。

(3) 规范和强化安全监督管理活动。建立政府安全监管体系、企业安全运行体系、社会公众监督体系。

(4) 加强安全基础支撑。建设与完善安全生产基础设施，航空公司运行控制系统，机场运行系统，空中交通管理系统，重大事故隐患治理；建立健全民航应急救援体系；建设统一、高效的航空安全管理信息系统；加强安全科学技术保障体系的建设；实施人才战略，加强人力资源建设。

3. 加强安全文化建设

首先，建立我国民航安全管理体系需要考虑局部超越的突破点，建立我国民航安全管理体系可以考虑以下五个突破点：

(1) 提高基层安全管理组织建设和安全管理能力；

(2) 结合新一代航空运输系统建设寻求突破；

(3) 建立健全安全管理体系和安全评估审核体系；

(4) 安全科技和安全信息；

(5) 安全文化建设。

其次，大体上我国民航安全管理基础体系的战略步骤分为三个五年推进：近期基本适应、中期巩固提高、远期局部超越，建立起我国的民航强国地位。

实施策略主要包括以下方面：

(1) 强化基础；

(2) 系统整合，包括安全问题发生后的系统缺陷分析及纠正、推进安全风险管理、推进部门之间的相互协调和均衡发展；

(3) 国际交流；

(4) 不断创新安全文化、安全管理模式和手段、安全技术、人才培养和激励机制。

3.2.5　运行安全管理体系需要考虑的问题

建立一个安全管理体系，除了考虑理论和概念，还需要考虑一些实际问题，如安全办公室、安全总监、安全委员会、安全管理培训、安全调查、发布安全信息、书面沟通、安全宣传、安全信息的管理、安全管理手册。

1. 安全办公室

许多大中型企业的经营人都选择雇佣一名安全总监并建立安全办公室。安全办公室提供安全活动的关注点，收集并保存安全报告和信息，为各部门经理提供专业的安全管理知识。

安全办公室的职能如下。

(1)向高层管理者提出与安全相关的事件的建议：

①制定安全方针；

②确定安全责任和义务；

③建立有效的企业安全管理体系；

④建议为安全分配资源，以支持安全系统的建立；

⑤与公众就安全问题进行沟通；

⑥编制应急预案。

(2)在以下方面协助各部门经理：

①评估已经识别的风险；

②对于不可接受的风险，为其选择最适宜的缓解风险的措施。

(3)监控隐患识别系统包括：

①不安全事件调查；

②事故征候报告系统；

③数据分析项目。

(4)管理安全数据库。

(5)对以下方面进行安全分析：

①趋势监控；

②安全研究。

(6)组织安全管理方法的培训。

(7)协调各安全委员会。

(8)安全宣传：

①要持续关注并了解组织在所有运行范围内的安全管理过程；

②在组织内部宣传安全经验教训；

③与外部代理和类似的营运人之间交换安全信息。

(9)安全水平测评：

①进行安全调查；

②提供安全监察方面的指南。

(10)参与事故和事故征候调查。

(11)提交满足以下方面要求的安全报告：

①管理(如年度/季度安全趋势审查和未解决的安全问题的识别)；

②规章。

2. 安全总监

安全总监的主要任务是建立并保持一个有效的安全管理体系。安全总监负责的主要内容有确保安全文件能正确反映当前状况、监控纠正措施的有效性、提供定期的有关安全水平的报告以及分别为总经理以及高级管理者和与安全相关的其他人员提供相应的建议。

1) 安全总监的选择标准

(1) 关于航空、本组织的职能和活动的广泛知识。

(2) 人际交往技巧(如机敏、交际手段、客观和公正)。

(3) 分析和解决问题的技能。

(4) 项目管理技能。

(5) 口头和书面交流技能。

2) 领导角色

安全总监需要具有领导技能,还需要考虑在特殊组织中建立最适宜的领导方式,如个人榜样、坚定的信念、达成一致的观点、可适应性、主动精神、创新精神、严格且公平。

3. 安全管理培训

安全管理培训根据组织任务的类别而有所不同,主要包括对所有员工进行的企业安全培训,对管理者进行的安全职责培训,对操作人员(飞行员、管制员、维修技术员、机坪人员等)进行的培训,对航空安全专家(安全总监、飞行数据分析员等)进行的培训。

4. 安全调查

1) 实施安全调查的原则

应明确地向所有预期接受调查的人阐明调查的目标;样本量应足够大,以便能从获得的信息中得出有效的结论。正式的程度及参与的广度等取决于调查的范围;可使用检查单、调查表和访谈等方法进行调查。所有方法都需要有拟定问题的技巧,以便提供有效的基准点而又不会诱导被调查者。访谈需要有特殊的技巧,要保持问题的中立性和公正性,避免负面的反馈,鼓励开诚布公等。随机选取被调查者可以降低在信息收集中产生偏见的风险。

有组织有安排的访谈要求是十分严格的,拟定调查的问题并对这些问题排序也需要严格。然而与访谈不同,在调查中应避免提出要求叙述性回答的可任意发挥的开放性问题。提出的问题应得到具体的答案。这些问题可能包括根据一些预先确定的标准评估某一意见,如从坚决不同意、既不同意也不反对、完全同意。

调查需要与管理被调查者的当局进行预先协调。例如,如果没有有关工会和专业协会的支持,一项调查可能从一开始就注定要失败。所有调查方式都必须确保被调查者在整个调查过程中自愿提供的信息的保密性。

在进行一项调查时需要考虑的其他因素如下。

(1) 应取得调查所涉人员的合作。

(2) 应避免给人"政治迫害"的感觉。(调查的目的是了解情况,任何谴责或惩罚的暗示都会适得其反。)

(3) 应尊重被调查者的经历。(在他们的专业领域内,他们通常要比调查员更有经验。)

(4) 批评(真正的或暗含的)会破坏与被调查者之间的和谐关系。

(5) 在接受传闻和谣言之前要证实它们的真实性。

2) 调查频率

一些组织提倡把定期进行安全调查作为安全管理体系的一部分。当一个组织经历重大的变革时，调查具有特殊的用途，例如：

(1) 当组织由于发展和扩大而迅速发生变化时；

(2) 当组织计划在运营性质上进行重大变革(如引进新设备或公司合并)时；

(3) 当劳资发生重大分歧(如合同谈判或罢工)时；

(4) 关键人物变动(如机长或单位主管)以后；

(5) 采取一种新的重大安全举措(如交通警戒与避撞系统、飞行数据分析、航线运行安全审计或常规运行安全调查)时。

3.3 机场安全管理的责任方

安全和有效安全管理的责任由各种组织机构分担，其中包括国际民航组织、国家民航管理当局、所有者和经营人、空中航行服务提供者、机场、航空器和动力装置主要制造商、维修组织、行业和专业协会、航空教育和培训机构。此外，提供航空支持性服务的第三方(包括合同服务)同样承担安全管理的责任。总的来说，这些职责具体如下：

(1) 确定安全相关政策与标准；

(2) 分配维持风险管理活动所需的资源；

(3) 查明和评估安全风险；

(4) 采取措施排除危险或把风险降低到既定的可接受水平；

(5) 将技术进步纳入设备设计和维护；

(6) 进行安全监督及安全方案评估；

(7) 调查事故和严重事故征候；

(8) 采取最合适的、最好的行业做法；

(9) 促进航空安全(包括交换与安全有关的信息)；

(10) 更新民航安全管理规章。

系统的管理安全的程序和做法统称为安全管理体系。

1. 国际民航组织

从管理角度看，国际民航组织的作用是为国际航空器运行的安全管理提供程序和指导，以及促进航空运输的规划与发展，这一宗旨主要是通过制定标准和建议措施来实现的，具体地说，国际民航组织的职责如下。

(1) 为国家和经营人提供涵盖航空安全的绝大部分方面的指导材料(包括飞行、适航、空中交通服务、机场及机场保安)，通常这些指导材料以手册或通告的形式发出。

(2) 编写手册，概述安全管理的原则，并为实施有效的安全管理方案提供指导。

(3) 确定事故和事故征候调查与报告的国际程序。

(4) 通过以下方式促进航空安全：

① 通过事故和事故征候报告系统与其他途径，传播事故和事故征候信息；

② 以出版物格式传播航空安全信息；

③参加研究讨论航空安全特定方面(即事故调查、事故预防和人的因素)问题的会议和研讨会等。

(5)根据普遍安全监督审计计划(Universal Safety Oversight Audit Program，USOAP)进行审计。

2. 国家

国家的职责如下。

(1)为管理国家的航空系统提供必要的法律及管理规定，需要为有效安全管理提供法律框架的一些领域列述如下：

①航空法(如《中华人民共和国民用航空法》)确定国家的商业航空和私人航空的目标，一般地说，这种法规包括国家的航空安全观，并描述实现这些目标的主要责任、问责办法和权力；

②制造和贸易方面的法律用于规范安全的航空设备和服务的生产与销售；

③劳动法(如《中华人民共和国劳动法》)为航空员工安全履行其职责所应具备的工作环境确定规则；

④保安法(如《中华人民共和国保安法》)用于促进工作场所的安全，例如，管理能进入运行区的人员，以及可进入运行区的条件，还可保护安全信息源；

⑤影响机场和导航辅助设备选址的环境法(如《中华人民共和国环境保护法》)可对飞行运行(如降低噪声程序)产生影响。

(2)建立拥有确保规章得到遵守的必要权力的适当的国家机构，通常称为民用航空管理局，这一职责包括：

①确立必要的法定权威机构或代表机构来管理规范航空业；

②确保配备足够的合格技术官员；

③保持有效的安全监督系统以评估管理要求贯彻执行的情况。

(3)建立适当的安全监督机制，以确保经营人和服务提供者在其运营中维持可接受的安全水平。

3. 民用航空管理局(Civil Aviation Authority，CAA)

(1)制定和执行促进安全与高效航空的规则、规章和程序，例如：

①人员执照的颁发。

②获取和换发下列证书的程序：

a. 运行证书；

b. 适航证书；

c. 机场使用许可证。

③空中交通服务的运作。

④(在很多国家)进行事故和事故征候调查。

(2)通过监督、检查和安全审计等措施实施对整个民航系统进行安全监察的系统。

(3)采取必要的强制行动。

(4)密切关注技术进步和最好的行业做法，以不断提高国家航空系统的绩效。

(5)建立航空记录系统，包括执照证书、违规、报告的事故和事故征候。

(6)进行安全趋势分析，包括事故/事故征候资料、业务困难报告。

(7)通过分发专门的安全资料、召开安全研讨会等方法促进安全。

4. 制造商

每一代新设备都在最新技术发展水平和运行经验的基础上对原有设备做了改进。制造商生产符合适航及其他国内和国际标准并满足购买者经济与性能需要的设备。制造商还编制支持其产品的手册和其他文件。在一些国家，这可能是为特定型号的航空器运营或设备部件操作使用的唯一指导材料。因此，由制造商提供的文件的标准是很重要的。此外，通过提供产品支持、培训等，制造商还可提供特定设备部件的安全记录或部件的使用记录。

另外，大型航空器制造商设有积极的安全部门，其职责包括监视航空器在使用中的运行情况、为制造过程提供反馈并向其客户航空公司传播安全信息。

5. 服务提供者

安全和高效的飞行取决于有效提供各种独立于航空器经营人的服务，例如：

(1)空中交通管理；

(2)机场运营，包括机场应急服务；

(3)机场保安；

(4)导航和通信设备。

6. 第三方承包商

第三方承包商是指在如加油、配餐和其他航空器地面服务、航空器保养和大修、跑道和滑行道的建造与维修、机组人员培训、飞行计划、飞行签派、飞行跟踪等领域提供支持飞行运行的服务，往往涉及私人承包商。

无论是大公司承包商还是小企业的企业主，签约部门(如航空公司、机场经营人或空中航行服务提供者)均负有管理承包商承担的安全风险的全部责任。合同必须规定应达到的安全标准。因此，签约部门有责任确保承包商遵守合同中规定的安全标准。

安全管理体系必须确保组织的安全水平不因外部组织所提供的投入和供应品而受到损害。

对全球的航空公司进行的一项重大研究发现，最安全的航空公司从组织和指挥行动的最高层一直到运行层面均有明确的安全任务。最安全的组织通常是最高效的，在企业内，管理者拥有管理安全风险的权力和责任。最重要的是，管理者决定组织的安全文化。管理者需要把安全作为组织的一项核心价值标准。

3.4　安全管理的基础

3.4.1　安全管理的必要性

较小的安全事件也许正是安全隐患的苗头。忽视这些潜在的安全危险，可能为更严重事故数量的增加创造条件。

事故(和事故征候)造成经济损失。

航空运输业未来的生存和发展很可能就取决于能够使大众对出行安全感到放心。因此，安全管理是航空业可持续发展的先决条件。

3.4.2 安全管理的方法

安全管理的传统方法中，航空安全的关注焦点是遵守日益复杂的规章，这种安全管理方法对不希望发生的事件做出反应的方式是规定防止事件再次发生的措施。此种方法不是确定最好的做法或需要的标准，而是旨在确保满足最低标准。

现代安全管理方法正从纯粹的反应模式转向更为主动的模式。

现代有效的安全管理方法主要如下：

(1)应用科学的风险管理方法；

(2)高层管理者对安全管理的承诺；

(3)促进安全做法，鼓励安全沟通，注重结果并积极管理企业安全文化；

(4)有效实施标准操作程序(Standard Operating Procedure，SOP)，包括使用检查单和简令；

(5)鼓励有效进行事故征候和危险报告的无惩罚环境(或正义文化)；

(6)正常运营情况下安全相关数据的收集、分析和共享；

(7)对事故和严重事故征候进行充分的调查，查明系统安全缺陷(而不仅仅是追究责任)；

(8)对运行人员进行综合的安全(包括人的因素)培训；

(9)通过(在公司或国家间)积极交流安全信息，共享安全教训和最佳做法；

(10)旨在评估安全绩效和减少或排除正在出现的问题的系统的安全监督与安全绩效监测。

3.4.3 安全管理的原理

1. 核心的业务职能

妥善实施安全管理措施不仅会提高安全水平，而且会提高一个组织的运营效率。其他行业的经验以及从航空器事故调查中吸取的教训强调系统的、主动的和明确的安全管理具有重要意义。

以系统、主动、明确的方式处理安全问题，可以确保安全长期成为组织日常事务不可分割的一部分，确保组织的安全活动着眼于收效最大的领域。

系统是指安全管理活动将依照预先确定的计划，并以统一的方式在整个组织进行。

主动是指采取强调在危险事件发生并对安全绩效产生不利影响前就通过危险识别和风险减少措施来预防的方法。

明确是指所有安全管理活动均应是有文件佐证的、可见的，并且应是独立于其他管理活动执行的。

2. 系统方法和系统安全

组织问题是事故与事故征候发生的原因。仅仅简单地引进规则或者使所用员工都遵循某个程序，是不能够实现安全的。安全管理的范围包括组织的大部分活动。因此，安全管理必须始于高级管理层，应在组织的所有层面对影响安全的因素进行检查。

航空安全不仅仅是飞机和飞行员的事情，它是一个包括安全飞行所需一切的总的系统。

该系统包括机场、空中交通管制、维修、客舱乘务组、地面服务、签派等，因此，有效的安全管理必须包括系统的所有部分。

3.4.4　系统安全的影响因素

系统安全的影响因素可以从两个方面予以考虑。首先，讨论可能造成危及安全的因素；其次，研究将对这些因素的理解应用于降低不安全事件发生可能性的系统设计中。

研究可能危及安全的因素必须包括组织中负责运营和提供支持服务的各个层面。系统安全的影响因素主要包括实际失效和潜在危机、设备故障、人为差错、系统设计等。

实际失效通常是设备故障或操作人员的差错的结果。潜在危机总是具有人的因素。可能是未发现的设计缺陷的结果，也可能与经正式批准的程序的未认识到的后果有关。很多潜在危机是由组织的管理者做出的决策直接导致的。

系统设计最大可能地使得人为差错和设备故障不会导致事故。系统的硬件和软件构成按照设计通常都已达到可用性、连续性、完好性的规定水平。

人的因素的性能不能同样准确地规定，然而，必须将人为差错的可能性作为系统总体设计的一部分。因此，系统设计需要把事件与环境结合起来考虑，以识别可能导致危及安全的因果关联。

开发一个安全和可承受差错的系统，要求系统要有多重防护机制，以尽可能确保任何单一失效或差错不会导致事故。

在设计良好的系统中发生事故，必须具备这样的条件，即在防护机制本应检测出早期差错或失效的关键时刻，系统的所有防护层都出现漏洞，这种思想是"深度防护"，如图3.8 所示。

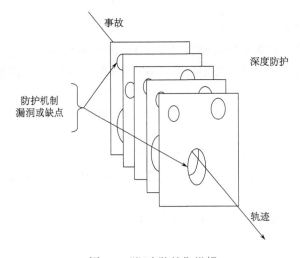

图 3.8　"深度防护"思想

3.4.5　安全管理的含义

1. 安全管理的基础

安全管理涉及危险识别和系统防护机制的漏洞弥补。有效的安全管理是多学科的，需要在整个航空领域系统地采用各种方法，开展各种活动。有效的安全管理建立在如下三个限定基础上。

(1)综合的企业方法设定了安全管理的基础。企业方法以组织的安全文化为基础，包括组织的安全政策、目标和最重要的高层管理者对安全的承诺。

(2)需要有效的组织工具来传播提高安全所必需的行为和过程，包括组织安排其日常事务，实现其安全方针、目标，建立标准和分配资源等。主要关注与安全临界行为相关的隐患及其潜在影响。

(3)安全监察系统使系统能够持续实现企业安全方针、目标和标准。安全监察具体指的是国家安全项目的部分活动。对经营人或服务提供者来说，安全监察通常用于监控其安全管理体系中的活动。

2. 安全管理策略

1)被动的安全管理策略：调查事故和应报告的事故征候

这种战略用于涉及技术失效或意外事件的情况。被动的安全管理策略的效用取决于调查工作为查明事故所有促成因素而超出确定原因的限度。被动的安全管理策略往往具有下述特点。

(1)安全管理把重点放在遵守最低要求上。

(2)安全的衡量基于应报告的事故和事故征候，具有下列价值局限性：

①分析仅局限于检查实际失效；

②用于精确地确定趋势，尤其是造成人为差错的趋势时，可利用的数据不充分；

③不能深入了解人为差错的"根本原因"和潜在不安全状况。

(3)为了跟上人对差错新类别的发明创造力，需要不断"追赶"。

2)主动的安全管理策略：积极地从各种可能显示正在出现安全问题的渠道查询信息

采取主动的安全管理策略的组织相信，通过在出现事故前查明薄弱环节，并采取减少风险的必要措施，可以最大限度地减少事故的风险。因此，它们使用以下工具积极地寻找系统的不安全状况。

(1)促进识别潜在不安全状况的危险和事故征候报告系统。

(2)安全调查，从一线人员了解可能有事故隐患的不满意状况。

(3)飞行数据记录器分析，以查明操作偏差和确认正常的操作程序。

(4)对运行的各个方面进行运行检查或审计，以在事故、事故征候和小的安全事件证明存在问题前查明薄弱环节。

(5)考虑并具体落实制造商的服务公告的政策。

3. 关键安全管理活动

安全管理最成功的组织一般开展一些共同的活动。现将一些关键活动概述如下。

(1)建立健全组织机构，创建安全文化和减少其事故损失。

(2)安全评估。对拟议的设备或程序变更进行系统的分析，以在变更实施前，查明并减少薄弱环节。

(3)事件报告。建立安全事件和其他不安全状况的正式报告程序。

(4)危险识别方法。在其整个组织内采用被动的和主动的方法来识别安全隐患，如事故征候自愿报告、安全调查、运行安全审计和安全评估。

(5)调查和分析。跟踪所报告的事件与不安全状况，必要时，进行适当的安全调查和安全分析。

(6)绩效监控。采用如趋势监控和内部安全审计等方法积极地获取完善安全管理过程所必需的反馈。

(7)安全宣传。积极地传播安全调查和分析的结果，在组织内部和适当情况下与外部交流安全教训。

(8)安全监督。国家(管理者)和被管理的组织均有监测与评估安全状况的系统。

4. 安全管理过程

安全管理过程如图3.9所示。

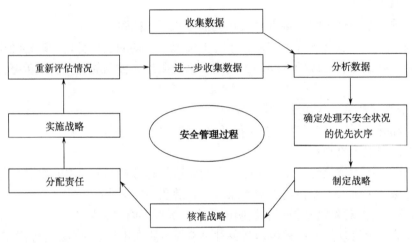

图3.9 安全管理过程

(1)收集数据。安全管理过程的第一步就是获取有关的安全数据，即用来确定系统安全绩效或查明潜在不安全状况(安全危险)的必要证据。数据可能取自系统的任何部分，如所使用的设备、操作人员、工作程序、人员/设备/程序之间的相互关系等。

(2)分析数据。通过分析所有相关信息，可以识别安全危险。可确定危险构成实际风险的条件、其潜在后果和发生的可能性，这种分析既可以是定性的，也可以是定量的。

(3)确定处理不安全状况的优先次序。通过风险评估过程确定危险的严重性。对于构成最大风险的危险，考虑对其采取安全措施。这可能需要进行成本-效益分析。

(4)制定战略。从最高优先风险开始，可以考虑多种风险管理方案，例如：

①尽可能大地扩大风险承担面(这是保险的基本原则)；

②完全消除风险(可能通过停止运行或作业)；

③接受风险，并继续照常运营；

④通过采取减少风险或者至少有助于应付风险的措施减轻风险。

在选择风险管理的战略中，需注意避免引起不可接受的安全水平的新的风险。

(5)核准战略。分析风险和决定适当的行动方针之后，需要得到管理者的批准。这一步的难题是要提出令人信服的(可能是昂贵的)变革理由。

(6)分配责任和实施战略。决定做出后，必须制定出实施的具体细节。这包括确定资源分配、责任分配、时间安排、操作程序修订等。

(7)重新评估情况。战略实施很少如原设想的那么成功。需要反馈信息完善安全管理过程，反馈信息包括引起的新问题、商定的减少风险的战略达到预期绩效的情况、对系统或过程需要进行的改进。

(8)进一步收集数据。根据重新评估步骤，可能需要新的信息和重复整个过程，以改进安全措施。

5. 安全监督和安全绩效监控

安全监督系指国家在其安全方案下开展的活动，而安全绩效监控则指经营人或服务提供者在其安全管理体系下开展的活动。

安全监督或者安全绩效监控活动是一个组织的安全管理战略中不可缺少的一部分。安全监督为国家提供验证航空业实现其安全目标情况的方法。实施有效的安全监督方案要求国家和组织：

(1)确定有关安全绩效指标；

(2)建立安全事件报告制度；

(3)建立安全事件调查制度；

(4)制定整合所有可用来源的安全数据的程序；

(5)制定分析数据和编制定期安全绩效报告的程序。

6. 安全绩效指标和安全绩效目标

安全绩效指标表示系统达到的安全绩效水平的计量标准(或度量标准)。其用于表示一个系统达到安全绩效目标所要求的系统安全绩效水平。安全绩效目标包括一个或多个安全绩效指标，以及以这些指标表示的预期结果。

安全绩效指标通常以引起危害的某事件发生的频率来表示。通常可使用的度量标准包括：

(1)每 100000 飞行小时发生的航空器事故；

(2)每 10000 次飞行起降发生的航空器事故；

(3)每年发生的致命航空器事故；

(4)每 10000 飞行小时发生的严重事故征候。

没有适用于所有情况的单一安全绩效指标。选择表示安全绩效目标的指标必须与将使用的指标的应用情况相适应，以便可以使用与界定安全绩效目标时所用的术语相同的用语有意义地评价安全。

在确定适当的安全绩效指标之后，就需要确定可接受的结果或目标。例如，国际民航组织在全球航空安全计划(Global Aviation Safety Plan，GASP)中确定了全球安全绩效目标，旨在：

(1)不管空中交通量如何，减少全世界的事故和死亡数量；

(2)大幅度降低事故率，特别是高事故区的事故率。

预期安全成果可用绝对或相对单位数字表示。国际民航组织的全球安全绩效目标是一些相对目标的例子。相对目标也可以包括一个特定时期内事故或某些类型安全事件预期减少的百分比。例如，在国家安全方案下管理监督当局可通过规定下述安全绩效目标确定将达到的可接受的安全水平：

(1) 对航空公司经营人来说，每 100000 小时致命事故低于 0.2 起。进一步目标可以是增强型近地警告系统告警次数在未来 12 个月中减少 30%；

(2) 对航空器维修组织来说，每飞行 100000 小时重大航空器故障低于 200 次；

(3) 对机场经营人来说，每 1000 架航空器遭鸟击的次数低于 1.0 次；

(4) 对空中交通服务提供者来说，每 100000 小时空域事故征候低于 40 次。

每一个航空部门都可提出各种安全要求以达到用安全指标度量所要求的安全绩效水平。

为提高安全水平，民航局在 2009 年初的民航工作会提出"能够让政府和公众接受的航空安全水平是：到 2020 年，将运输飞行每百万飞行小时重大事故率由 0.23 降至 0.15 及以下"。民航行业可接受的安全水平是衡量持续安全的标准，可接受的安全水平是动态的，应该根据政府和公众对运输航空安全的期望及民航发展形势及时调整。

3.5　风 险 管 理

3.5.1　风险管理概述

风险是运营过程的副产品，并非所有的风险都能排除，也不是所有风险缓解措施在经济上都可行。航空风险及风险管理的费用是合理决策过程中的一个必要部分，对风险进行实时的决策，以权衡风险后果发生的可能性及严重性与接受风险后的预期收益之间的关系。

风险管理是识别、风险评估分析和排除(和/或降低到可接受的水平)隐患与威胁组织生存的相关风险，见图 3.10。

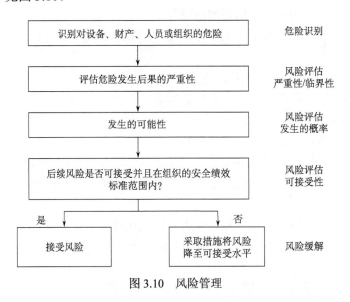

图 3.10　风险管理

3.5.2　隐患识别

隐患识别是为识别机坪及飞行区内各作业活动中，人员、设备、航空器、物品、程序及环境相互影响所造成的潜在性危害，预防损害性事故的发生，开展危险源识别、进行风险评价与建议可行的控制方案，以有效保障机坪及飞行区内的人员、设备、航空器的安全，降低事故的风险。隐患包括可能引起不利后果的任何情况或状况，航空中隐患的范围是很广泛的，主要包括：

(1) 设计因素，包括设备和任务设计；

(2) 程序和操作，包括文件和检查单，以及在实际操作情况下的验证；

(3) 通信，包括工具、术语及语言；

(4) 人事因素，如公司的招聘、培训和薪酬等方面的政策；

(5) 组织因素，如生产和安全目标的一致性、资源分配、运行压力及企业安全文化等；

(6) 工作环境因素，如环境噪声和振动、温度、灯光及是否配备防护设备和服装等；

(7) 管理监督因素，包括规章的适用性和可执行性，设备、程序的验证和人员的资格鉴定，监督审计的充分性；

(8) 防护机制，包括提供适当探测和警告系统、设备的容错能力和防止故障的坚固程度等。

安全事件是系统中存在问题的明显证据，可为人们提供吸取有价值的安全教训的机会。因此，应当调查安全事件以识别出使系统面临风险的危险。

安全评估可在下述情况下提供有组织的、有计划的、系统的危险识别过程：

(1) 安全相关事件或安全违规现象莫名其妙地增加；

(2) 计划做重大业务变更，包括关键人员变动、其他主要设备或系统变动；

(3) 组织经历重大变动，如迅速增长或萎缩等；

(4) 计划进行公司合并、收购或减员。

3.5.3 风险评价

1. 机场风险评价

机场进行定期风险评价的项目一般包括机坪交通、保障车辆及设备的停放、摆渡车作业、航空器泊位操作、航空器拖行及移动、航空器加油、货邮装卸、加清排污作业、廊桥操作、客梯车操作、旅客及机组人员登机和下机、航空器除冰雪、机坪外来物、飞行区施工作业等。其中，机坪交通的评价包括交通的违章情况、保障作业的违章情况、驾驶员的培训及技能认证、拖拉设备脱钩、拖车转弯、对讲机与手机使用、超高设备跨越高度限制区、超宽运载与行车道的宽度、车辆及设备的维护、车辆及设备的消防安全。保障车辆及设备的停放主要从停放区的规划、违章停放、作业车辆、设备停放及作业次序、相邻机位运作、设备存放等方面来评价。摆渡车作业从驾驶员的技术与行为、旅客上车和下车、车辆的维护、车内安全标志来评价。

2. 风险评价方法

风险评价的分析方法主要有定量评价方法、定性评价方法以及定量和定性相结合的评价方法。在航空系统的风险评价中，一般采用的是定量和定性相结合的评价方法。采用评价方法对风险进行评价时，风险的表达方式主要如下：

(1) 死亡人数、财产损失或市场份额损失(即绝对数)；

(2) 损失率(如飞行每百万机座公里死亡人数);

(3) 严重事故发生的可能性(如每 50 年一次);

(4) 结果的严重性(如伤害严重性);

(5) 与年营业收入相对应的预计损失的美元价值(如每 2 亿美元收入有 100 万美元损失)。

1) 风险评价矩阵

风险评价通常考虑三个方面: 隐患导致不安全事件发生的可能性(即如果允许潜在不安全状况存在, 发生不利后果的可能性); 某一不安全事件的潜在不利后果或结果的严重性; 隐患的暴露度。

(1) 不利结果发生的可能性。无论采取何种分析方法, 都必须评估造成伤害或破坏的可能性。该可能性取决于如下述问题的答案:

①以前是否出现过类似的事件, 或是否这只是一个孤立的事件?

②哪些其他设备或同类型的部件可能具有相似的缺陷?

③有多少操作或维护人员在执行这些有关程序或受其影响?

④怀疑有缺陷的设备或有问题的程序使用时间百分比是多少?

⑤在多大程度上存在可能反映对公共安全较大威胁的涉及组织、领导或管理方面的问题?

基于上述考虑, 事件发生的可能性可以评估为以下三种。

①不可能发生。"不可能发生"的失效事件包括孤立的不安全事件和发生概率很低或样本量值很小的风险。事故的发生环境非常复杂, 以至于此类事故致因事件几乎不可能再以相同的方式发生。例如, 各个独立系统不可能同时失效。然而, 即使可能性很小, 对同时失效的后果也可能需要跟踪关注。

注意: 有一种很自然的倾向, 将不可能事件归为"巧合"。虽然巧合在统计上可能是可行的, 但不应该把巧合作为不做适当分析的借口。

②可能发生。"可能发生"的失效来源于具有合理可能性的危险, 即在类似的工作条件下可能产生人的行为能力的类似状况, 或者相同材料缺陷存在于系统的其他地方。

③多半可能发生。这些不安全事件反映了没有得到纠正的物质失效(或潜在失效)。若给出设备的设计或维护和已知操作条件下的强度等, 则连续的操作极有可能导致失效。同样, 若给了人员工作经验的证据, 可以确定在相似条件下正常个体可能会犯同样的错误, 或者会导致相同的所不期望的表现结果。

风险评价分值表如表 3.1 所示。

(2) 不安全事件发生后果的严重性。在评估事件后果的严重性中, 可注意下列类型的一些问题:

①处于危险中的人数, 员工、乘客、旁观者和公众的人数。

②财产或经济损失程度、经营人的直接财产损失、航空基础设施的损坏、第三方的间接损失以及对国家的财政或经济的影响。

表 3.1　风险评价分值表

事故可能性 ＼ 后果严重性		轻微 人员轻微受伤/设备基本无损坏	明显 人员受伤/设备明显损坏	严重 人员严重受伤/设备中度损坏/航空器轻微受损	非常严重 一人死亡/设备损坏/航空器受损	灾难 多人死亡/设备损毁/航空器损毁
经常	每月一次	中 可容忍	高 不可接受	高 不可接受	高 不可接受	高 不可接受
很可能	每季度一次	低 可接受	中 可容忍	高 不可接受	高 不可接受	高 不可接受
有可能	每年一次	低 可接受	低 可接受	中 可容忍	高 不可接受	高 不可接受
不可能	每十年一次	低 可接受	低 可接受	低 可接受	中 可容忍	高 不可接受
极不可能	无记录	低 可接受	低 可接受	低 可接受	低 可接受	中 可容忍

③对环境发生影响的可能性。(燃料或其他危险品的泄漏和对自然生态环境的有形破坏。)

④政治冲突和/或媒体关注发生的可能性。

(3)风险的可接受程度。根据风险评估的结果,风险可以划分为若干等级。

划分风险的优先等级需要一个将一种风险对比其他风险评定等级的合理基准。需要确定可接受的风险和不可接受的风险的标准。通过将不希望的结果发生的可能性与其潜在的严重性相对比,可以利用风险评估矩阵对风险进行分类。风险的优先等级划分如表 3.2 所示。

表 3.2　风险的优先等级划分表

后果的严重性			发生的可能性		
航空定义	含义	等级	定性定义	含义	等级
灾难性的	设备损坏; 多人死亡	5	频繁的	可能会发生许多次	5
危险的	安全系数明显下降,身体压力或工作负荷已达到无法依靠操作人员精确或完全履行其任务的程度;许多人严重受伤或死亡;主要设备损坏	4	偶然的	可能会发生几次	4
严重的	安全系数明显下降,操作人员因工作负荷增加,或因影响其效率的条件,应付不利工作条件的能力下降;严重事故征候;人员受伤	3	很少的	不大可能,但或许会发生	3
轻微的	小麻烦;操作限制;启用应急程序;较小的事故征候	2	不可能的	很不可能发生	2
可忽略的	几乎无影响	1	极不可能的	几乎不能想象事件发生	1

　　风险评估矩阵是一个划分隐患程度等级的有用工具。在此风险评估矩阵中，风险的严重性按照灾难性的、危险的、严重的、轻微的和可忽略的顺序来排列，且每个都用一个等级来描述其结果的潜在严重性。不安全事件发生的概率(或可能性)也是通过五个不同的等级来定性说明的，并且详细地说明了每个等级的可能性。等级可以被赋予数值，来描述每一级别的严重性和可能性的相对重要程度。严重性和可能性的相应数值相乘，即可得到复合风险评价的结果。

　　利用风险评估矩阵来划分风险等级可将风险等级划分为可接受的、不期望的和不可接受的三类。可接受的意味着没有必要采取进一步措施(除非可以不花费代价或力量将此风险进一步降低)。不期望的(或可容忍的)意味着受到风险影响的人为了某种利益准备容忍风险的存在，但条件是风险正在尽可能地减小。不可接受的意味着目前状态下的作业必须停止，直至风险降低到至少可容忍的水平。风险水平常用 ALARP 图(二拉平图)来表示，见图 3.11。

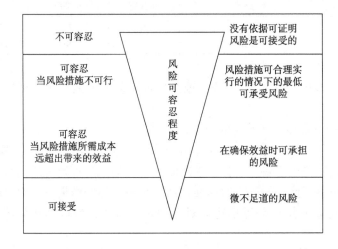

图 3.11　ALARP 图(二拉平图)

　　确定特殊风险可接受性的较少数值的方法还需要考虑下列一些因素：
　　①管理因素。风险与组织的安全政策和标准是否相一致？
　　②经济负担因素。从风险的性质考虑，是否难以取得具有成本效益的解决方法？
　　③法律因素。风险与现有管理标准和执法能力是否相一致？
　　④文化因素。组织中的员工和其他利益相关者如何看待该风险？
　　⑤市场因素。如果不减少或排除该风险，是否会损害本组织对其他组织的竞争力和利益？
　　⑥政治因素。不减少或排除该风险，是否需要付出政治代价？
　　⑦公众因素。媒体或特殊利益集团在影响关于该风险的公众舆论方面有多大影响力？
　　2) 灰色关联度方法
　　对于两个系统之间的因素随时间或不同对象而变化的关联性的量度称为关联度。在系统发展过程中，若两个因素变化的趋势具有一致性，即同步变化程度较高，则两者关联程度较高；反之，则较低。因此，灰色关联方法是根据因素之间发展趋势的相似或相异程度，即"灰色关联度"，作为衡量因素间关联程度的一种方法。

灰色关联度方法可用于机场违章事件风险评估，评估模型如下。

(1)确定参考序列记为 $X_o(k)$，$k=1,2,\cdots,m$。

(2)确定比较序列记为 $X_i(k)$，$k=1,2,\cdots,m$。

(3)求比较序列与参考序列的关联系数：

$$\frac{\min\limits_{i}\min\limits_{k}\left|X_o(k)-X_i(k)\right|+\varepsilon\max\limits_{i}\max\limits_{k}\left|X_o(k)-X_i(k)\right|}{\left|X_o(k)-X_i(k)\right|+\varepsilon\max\limits_{i}\max\limits_{k}\left|X_o(k)-X_i(k)\right|}$$

式中，ε 为分辨系数，一般取 0.5，$\varepsilon\in(0,1)$。

(4)求关联度：

$$\gamma_i=\frac{1}{n}\sum_{k=1}^{n}\phi(k)，\quad k=1,2,\cdots,n$$

式中，γ_i 为序列 X_i 与序列 X_o 的关联度，其值越大，则两序列关系越紧密。

关联度 γ 的值对应不同的风险水平，机场可根据各因素关联度对违章事件排序，由此分析机场内主要违章因素，并对关联度较大的事件加以防控和整治，见表 3.3。

表 3.3　风险分析对照表

风险	关联度 γ	采取措施
低	$\gamma\leqslant 0.5$	持续监控
中	$0.5<\gamma<0.7$	重点防控
高	$\gamma\geqslant 0.7$	重点整治

3.5.4　风险缓解

风险必须控制在"最低合理可行性"的等级里，必须权衡风险与采取措施减少或排除风险所需要的时间、成本及所遇到的困难之间的关系。当风险的可接受性是不期望的或不可接受的时候，就需要采取控制措施。风险越大，紧急程度越高。可通过减小潜在后果的严重性、降低事件发生的可能性、减少该风险的影响来降低风险的水平。最佳解决方案将随着具体环境和紧急情况的不同而有所不同。

1. 预防措施分析

预防措施主要用于：

(1)减少不希望事件发生的可能性；

(2)减少任何不希望事件有关后果的严重性。

预防措施的分类如下：

(1)预防措施，包括限制或者防止不适当行为发生或减轻事件发生后果的预防措施(如起落架减震控制的支柱安全电门、开关防护罩、防火墙、逃生设备、警报或报警装置)；

(2)管理预防，包括减少不安全事件发生可能性的程序或措施(如安全规章、标准操作程序、监督和检查、个人熟练程度)。

2. 风险缓解的策略

在选择适当的风险缓解策略前，了解现有防御机制是不充分的原因非常重要，可以提出下列问题。

(1) 采取预防措施来抵御这些隐患的发生了吗？

(2) 预防措施按照预期运行了吗？

(3) 在实际工作条件下预防措施实际可行吗？

(4) 受影响的人员已经意识到风险和所实施的预防措施了吗？

(5) 需要进一步采取风险缓解措施吗？

风险缓解策略如下。

(1) 要避免有风险的任务、措施、操作或行为，因为风险大于利益。

(2) 减少损失。采取措施减少不安全事件发生的频率或降低其后果的严重性。

(3) 风险分隔(隔离或备份)。采取措施隔绝风险产生的影响或建立冗余来预防风险，即减少风险的严重性(例如，防止出现重大失效时受到间接的损害，或提供备份系统以减少整个系统失效的可能性)。

风险缓解策略选择的影响因素包括思维的创造性、灵活性和开放性，个人的最初看法和个人偏见。因此，合理选择风险缓解策略需要相关方代表在内的相关人员的广泛参与，这样有利于克服人的固定思维模式。

3. 评价风险缓解的措施

在评价风险缓解的备选方案时，并非所有的备选方案都能减少风险。在做出决定前，需要评价每一备选方案的效能。重要的是，对所有可能的控制措施进行考虑，考虑各种措施的利弊，从中选出最佳解决方案。应当从以下方面来检查每个拟议的风险缓解方案。

(1) 效果。它会减少或排除已识别出的风险吗？备选方案可在多大程度上缓解风险？实施效果可分为以下三个等级：

①第一级(工程措施)，安全措施将排除风险，如利用连锁装置防止飞行中反力装置启动；

②第二级(控制措施)，安全措施接受风险，但是调整系统将风险降低到可以管理的水平，从而缓解风险，如对操作环境进行更多的限制；

③第三级(人事措施)，所采取的安全措施意味着风险既不能排除(第一级)，也不能控制(第二级)，因此必须教会职工如何处理它，如增设警告、修订检查单和进行额外的培训等。

(2) 成本/效益。备选方案的预期效益大于所花费的成本吗？潜在的收益与所需改变造成的影响成比例吗？

(3) 实用性。根据可利用的技术、经济的可行性、管理的可行性、管理法规和规章、政治意愿等，备选方案切实可行和适当吗？

(4) 挑战。风险缓解的措施能够经得起所有利益相关者(职工、经理、国家主管部门等)的严格审查吗？

(5) 对每一利益相关者而言的可接受性。可期望从利益相关者那里获得多少认可(或抵制)？(在风险评估阶段，与利益相关者的讨论可显示他们偏爱的风险缓解方案。)

(6)可执行性。如果实施新规则(标准操作程序、规章等),这些新规则是可执行的吗?

(7)持久性。该措施经受得住时间的考验吗?是仅具有临时性效益,还是具有长期效用?

(8)残余风险。实施了风险缓解的措施之后,相对于起初的风险,残余风险是什么?如何降低残余风险?

(9)新问题。在拟议的变更中将会出现哪些新的问题或新的(可能更为严重的)风险?

3.5.5　风险相关信息的沟通

风险相关信息的沟通包括交换风险信息,即公众或个人把风险的存在、性质、形式、严重性或可接受性等信息进行沟通。以下信息需要引起特别注意:

(1)管理者必须了解可能给组织造成潜在损失的所有风险;

(2)暴露在已识别风险下的隐患,必须评价其引起事故的严重性和可能性;

(3)对识别出隐患的人员提出的措施进行反馈;

(4)对于受到变更影响的人员,要通知其隐患和所采取措施的合理性;

(5)其他有潜在风险信息需求的机构包括规章主管部门、供应商、行业协会、公众等。

如果不能清楚地、及时地交流安全教训,就会在推进积极的安全文化过程中破坏管理者的信誉。

3.5.6　国家主管部门进行风险管理需要考虑的事项

风险管理方法涉及国家管理部门很多方面的工作,从政策的制定直到国家民航一线检查员面临的“执行或不执行”的决定等,例如:

(1)方针。一个国家应在多大程度上接受另一个国家的书面证明?

(2)规章的变更。面对众多(通常相互冲突)的关于规章变更的建议,应该如何做出决定?

(3)优先权设置。进行安全监察审核时,应如何确定需要确保安全的重点区域?

(4)运行管理。当资源不足以开展所有计划的活动时,应如何做出决定?

(5)运行检查。在一线,当正常工作时间之外发现严重差错时如何做出决定?

某些情况应当提醒国家航空管理部门可能需要进行风险管理,例如:

(1)企业建立或迅速扩张;

(2)企业合并;

(3)企业面临破产或其他财政困难;

(4)企业面临严重的员工管理问题;

(5)营运人引进重要的新设备;

(6)引进新机型、使用新机场等;

(7)引进新的通信、导航或监视设备及程序;

(8)航空规章或潜在影响航空安全的其他法规的重大变更。

国家管理部门在进行风险管理时受以下因素影响:

(1)可用于决策的时间(航空器停飞、吊销执照等);

(2)采取必要的措施时,可利用的资源数量;

(3)所采取措施影响到的人员数量(企业范围、机构范围、地区范围、国家范围、国际

范围等);

(4)国家决策对采取措施的潜在影响;

(5)采取所需措施的文化或政治意愿。

在决策时,国家主管部门进行风险管理的作用包括:

(1)在决策过程中避免严重的失误;

(2)确保在决策时识别和考虑到风险的所有方面;

(3)确保考虑到受影响的参与者的合法利益;

(4)为决策者提供充足的决策依据;

(5)使决策更容易被相关方和大众理解;

(6)尽量节约时间和费用。

3.6　安　全　经　济

随着人类社会的发展和经济水平的不断提高,一方面,公众和社会对安全的期望越来越高,希望用合理的投入来达到令人满意的安全水平;另一方面,人类的科学技术水平和经济承受能力是有限的。由于灾害、事故的成因与过程越来越复杂,系统中的能量、人员、设施越来越集中,一旦发生事故往往造成难以估量的经济损失和人员伤亡。这种有限的安全投入与极大化的安全水平期望的矛盾,是安全经济学产生与发展的动力。用社会有限的投入去实现人类尽可能高的安全水准,在人类可接受的安全水平下,尽力节约社会的安全投入,这是现代社会对安全科学技术提出的要求。

本节主要介绍安全经济的形式、内容、作用,以及运行的过程和特性,简要阐明安全经济分析、评价的技术、理论和方法。

3.6.1　安全经济基本理论

1. 安全经济学概述

安全需要投入,怎样高效率地使用安全投资,合理配置安全资源,避免浪费,提高安全活动效益,这是安全工作者关心的重要课题,也构成安全经济学研究的内容。根据科学哲学、系统学、知识工程等基础理论,借鉴一般经济学及相关应用经济学的应用基础理论和方法来介绍与讨论安全经济的基本理论和应用技术等问题。

人类的安全水平很大程度上取决于经济水平,经济问题是安全问题的重要根源之一。这种客观存在决定了安全具有相对性的特征,安全标准具有时效性的特征。安全活动离不开经济活动的支撑,安全经济活动贯穿于安全科学技术活动的理论和应用范畴。因此,安全经济学的提出既为安全科学丰富了基本理论,也为安全科学增添了应用方法。为了解决安全问题,既要涉及自然现象又要涉及社会现象,既需要工程技术手段又需要法制和管理等手段,所以安全科学是自然科学和社会科学相互交叉的领域。安全经济学是研究和解决安全经济问题的,它既是一门应用经济学(社会科学),又是一门以安全工程技术活动为特定应用领域的应用学科。有的学者将安全经济学定义为研究安全的经济(利益、投资、效益)形式和条件,通过对人类安全活动的合理组织、控制和调整,达到人、技术、环境的最佳安全效益的科学。它是研究安全活动与经济规律的科学，以经济科学理论为基础，以安全领域为阵地，为安全经济活动提供理论指导和实践依据。总之，安全经济学是研究安全领域中理性人的决策行为的科学。

安全经济的研究对象是根据安全实现与经济效果对立统一的关系，从理论与方法上研究使安全活动(安全法规与政策的制定、安全教育与管理的进行、安全工程与技术的实施等)以最佳的方式与人的劳动结合起来，最终达到安全生产、安全生活、安全生存的可行、经济、合理的目的，从而使社会、企业取得较好的综合效益。具体地说，安全活动应研究以下五个方面的问题。

(1)安全经济学的基本理论。研究社会经济制度、经济结构、经济发展等宏观经济因素对安全的影响，以及与人类安全活动的关系；确立安全目标在社会生产、社会经济发展中的地位和作用；从理论上探讨安全投资增长率与社会经济发展速度的比例关系；控制安全经济规模的发展方向和速度。

(2)事故和灾害对社会经济的影响因素。研究不同时期、不同地区、不同行业和部门、不同科学技术水平条件下，事故、灾害的损失规律和对社会经济的影响规律；探求分析、评价事故和灾害损失的理论及方法，为掌握事故和灾害对社会经济的影响规律提供依据。

(3)安全活动的效果规律。研究科学地、准确地、全面地反映安全的实现对社会和企业的贡献，即研究安全的利益规律。测定安全的实现对社会和企业带来的利益，对制定制度和规划安全投入政策具有重要的意义，同时对科学地评价安全效益也是不可少的技术环节。

(4)安全活动的效益规律。安全效益与生产效益既有联系，又有区别。安全效益不仅包含价值因素的经济效益，还包含非价值因素(健康、安定、幸福等)的社会效益。为此，研究安全效益的潜在性、间接性、长效性、延时性、综合性、复杂性等特征规律，把安全总体、综合效益充分地揭示出来，为准确地评价和控制安全经济活动提供科学的依据。

(5)安全经济的科学管理。研究安全经济项目的可行性论证方法、安全经济的投资政策、安全经济的审计制度、事故与灾害损失的统计方法等安全经济的管理技术和方法，使国家有限的安全经费合理使用，最大限度地发挥所投入的人、财、物的潜力。

安全经济的内容既涉及理论，如安全经济学建设、安全经济基本理论、事故损失分析、安全效益分析、安全经济风险分析等；也涉及安全经济技术，如事故损失计算技术、安全投资决策方法、安全经费管理、安全价值工程等。安全经济学从结构体系上可分为四个层次，见表3.4。

表 3.4　安全经济学内容的四层次结构

层次一	哲学 (安全经济观、认识论和方法论)	安全经济观、安全经济认识论、安全经济方法论
层次二	基础科学 (安全经济学的基础科学)	宏观经济学、微观经济学、数量经济学、系统科学、数学科学
层次三	技术科学 (安全经济学的应用基础理论)	安全经济原理、安全经济预测理论、安全经济分析理论、安全经济评价理论、安全价值工程、非价值量的价值化技术
层次四	工程技术 (安全经济技术的方法与手段)	安全经济政策与决策、安全经济标准、安全经济统计、安全经济分配、损失计算技术、安全投资优化技术、安全成本核算、安全经济管理

安全经济学的任务如下：应用辩证唯物主义基本原理，以及系统科学和一般经济学的科学方法、理论，对人类劳动、生活、生存活动中的安全经济规律进行考察研究；结合当代世界经济发展和我国现代化建设的具体实践，阐明社会主义市场经济规律在安全活动领域的运作形式；探讨实现经济的安全生产（劳动）、安全生活、安全生存的途径、方法和措施；为国家、政府提供科学制定安全方针和政策的理论依据，从而极大限度地保障人的身心安全、健康和发展，促进社会和经济的繁荣与昌盛。

研究安全经济的基本方法是辩证唯物论的方法，具体还应重视分析对比、调查研究、定量分析与定性分析相结合的方法，同时吸收现有相关学科的成果，采用多学科交叉、综合的系统研究方法。

安全经济学从研究方法上讲，具有系统性、预先性、决策性等特点；从学科本质上讲，具有边缘性及实用性等特点。

(1) 系统性。安全经济问题往往是多目标、多变量的复杂问题。在解决安全经济问题时，既要考虑安全因素，又要考虑经济因素；既要分析研究对象自身的因素，又要研究与之相关的各种因素。这样，就构成了研究过程和范围的系统性。否则，以狭隘、片面的观点和支离破碎的方法对待与处理问题，是不能得到正确结果的。例如，在分析安全效益时，既要考虑安全能减少损失和伤亡，又应该认识到安全对维护和促进经济生产的不可替代作用。

(2) 预先性。安全经济的产出往往具有延时性和滞后性，因此，安全经济活动应具备适应经济生产活动要求的预先性。为此，应做到尽可能准确地预测安全经济活动的发展规律和趋势，充分掌握必要的和可能得到的信息，最大限度地减少因论证失误而造成的损失，把事故、灾害等不安全问题消灭在萌芽中。

(3) 决策性。任何安全活动（措施、对策）都存在多个方案可供选择，不同的方案有其不同的特点和适应对象，因此，安全经济活动应建立在科学决策的基础上。安全经济学提供了安全经济决策、优化技术和方法。

(4) 边缘性。安全经济问题既受自然规律的制约，也受经济规律的支配，即安全经济学既要研究安全的某些自然规律，又要研究安全的经济规律。因此，安全经济学是安全的自然科学与安全的社会科学交叉的边缘科学，并与灾害经济学、环境经济学、福利经济学等经济学交叉而存在，互相渗透而发展。

(5) 实用性。安全经济学所研究的安全经济问题都带有很强的技术性和实用性。这是由于安全本身就是人类劳动、生活和生存的实践的需要，安全经济学为这种实践提供技术、方法及指导。

2. 安全经济的基本术语和概念

经济泛指社会生产、再生产和节约以及收益、价值等。经济通常用实物、人员劳动时间、货币来进行计量。

效用是从消费某种物品或服务中所得到的主观上的享受、用处或满足。效用是一种简单的分析结构，它可以用来解释理性的消费者如何把他们有限的收入分配在能给他们带来满足或实用的各种物品或服务上。

效率指生产要素的投入与产品的质量和数量之比，即劳动消耗与成果之比。提高效率的目的是以一定的投入获得最大的产出，或以较小的投入取得一定的产出。效率计算式为效率=(产出量/投入量)×100%。效率反映了劳动或活动的投入收益率。

经济效率指经济系统输出的经济能量和经济物质与输入的经济能量和经济物质之比。经济效率一般用实物、劳动时间和货币作为计量单位。通常用投入产出比、所得与所费之比或效果与劳动消耗之比来衡量经济效率。

效益通常指经济效益，它泛指事物对社会产生的效果及利益。效益反映投入产出的关系，即产出量大于投入量所带来的效果或利益。效益的一般计算式为效益=[(产出量-投入量)/产出量]×100%。

效果指劳动或活动中实际产出与期望(或应有)产出的比例。它反映实际效果相对计划目标的实现程度。效果的计算式为效果=(实际产出量/应有产出量)×100%。

经济学是研究稀缺资源如何配置和利用的科学。经济学包括理论经济学和应用经济学两部分。安全经济学属于应用经济学范畴。

安全成本是指实现安全所消耗的人力、物力和财力的总和。它是衡量安全活动消耗的重要尺度。安全成本包括实现某一安全功能所能支付的直接和间接的费用。

安全活动是以一定的人力、物力、财力为前提的。对安全活动所做出的一切人力、物力和财力的投入总和，称为安全投资。引入安全投资的概念，对安全效益评价和安全经济决策有着重要的实用意义。

安全收益具有广泛的意义，它等于安全的产出。安全的实现不但能减少或避免伤亡和损失，而且能维护和保护生产力，促进经济生产的增值。安全收益具有潜在性、间接性、迟效性等特点。

安全效益是安全收益与安全投入的比值。它反映安全产出与安全投入的关系，是安全经济决策所依据的重要指标之一。

3. 安全经济基本原理

1) 安全的自然属性原理

(1) 安全的相对性。怎样才算安全？多大的安全度才是安全的？这是一个很难回答的问题，因为安全具有相对性。某一安全性在某种条件下认为是安全的，但在另一条件下就不一定会认为是安全的了，甚至可能认为是很危险的。因此，这一问题只能用阈值来回答。安全阈由安全程度的最大值和最小值之差来表述。绝对的安全，即100%的安全性是安全性的最大值。当然，这是很难的，甚至是不可能达到的，但却是社会和人们应努力追求的目标。此外，在实践中，人们或社会客观上自觉或不自觉地认可或接受了某一安全性(水平)，当实际状况达到这一水平时，人们就认为是安全的，低于这一水平，则认为是危险的。这一水平下的安全性就是相对安全的最小值(或称安全阈下限)。实际生活中也用这一值的补值(即危险性)来表述，称为风险值。风险是生产、生活和生存活动中客观存在的不安全的程度，安全经济学就是要根据社会的技术和经济客观能力，以及相应的社会对危险和事故的承受能力，为不同的生产、生活、环境或产业过程提供和确认这一"最低"安全值，作为制定安全标准、检查评价的依据。从另一方面理解安全这一概念，可以认为安全的相对性是指免除风险(或危险)和损失的相对状态与程度。

(2) 安全的极向性。这一属性有如下三层含义。

①安全科学的研究对象(事故、危害与安全保障)是一种"零-无穷大"事件，或称稀少

事件，即事故或危害事件具有如下特点：一是事故发生的可能性很小(趋向零)，而后果却十分严重(趋向无穷大)，如煤矿瓦斯爆炸；二是危害事件的作用强度很小，但危害涉及的范围或人数却广而多，如煤矿井下粉尘。

②描述安全特征的两个参量——安全性与危害性具有互补关系，即安全性=1–危害性，当安全性趋于极大值时，危害性趋于最小值。反之亦然。

③人类从事的安全活动，总是希望以最小的投入获得最大的安全。

(3)避免事故或危害有限性。这一属性包含两层含义。

①各种生产和生活活动过程中事故或危害事件是可以避免的，但难以完全避免。

②各种事故或危害事件的不良作用、后果及影响可能避免，但难以完全避免。

安全经济学要从安全的角度或着眼点研究安全与经济的相互关系这一特定领域的问题。安全的经济投入及意义和价值、社会经济效益及其实现，以及它们匹配的最佳状态的理论和方法，是安全经济学的重要研究内容。要研究这些基本理论问题，需要对上述基本原理有足够的认识。

2) 安全效益规律及安全利益规律初步分析

(1)安全功能分析。安全具有两大基本功能：第一，直接减轻或免除事故或危害事件给人、社会和自然造成的损伤，实现保护人类财富、减少无益损耗和损失的功能；第二，保障劳动条件和维护经济增值过程，实现其间接为社会增值的功能。

第一种功能称为"拾遗补阙"，可利用损失函数 $L(S)$ 来表达：

$$L(S) = L\exp(l/S) + L_0, \quad l > 0, L > 0, L_0 < 0 \tag{3.1}$$

第二种功能称为"本质增益"，用增值函数 $I(S)$ 表示：

$$I(S) = I\exp(-i/S), \quad I > 0, i > 0 \tag{3.2}$$

式中，L、l、I、i、L_0 均为统计常数。

增值函数随安全性 S 的增大而增大，但 $I(S)$ 值是有限的，最大值取决于技术系统本身功能。当系统无任何安全性($S=0$)时，从理论上讲损失趋于无穷大，具体值取决于机会因素；当 S 趋于 100%时，损失趋于零，见图 3.12。

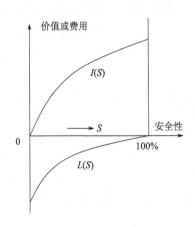

图 3.12　损失函数与增值函数

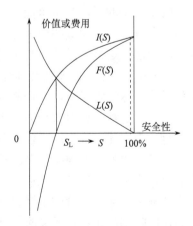

图 3.13　安全功能函数

无论是"本质增益"(安全创造正效益),还是"拾遗补阙"(安全减少负效益),都表明安全创造了价值。后一种可称为"负负得正"或"减负为正"。

以上两种基本功能,构成安全的总体经济功能,可用安全功能函数 $F(S)$ 来表达:

$$F(S) = I(S) + L(S) = I(S) - [-L(S)] \tag{3.3}$$

如图 3.13 所示,当安全性趋于零,即技术系统没有保障时,系统不但毫无利益可言,还将出现趋于无穷大的负利益(损失);当安全性到达 S_L 点,由于正负功能抵消,系统功能为零,因而 S_L 是安全性的基本下限;当 $S>S_L$ 后,系统出现正功能,并随 S 的增大,功能递增;当 S 值趋近 100%时,功能递增的速率逐渐降低,并最终局限于技术系统本身的功能水平。安全不能改变系统本身创值水平,但保障和维护了系统创值功能,从而体现了安全自身价值。

(2)安全效益规律初步分析。安全功能函数反映了安全系统输出状况。显然,提高或改变安全性需要投入(输入),即付出代价或成本。安全性要求越高,需要成本越大。从理论上讲,要达到 100%的安全,所需投入趋于无穷大。由此可推出安全的成本函数 $C(S)$:

$$C(S) = C \exp[c/(1-S)] + C_0 , \quad C>0, c>0, C_0<0 \tag{3.4}$$

安全成本曲线见图 3.14。从图中可看出:实现系统的初步安全所需成本是较小的,随 S 的提高,成本增大,递增率也越来越大;当 S 趋于 100%时,成本趋向无穷大;当 S 达到接近 100%的某一点 S_u 时,安全的功能与成本相抵消,系统毫无效益。S_L 和 S_u 是安全的经济盈亏点,它们决定了 S 的理论上下限。从图中可以看出:在 S_0 点附近,能取得最佳安全效益。由于 S 从 $S_0-\Delta S$ 增至 S_0 时,成本增值 C_1 明显小于功能增值 F_1,因而当 $S<S_0$ 时,提高 S 是值得的;当 S 从 S_0 增至 $S_0+\Delta S$ 时,成本 C_2 却数倍于功能增值 F_2,因而 $S>S_0$ 后,增加 S 就显得不合算了。

$F(S)$ 函数与 $C(S)$ 函数之差就是安全效益,用安全效益函数 $E(S)$ 来表达:

$$E(S) = F(S) - C(S) \tag{3.5}$$

$E(S)$ 曲线见图 3.15。在 S_0 点 $E(S)$ 取得最大值。

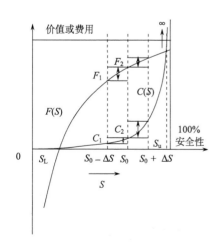

图 3.14　安全功能与成本函数

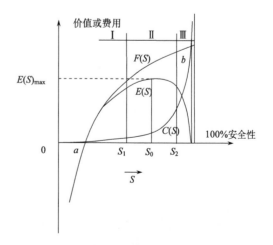

图 3.15　安全功能与效益函数

安全的发展必须以人类科学技术水平和经济能力为基础。但人类的这两种能力是有限的。因此进行各种安全活动时，就必须讲求其经济效益和效率，即需要研究安全经济效益规律。安全的目的首先是减少事故造成的人员伤亡、减少财产损失以及环境危害。为此，人们不仅关心哪一种方案或措施能获得最大安全，而且关心哪一种方案或措施的实现最省时、投入少，以求综合的最佳效益，实现系统的最佳安全经济性，为此需要研究如下安全经济效益的类型和规律。

①内部经济效益和外部经济效益。

②直接经济效益和间接经济效益。减少生产过程的无益消耗和事故损失、保障和维护生产或价值的形成，是安全的直接效益；对劳动者生理、心理能力的保护及其素质的提高，资源环境质量的保护、产品的可靠与安全声誉，以及对社会稳定的贡献等，是安全的间接效益。

③社会的经济效益和企业的经济效益。安全对社会的投入与产出的影响和作用，体现安全的社会经济效益，对企业生产与销售等经济作用和影响，则反映了安全的企业经济效益。

(3)安全利益规律初步分析。认识安全利益规律，是建立正确的安全经济意识和判断方法、指导安全决策的前提。安全利益规律主要是指在实施安全对策的过程中，所发生的人与人、人与社会、个人与企业、社会与企业间的安全经济利益的关系，以及不同条件下的安全经济利益规律。

安全经济利益从空间上分析，有如下层次关系：以国家或社会为代表的所有者利益，安全与否影响其财富与资金积累，甚至安定局势的好坏；以企业为代表的经营者利益，安全与否影响其生产资料能力的发挥，以及产品质量与经济效益的得失；以个人为代表的个体利益，安全与否影响其本人的生命、健康、智力与心理、家庭及收入的得失。安全经济利益从时间上分析，一般经历负担期(或称投资无利期)(Ⅰ)—微利期(Ⅱ)—持续强利期(Ⅲ)—利益萎缩期(Ⅳ)—无利期(失效期)(Ⅴ)的层次循环，如图3.16所示。

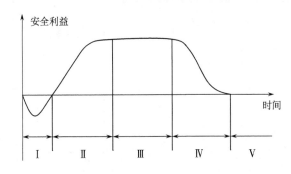

图 3.16　安全经济利益规律

3) 安全经济投入的优化原理

安全经济学的实用意义之一在于指导安全经济决策，确定最佳安全投入。下面将探讨安全投资合理性评价的基本原则和一种安全经济投入优化方法。

安全经济投入的优化准则有两种：一是安全经济消耗最低，二是安全经济效益最大。前者要求"最低消耗"，后者要求"最大效益"。

（1）安全经济投入最低消耗原理。安全涉及两种经济消耗：事故损失和安全成本，两者之和表明了人类的安全经济负担总量。用安全负担函数 $B(S)$ 表示：

$$B(S) = L(S) + C(S) \tag{3.6}$$

$B(S)$ 反映了安全经济总消耗，其规律见图 3.17。

安全经济最优化的一个目标是使 $B(S)$ 取最小值。由图 3.17 可看出，在 S_0 处有 $B_{\min}$，而 S_0 可由式（3.7）求得

$$dB(S) / dS = 0 \tag{3.7}$$

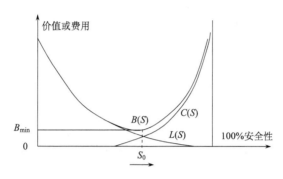

图 3.17　安全负担函数

（2）安全投资最大效益原理。安全效益函数 $E(S)$ 表达了安全效益的规律。由图 3.15 可看出，S 点处有 $E(S)_{\max}$，此时的 S_0 点可由式（3.8）求得

$$dE(S) / dS = 0 \tag{3.8}$$

由此可做如下分析。

①在 a，b 两点处，无安全效益，说明安全性无论较低或较高，系统总体效益均不高。

②根据最大效益原理，可将安全性取值划分为 3 个范围（图 3.15）：①$S<S_1$，投入小，但损失大，综合效益差，需要增加安全投入、改善安全技术，以提高效益；②S 在 $S_1 \sim S_2$，接近 S_0 点有较好的安全综合效益，是优选范围；③$S>S_2$，虽然损失小，但安全成本高，综合效益也较差，需要力求保持安全性，降低成本，以改善综合效益。

（3）安全经济投入的合理评价。基于价值工程原理，安全投资项目的合理性和有效性可用投资方案的功能-成本比或效益-成本比来评价。评价模型如下：

$$\mathrm{SIRD}_j = 安全效果 / 安全投入 = \sum P_i L_i R_i / C_j \tag{3.9}$$

式中，SIRD_j 为第 j 种方案安全投资合理度；P_i 为投资系统中第 i 种危险的发生概率；L_i 为投资系统中第 i 种危险的最大损失后果；R_i 为投资后对第 i 种危险的消除程度；C_j 为第 j 种方案的安全工程总投资；$P_i L_i R_i$ 表示安全投资后的总效果，其中 $P_i L_i$ 为系统危险度。

鉴于不同的投资方案具有不同的安全效果和投资量，从而具有不同的投资合理度。于是，依据 SIRD 值可选出最优方案，实现方案优选。

3.6.2　安全经济指标

安全经济系统是一个庞大、复杂的系统，统计的手段是掌握其规律的重要途径之一。通过对事故伤亡、事故损失、安全投入及消耗等数量状况的统计，可为研究和分析安全问

题、认识事故发生规律提供客观的信息，从而为安全活动的组织、管理、控制等进行科学的决策提供可行的保证和依据。

1. **安全经济指标体系建立原则**

指标是对事物质和量的规定。一套科学、完整的安全经济质量与数量指标构成的体系应能够把安全系统的状态、安全经济活动的效果、安全工作的优劣、安全与经济的协调状况等客观、准确地反映出来。因此，建立安全经济指标体系应遵循以下原则。

(1) 符合客观性和科学性原则。安全经济指标必须科学地反映安全经济现象的质和量。安全经济活动所具有的质和量的特征，指标体系都应准确地反映出来。

(2) 必须符合客观性和可操作性原则。安全经济指标的设定具有明确的实际应用性，故指标的定义必须考虑实际数据的可统计性和可测算性，指标应是安全经济实践活动中需要且有实际意义的质和量的规定。

(3) 不仅应反映安全经济系统的宏观特征，也能反映安全经济的微观特征，即宏观性与微观性相结合的原则。

(4) 必须反映安全经济效益的特征。安全经济指标体系必须包括经济核算、降低消耗、系统安全性能与成本比等综合性指标，从而反映出以最小的成本取得最大的安全与经济效益。

(5) 要体现同国民经济其他部门经济指标相容的原则。安全经济指标能与其他专业的经济指标相协调和综合比较。

(6) 安全经济指标体系结构应从安全经济活动规律的要求出发，性质应能反映安全活动的目标、任务和要求，在宏观和微观上都能把事故的后果和影响、安全活动的成本和效益反映出来。

(7) 安全经济指标应既适应于计划，也适应于统计。安全经济体系既包括计划指标体系，也包括统计指标体系。

2. **安全经济指标体系的结构**

1) 构成部分

从系统工程的观点和原理来看，安全经济系统运行模式如图 3.18 所示。

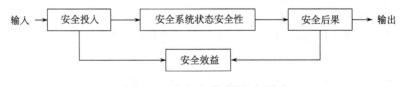

图 3.18 安全经济系统运行模式

由图 3.18 可知，描述安全经济的特性有三个环节：①安全投入；②安全后果；③安全效益。因而，安全经济指标体系由三部分组成：①安全投入指标；②安全后果指标；③安全效益指标。其中每一部分根据其范围特征又可分为宏观综合性指标和微观指标，称为安全经济指标的两个层次。

2) 绝对指标与相对指标

(1) 绝对指标包括两个方面，具体如图 3.19 所示。

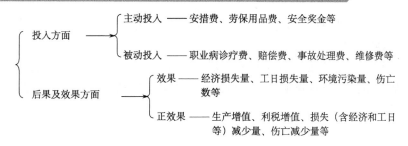

图 3.19　安全经济绝对指标

(2)相对指标是相对于某种背景状况来考察绝对指标的特征量。安全经济的相对指标主要以如下背景来考察问题，如产量、产值、利税、职工人数等。例如，安全效益常常用相对指标来反映。

3.7　隐患和事故征候报告

安全报告系统的作用如下：

(1)从事故征候分析中得到的信息可以加深对安全隐患的理解，帮助确定处理策略以及处理措施的执行效果；

(2)安全报告系统不应局限于报告事故征候，应该也对隐患事件进行报告。

事故征候自愿报告系统的作用如下：

(1)有助于收集事故征候强制性报告系统的信息；

(2)是无惩罚的；

(3)对信息源进行保护。

3.7.1　事件样例

事件样例仅用于明确事件报告标准，划分事件类型，分析掌握不同类型事件特点，及时发现安全隐患，控制风险，预防民用航空事故。

事件样例适用于中国民用航空局、中国民用航空地区管理局、中国民用航空安全监督管理局/安全监督办公室、在中华人民共和国境内注册的民用航空企事业单位及其从业人员的事件信息报告，也适用于在中华人民共和国境内实施运行的外国公共航空运输承运人及其从业人员的事件信息报告。报告事件信息时，应遵照事件样例，按《民用航空安全信息管理规定》要求的时限和程序上报。

1. 术语和定义

(1)事件。事件是指在航空器运行阶段或机场活动区内发生航空器损伤、人员伤亡或其他影响飞行安全的情况。按照事件等级划分，包括民用航空器事故、民用航空器事故征候以及民用航空器一般事件；按照事件紧急程度划分，包括紧急事件和非紧急事件。

(2)机场活动区。机场活动区是指机场内用于航空器起飞、着陆以及与此有关的地面活动区域，包括跑道、滑行道、机坪等。

(3)航空器损伤。航空器损伤是指航空器(包括其部件和子系统)由于人为操纵或外部因素所导致的系统安全性或物理完整性缺陷，如裂纹、断裂、变形、凹坑、刮痕、缺口、脱胶、分层、烧蚀等形式。

(4)航空器受损。航空器受损是指航空器损伤程度低于航空器放行标准。培训机构用于教学飞行且最大审定起飞重量低于 5700kg 的航空器受损修复费用超过同类或同类可比新航空器价值 10%（含）的情况。

(5)飞行机组成员。飞行机组成员是指飞行期间在航空器驾驶舱内执行任务的驾驶员和飞行机械员。

(6)人员受伤。人员受伤的判定以最高人民法院、最高人民检察院、公安部、司法部颁发的《人体损伤程度鉴定标准》为准。

2. 使用原则

(1)事件样例由紧急事件样例和非紧急事件样例组成。事件发生后，应先遵照紧急事件样例判断，再判断是否属于非紧急事件。

(2)对于紧急事件，事发相关单位应当填报《民用航空安全信息报告表》；对于非紧急事件，事发相关单位应当参照非紧急事件样例中的分类(航空器运行、航空器维修、地面保障、机场运行和空管保障)，确定本单位是否需要填报《民用航空安全信息报告表》。

(3)对于事件样例中涉及的警告类事件，事发相关单位均应当报告，如果事后判定为假警告，在续报时说明该情况。

(4)试飞、表演、训练和校验飞行中，属于科目要求的情况，不适用于事件样例。超出科目要求的应按事件样例上报。

(5)对于事件样例未包含的事件，如果涉及航空安全，参照非紧急事件报告。

3. 紧急事件样例

(1)航空器空中相撞、坠毁或迫降。

(2)飞行中，航空器失控、失速或出现失速警告 3s(含)以上。

(3)飞行中，剐碰障碍物(含升空物体)或起落架机轮(滑橇、尾环、浮筒)之外的任何部位触地/水。

(4)低于安全高度或触发地形警告(过大的下降率拉起警告、地形提示拉起警告)。

(5)冲/偏出跑道、滑行道或跑道外接地。

(6)在航空器起飞阶段或进近着陆阶段机场标高 60m(含)以下发生的跑道侵入。

(7)在关闭、未指定、占用的跑道(不含跑道侵入)或在滑行道上，起飞、中断起飞、着陆或仪表进近时从机场标高 300m 以下复飞，或目视进近时从机场标高 150m 以下复飞。

(8)低于运行标准起飞、开始最后进近或着陆。

(9)导致航空器飞行中操纵困难的系统故障、部件脱落、天气现象、飞行超出批准的飞行包线或其他情况。

(10)发动机火警、非包容性涡轮发动机失效，飞行中发动机停车或需要关停的情况。

(11)未取下操纵面夹板、起落架安全销、挂钩、空速管套、静压孔塞或尾撑杆起飞。

(12)飞行中，飞行机组成员因受伤、患病、疲劳、酒精或药物的影响而无法履行其职责。

(13)飞行机组成员需要紧急使用氧气的情况，例如：

①出现座舱高度达到客舱氧气面罩自动脱落的情况;

②出现按《飞行机组操作手册》要求,需要飞行机组成员使用氧气并紧急下降的情况;

③飞行中,出现烟雾或毒气等需要飞行机组成员使用氧气的紧急情况。

(14)需要机组成员宣布遇险状态(Mayday)、紧急状态(Panpan)或紧急撤离的情况。

(15)航空器(内)起火或冒烟(因刹车引起的轮毂冒烟和烤箱内食物冒烟除外)。

(16)飞行中,当航空器与航空器之间小于规定间隔或平行跑道同时仪表进近运行时航空器进入非侵入区(No Transgression Zone,NTZ)。

(17)飞错航路(线)或偏离指定的航路(线)、高度并导致其他航空器避让(如调速度、调高度、调航向、调航路)。

(18)迷航,误入禁区、危险区、限制区、炮射区或误入/出国境。

(19)飞行中,在区域范围内,陆空通信双向联系中断 15 min(含)以上,或在进近或塔台范围内,陆空通信双向联系中断 3 min(含)以上(通航使用机载设备以外的方式建立可靠语音通信联系的情况除外)。

(20)航空器与航空器碰撞,航空器与车辆、人员、设备、设施或其他物体碰撞,导致航空器受损。

(21)培训机构教学飞行中,航空器发电机全部失效。

(22)直升机发生地面共振,造成航空器受损或者人员受伤。

(23)因航空器需机场启动紧急出动级别的应急响应。

(24)航空器运行、维修或保障过程中,造成人员死亡、重伤或轻伤。

4. 非紧急事件样例

1)航空器运行

(1)低于安全高度或触发地形警告(地形提示警告、过早下降警告、障碍物警告)。

(2)未得到许可推出、起动、滑行、起飞或着陆。

(3)航空器不符合放行条件放行。

(4)航空器未按规定进行除/防冰。

(5)航空器中断起飞。

(6)行李、邮件、货物、压舱物等的重量、装载位置与舱单或平衡图不符(超过最后 1min 修正限值),航空器起飞。

(7)飞错航路(线),或偏离指定的航路(线)超过 15km 或偏离指定高度 60m 以上。

(8)ACAS(TCAS)RA[Airborne Collision Avoidance System(Traffic Alert and Collision Avoidance System)Resolve&Advice]告警。

(9)出现失速警告或自动保护。

(10)航空器俯仰角超过+25°或−10°、坡度超过 45°。

(11)区域范围内,陆空通信双向联系中断 5min(含)以上,或在进近或塔台范围内,陆空通信双向联系中断 1min(含)以上。

(12)飞行中,未完成预定的航空器构形。

(13)需要宣布最低燃油量状态,或超出燃油不平衡限制。

(14)目视飞行规则下失去目视参考或进入仪表气象条件。

(15)同场训练飞行时，后机超越前机。

(16)机组成员因受伤、患病、疲劳、酒精或药物的影响而无法履行其职责或食物中毒。

(17)超过《飞机飞行手册》(AFM)/《飞行机组操作手册》(FCOM)/《飞机维护手册》(AMM)限制数据(以上述手册中最高数值为准)，如过载(G 值)、重量、发动机排气温度、振动值、速度、客舱压差或轮速等。

(18)航空器系统失效或故障，需要改变高度、速度，造成中止进近、复飞、返航、备降、占用跑道，需要机场启动响应程序或需在最近合适机场着陆。

(19)飞行中遇颠簸导致航空器损伤或人员受伤。

(20)航空器遭遇风切变。

(21)航空器遭雷击、电击、冰击、雹击、其他外来物击伤，导致航空器损伤。

(22)飞行中，氧气面罩脱落或航空器增压异常需改变高度。

(23)返航、备降或机场标高 300m 以下的中止进近、复飞(低能见度、大风、乱流、雷雨等天气原因，机场宵禁和旅客自身原因除外)。

(24)航空器滑错滑行道对其他航空器运行造成影响，或需要使用推车重新回到正确滑行路线，或直升机在指定的起降坪(平台)外接地。

(25)航空器上发现鸟击(含蝙蝠)留下的血迹、羽毛、皮肤、肌肉或肢体等残留物且造成航空器损伤，或者机场围界内航空器起飞初始爬升阶段高度 100m 以内以及进近着陆阶段高度 60m 以内发生鸟击。

(26)航空器爆胎、脱层或扎破处遗留外来物。

(27)航空器部件脱落或丢失。

(28)航空器携带外来物飞行。

(29)由于冰、雪、霜、雨、沙尘或火山灰等在航空器表面或动力装置积累，给航空器操纵和性能造成不利影响。

(30)航空器、车辆、人员错误地出现或存在于机场内起飞或着陆保护区域的情况。

(31)外载(含吊装设备)与障碍物、航空器碰撞或导致人员受伤。

(32)航空器与设施设备、车辆、人员、动物或其他物体相碰撞，航空器与航空器、设施设备、车辆、人员、动物或其他物体存在碰撞可能，需采取紧急措施。

(33)航空器动力装置产生气流造成航空器损伤、地面设施设备损伤或人员受伤。

(34)客舱内设备、行李、其他物品滑出或其他原因(旅客自身原因除外)造成人员受伤。

(35)在滑行或飞行中，燃油、滑油或液压油渗漏(按手册未超标的情况除外)。

(36)载运的物品因泄漏等情况导致航空器损伤或人员受伤。

(37)滑梯包掉落、滑梯放出或应急出口非正常打开。

(38)遭遇无人机、风筝等升空物体导致航空器避让的情况。

(39)无线电干扰，影响航空器正常运行。

(40)发生航空器损伤或人员受伤的其他情况。

2)航空器维修

(1)未取下操纵面夹板、起落架安全销(含前轮转弯销)、挂钩、空速管套、静压孔塞或尾撑杆滑行。

(2)航空器不符合放行条件放行。

(3)航空器遭雷击、电击、冰击、雹击或外来物撞击，导致航空器损伤。

(4) 航空器携带外来物飞行。

(5)航空器部件脱落或丢失，航空器外载(含吊装设备)脱落或丢失。

(6)航空器上发现鸟击(含蝙蝠)留下的血迹、羽毛、皮肤、肌肉或肢体等残留物且造成航空器损伤。

(7)航空器爆胎、脱层或扎破处遗留外来物。

(8)航空器与设施设备、车辆、人员、动物或其他物体相碰撞，造成航空器损伤。

(9)航空器动力装置产生气流造成航空器损伤、地面设施设备损伤或人员受伤。

(10)加错燃油、滑油、液压油。

(11)航空器非正常位移。

(12)滑梯包掉落、滑梯非正常释放。

(13)发生的航空器损伤或人员受伤的其他情况。

3)地面保障

(1)未取下操纵面夹板、起落架安全销(含前轮转弯销)、挂钩、空速管套、静压孔塞或尾撑杆滑行。

(2)航空器与设施设备、车辆、人员、动物或其他物体相碰撞。

(3)航空器动力装置产生气流造成航空器、地面设施设备损伤或人员受伤。

(4)载运的活体动物逃逸，影响航空器或机场安全运行。

(5)行李、邮件、货物、压舱物等的重量、装载位置与舱单或平衡图不符(超过最后 1min 修正限值)，航空器起飞。

(6)载运的物品因泄漏等情况导致航空器损伤或人员受伤，或在机舱外起火或冒烟。

(7)加注被污染或错误型号的燃油，或加注燃油量错误对航空器安全运行造成影响。

(8)航空器在燃油加注过程中泄漏污染机坪面积超过 $5m^2$。

(9)因航空器需机场启动集结待命级别的应急响应。

(10)发生航空器损伤或人员受伤的其他情况。

4)机场运行

(1)跑道、滑行道或机坪道面破损，影响航空器安全运行。

(2)航空器、车辆或人员错误地出现或存在于机场内起飞或着陆保护区域情况。

(3)机场活动区内发现航空器掉落的零部件，或在滑行道/跑道发现影响航空器安全运行的外来物。

(4)航空器滑错滑行道需要使用推车重新回到正确滑行路线，或直升机在指定的起降坪(平台)外接地。

(5)机场供电、目视助航设施(助航灯光、标记牌、风斗、障碍灯等)全部/部分失效或运行不正常，影响航空器安全运行。

(6)在净空保护区内出现影响航空器安全运行的升空物体。

(7)机场通信、导航、气象或监视设施设备不能提供服务，影响航空器正常运行。

(8)人员错误出现在机场活动区，影响航空器安全运行。

(9)动物在机场活动区内出现，影响机场安全运行。

(10)航空器上发现鸟击(含蝙蝠)留下的血迹、羽毛、皮肤、肌肉或肢体等残留物且造成航空器损伤，或者机场围界内航空器起飞初始爬升阶段高度 100m 以内以及进近着陆阶段高度 60m 以内发生鸟击。

(11)航空器爆胎、脱层或扎破处遗留外来物。

(12)航空器遭外来物撞击，导致航空器损伤。

(13)载运的物品在机舱外起火或冒烟，或机场设施设备起火/冒烟，影响航空器安全运行。

(14)航空器与设施设备、车辆、人员或其他物体相碰撞。

(15)航空器动力装置产生气流造成航空器损伤、地面设施设备损伤或人员受伤。

(16)机场活动区保障设施设备故障或操作不当，影响航空器安全运行或导致人员受伤。

(17)因航空器需要机场启动集结待命级别的应急响应。

(18)发生航空器损伤或人员受伤的其他情况。

5)空管保障

(1)航空器中断起飞。

(2)未得到许可推出、起动、滑行、起飞或着陆。

(3)飞错航路(线)，偏离指定航路(线)超过 15km 或偏离指定高度 60m 以上。

(4)接到机组报告的 ACAS(TCAS)RA 告警。

(5)区域范围内，陆空通信双向联系中断 5min(含)以上，或在进近或塔台范围内，陆空通信双向联系中断 1min(含)以上。

(6)航路、航线或进近区域内低于安全高度。

(7)遭遇无人机、风筝等升空物体导致航空器避让的情况

(8)返航、备降或机场标高 300m 以下中止进近、复飞(低能见度、大风、乱流、雷雨等天气原因，机场宵禁和旅客自身原因除外)。

(9)航空器滑错滑行道对其他航空器运行造成影响，或需要使用推车重新回到正确滑行路线，或直升机在指定的起降坪(平台)外接地。

(10)航空器、车辆或人员错误地出现或存在于机场内起飞或着陆保护区域情况。

(11)航空器与设施设备、车辆、人员、动物或其他物体相碰撞，航空器与航空器、设施设备、车辆、人员、动物或其他物体存在碰撞可能，需采取紧急措施。

(12)通信、导航气象或监视设施设备不能提供服务，影响航空器正常运行。

(13)航空气象或航行情报不能提供服务，影响航空器正常运行。

(14)无线电干扰，影响航空器正常运行。

(15)宣布最低燃油量状态的情况。

(16)发生的航空器损伤或人员受伤的其他情况。

3.7.2　事故征候报告系统的类型

事故对于有人驾驶航空器而言，从任何人登上航空器准备飞行直至所有人员下了航空器的时间内，或对于无人驾驶航空器而言，从航空器为飞行目的准备移动直至飞行结束停止移动且主要推进系统停车的时间内所发生的与航空器运行有关的事件，在此事件中：

(1)由于下述情况，人员遭受致命伤或重伤：

①在航空器内；

②与航空器的任何部分包括已脱离航空器的部分直接接触；

③直接暴露于喷气尾喷，

但由于自然原因、由自己或由他人造成的受伤，或对由于藏在通常供旅客和机组使用区域外的偷乘飞机者造成的受伤除外。

(2)航空器受到损坏或结构故障，并且：

①对航空器的结构强度、性能或飞行特性造成不利影响。

②通常需要大修或更换有关受损部件。

但下述情况除外：仅限于单台发动机(包括其整流罩或附件)的发动机失效或损坏，或仅限于螺旋桨、翼尖、天线、传感器、导流片、轮胎、制动器、机轮、整流片、面板、起落架舱门、挡风玻璃、航空器蒙皮(如小凹坑或穿孔)的损坏，或对主旋翼叶片、尾桨叶片、起落架的轻微损坏，以及由冰雹或鸟撞击造成的轻微损坏(包括雷达天线罩上的洞)。

(3)航空器失踪或处于完全无法接近的地方。

事故征候不是事故，而是与航空器的操作使用有关，会影响或可能影响飞行安全的事件。

严重事故征候涉及可表明具有很高事故发生概率的事故征候，即对于有人驾驶航空器而言，从任何人登上航空器准备飞行直至所有人员下了航空器的时间内，或对于无人驾驶航空器而言，从航空器为飞行目的准备移动直至飞行结束停止移动且主要推进系统停车的时间内所发生的与航空器运行有关的事件。

事故与严重事故征候之间的区别仅在于结果。

调查事故或事故征候的唯一目的是防止事故或事故征候。这一活动的目的不是分摊过失或责任。

事故征候报告分为规定性事故征候报告系统和事故征候自愿报告系统。

(1)规定性事故征候报告系统。要求对某些类型的事件(如严重的事故征候，如跑道侵入)作出报告。这就需要实施详细的规章，确定应该报告的事故报告标准和范围。规定性事故征候报告系统往往收集更多的与后果严重的技术缺陷相关的信息，而不是业务活动其他方面的信息。

(2)事故征候自愿报告系统。允许在没有相关法律或行政要求报告的情况下，提交与所发现危险或意外产生的差错相关的信息。在这些系统中，监管机构或组织可对提交报告给予奖励。例如，可放弃对报告意外产生的差错或无意的违规行为的人采取执行行动。在这种情况下，所报告的信息只能用于落实安全。此种系统属于"非惩罚性"，因为这些系统为报告者提供了保护，从而确保能够继续获得此种信息来支持安全绩效的持续改进。虽然对服务提供者的非惩罚性政策的性质和程度可能会有所不同，但其意图是促进有效的报告文化和积极主动识别潜在的安全缺陷。

事故征候自愿报告系统可能需要保密，要求任何关于报告人的身份信息只有"看门人"知道，以便能够采取后续行动。机密事故征候报告系统便于揭露导致人为差错的危险，不必担心受到惩罚或难堪。采取必要后续行动后，即可将事故征候自愿报告归档或隐去识别信息。隐去识别信息的报告可以支持未来的趋势分析，以跟踪风险缓解的有效性和识别正在出现的危险。

3.7.3   有效的事故征候报告系统应该遵循的原则

对危险、事故征候或事故等相关信息的准确及时报告，是安全管理的基本活动。用于支持安全分析的数据可通过多种来源进行报告。由于发现危险是一线员工日常工作的一部分，其直接报告是最佳来源之一。一个对员工进行培训并不断鼓励他们报告差错和经验的工作场所，是有效的安全报告的前提条件。

与有效的安全报告普遍相关的有五个基本特征(图 3.20)。有效地对安全方面的危险进行报告，是安全管理的一个关键组成部分。一旦报告，安全方面的危险数据可与其他数据源一起分析，用于支持安全风险管理和安全保证的过程。

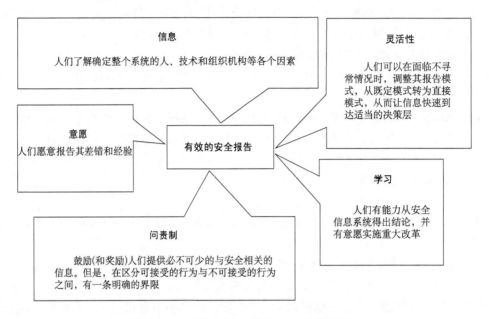

图 3.20   有效的安全报告相关的五个基本特征

用于支撑安全风险管理和安全保证过程的另一数据来源是事发报告。它的范围可以从后果最严重的事件(事故、严重事故征候)到后果不太严重的事件，如运行的事故征候、系统或设备的故障或缺陷等。

但是对后果最严重的事件(事故、严重事故征候)的强制性报告的监管要求是普遍的，成熟的安全管理环境也会提出对后果不太严重的事件的报告。这需要必要的监控机制处理所有可能有严重后果的结果。后果不太严重的事件的发生趋势(事发率)，不可避免的是后果严重的事件将要发生的前兆。

3.7.4   国际事故征候报告系统

国际民航组织事故和事故征候数据报告(Accident/Incident Data Reporting，ADREP)系统从各国收集数据，以便通过确认已知的安全问题或确定新出现的安全趋势进行相关分析，为事故预防提供建议，从而提升安全水平。

事件发生后，将信息传送给国际民航组织有如下 4 个不同阶段：

(1)通知；

(2)初步报告(事故和事故征候数据报告)；

(3)最后报告；

(4)数据报告(事故和事故征候数据报告)。

为了促进报告，现在各国可以使用国际民航组织的在线安全门户网站，以电子表格或与事故和事故征候数据报告兼容的格式(如欧洲事故和事故征候报告系统协调中心)提交通知与事故和事故征候数据报告。

国际民航组织提供给各国的安全信息的有效性取决于事件报告的详细和用心程度，在线填写事故和事故征候报告表格或与事故和事故征候数据报告兼容的事件记录格式(如欧洲事故及事故征候报告系统协调中心)时应遵循的一些基本原则如下。

(1)根据受伤程度、航空器损坏程度和其他可用信息对事件进行适当的分类，即事故、严重事故征候或一般事故征候。

(2)填写基本数据，如日期、时间、出事所在国和地点、机场、严重程度、飞机型号、运营人、运行种类和飞行阶段。

(3)在输入数值前选取适当的单位制，如用米、平均海平面或飞行高度层表示高度。

(4)如果事件涉及多架航空器，需要提供其他航空器的信息。在输入多架航空器事件类型时务必选定对应的航空器(1 或 2)，所有的事件必须按照时间顺序排列，并且应该注意，不得将至关重要的事件排除在外。

(5)选取匹配的事件类型。

(6)只有在调查之后确定没有发现相关信息，才能使用"未知"这一条目。

(7)使用"空白"条目表示调查正在进行中，目前还未发现可用信息。

3.7.5 国家事故征候自愿报告系统

1. 航空安全报告系统

美国运行一个称为航空安全报告系统(Aviation Safety Reporting System，ASRS)的大型航空事件报告系统。航空安全报告系统的运行独立于联邦航空管理局，由国家航空航天局(National Aeronautics and Space Administration，NASA)管理，提交到航空安全报告系统的报告会严格保密。

航空安全报告系统的数据用于：

(1)识别国家航空系统中的系统危险，供有关部门采取纠正措施；

(2)支持国家航空系统的政策制定和规划；

(3)支持航空调查研究，包括人的因素安全研究；

(4)提供信息促进事故预防。

2. 保密性人的因素事故征候报告方案

英国的保密性人的因素事故征候报告方案(Confidential Hazardous Incident Reporting Programme，CHIRP)通过向所有航空业员工提供保密的报告系统，增强英国的飞行安全。保密性人的因素事故征候报告方案显著的特点包括：

(1)独立于管理当局；

(2)有广泛的可利用性(包括飞行机组、空中交通管制员、持证航空器维修工程师、客舱乘务员和通用航空业界);

(3)报告者身份保密;

(4)由有经验的安全员进行分析;

(5)有广泛分发的安全信息通信,以通过共享安全信息来提高安全标准;

(6)保密性人的因素事故征候报告方案的代表加入一些航空安全机构,以帮助解决系统的安全问题。

3.7.6 事故征候报告系统的实施

1. 通知

通知用于对事故、严重事故征候信息进行即时传送。

出事所在国必须毫不拖延地用可供利用的最适当和最迅速的方式将事故或严重事故征候的通知发给:

(1)登记国;

(2)运营人所在国;

(3)设计国;

(4)制造国;

(5)国际民航组织,如果所涉及航空器的最大质量在2250kg以上或涡轮喷气式飞机。

然而,当出事所在国不知道发生了严重事故征候时,登记国或运营人所在国必须在适当情况下将这种事故征候的通知发给设计国、制造国和出事所在国。

通知必须用明语并尽可能包括现有的以下各项资料,但不得因资料不完备而延迟发出通知:

(1)事故的识别简写为ACCID,严重事故征候的识别简写为INCID;

(2)航空器制造商、型号、国籍和登记标志以及航空器序列号;

(3)航空器所有人、运营人和租用人(如有)的名称;

(4)机长资格、机组和旅客的国籍;

(5)事故或严重事故征候发生的日期和时间(当地时间或世界协调时);

(6)航空器最后的起飞地点和预定着陆地点;

(7)航空器相对于某些易于标明的地点的位置及经纬度;

(8)机组和旅客人数,机上死亡和重伤人数,其他死亡和重伤人数;

(9)事故或严重事故征候的描述和已知的航空器损坏情况;

(10)说明将要进行的或出事所在国建议委托进行的调查范围;

(11)事故或严重事故征候地区的物理特征以及对接近现场的困难或抵达现场的特殊要求的说明;

(12)发通知的单位和在任何时候与调查负责人及出事所在国事故调查部门联系的方式;

(13)航空器上有无危险品及对危险品的描述。

2. 初步报告

初步报告是用于及时传送在事件调查早期获得的数据的通知方式。它是载有提交通知时漏掉的或未获得的其他信息的临时报告。对事故征候并没有强制要求提交初步报告。

1) 2250kg 以上的航空器事故

如事故涉及的航空器的最大质量在 2250kg 以上，则进行调查的国家必须将初步报告送交：

(1) 根据情况，登记国或出事所在国；

(2) 运营人所在国；

(3) 设计国；

(4) 制造国；

(5) 提供有关资料、重要设备或专家的任何国家；

(6) 国际民航组织。

2) 2250kg 或以下的航空器事故

如事故涉及的航空器的最大质量在 2250kg 或以下而又涉及其适航性或其他国家所关心的问题，进行调查的国家必须将初步报告送交：

(1) 根据情况，登记国或出事所在国；

(2) 运营人所在国；

(3) 设计国；

(4) 制造国；

(5) 提供有关资料、重要设备或专家的任何国家。

初步报告必须在事故之日起 30 天内以传真、电子邮件或航空邮件的方式送出，除非在此以前已将事故和事故征候数据报告送出。如涉及直接影响安全的事项，则一有资料就必须立即以现有的最恰当和最迅速的方式送出。

3. 最后报告

为了预防事故，进行事故或事故征候调查的国家必须尽快并在可能时于 12 个月之内将最后报告公开发布。

如果不能在 12 个月之内公开发布最后报告，进行调查的国家必须在每年的出事周年日公开发布一份临时声明，详述调查进展情况及所提出的任何安全问题。

对最大质量在 5700kg 以上的航空器事故或事故征候进行调查的国家，如果已经发布最后报告，则必须向国际民航组织送交一份最后报告的副本。

4. 数据报告

在完成调查且最后报告得到通过之后，必须编制一份事故和事故征候数据报告。如果重新开展调查，那么先前提交的信息应做适当的修订。数据报告的目的是以标准格式提供准确、完整的信息。资料报告可以在国际民航组织网站上 (http://www.icao.int/Safety/reporting) 完成。

如事故涉及的航空器的最大质量在 2250kg 以上，则进行调查的国家必须在调查完成之后尽早将事故数据报告送交国际民航组织。

3.8 安全调查

调查是为预防事故所进行的某一个过程，包括收集和分析资料、得出结论，其中包括确定原因及在适宜时提出安全建议。有效的安全管理体系是建立在安全问题调查和分析的基础上的。事故、危险或事故征候的安全价值大致与调查工作的质量成正比。安全调查分为国家安全调查和内部安全调查。

1. 国家安全调查

国家安全调查主要针对事故和严重事故征候。

事故为隐患严重性提供了有说服力的和无可争议的证据。事故调查的重点是有效的风险控制。

严重事故征候用于未构成事故的事故征候。严重事故征候调查的优点是可以获得与不涉及生命、航空器或财产损失的事故的调查同等的隐患信息。

2. 内部安全调查

在每一个事故或严重事故征候的背后可能有数百次小事件，这些小事件都可能演变成事故。要对所有报告的隐患和事故征候进行评审，并确定需要进行调查的对象及调查的深度。对于内部安全调查，按照被调查事件的性质，调查小组可能需要专家援助，例如：

(1)飞行中骚乱、客舱中冒烟或有烟雾、厨房着火等情况的客舱安全专家；

(2)失去间隔、有相撞危险、拥挤频率等情况的空中交通服务方面的专家；

(3)材料或系统失效、冒烟或起火等事故征候方面的维修工程师；

(4)能够对涉及外来物损伤、雪和冰的控制、机场维护、车辆运行等事故征候提出机场管理建议的专家。

安全调查的内容应依赖于不安全事件或隐患的现实的或潜在的后果。与低潜在风险的报告相比，应深入调查预示着高潜在风险的隐患或事故征候报告。

安全调查的深度要求是能够清晰地识别并确认潜在的隐患。在安全调查过程中，调查员应该采用系统的方法进行调查。安全调查应该关注最具有影响力的要素，但是与调查有关要素和无关要素之间界限非常模糊。

3.8.1 信息源

与安全调查相关的信息可以通过各种信息源获得，其中包括：

(1)检查。对在安全事件中使用的设备进行的检查。这包括检查使用的一线设备及其部件，或工作站和保障人员(如空中交通管制员、维修和服务人员)使用的设备。

(2)文件。涉及运行各方面情况的文件，例如：

①维修记录和日志；

②人员记录/工作日志；

③证书和执照；

④内部员工和培训记录及工作日程安排；

⑤经营人手册和标准操作程序；

⑥培训手册和课程大纲；

⑦制造商的数据和手册；

⑧管理当局的记录；

⑨天气预报、记录和简令材料；

⑩飞行计划文件。

(3)记录(飞行记录器、空中交通管制雷达和录音带等)。这些记录可为确定事件发生的过程提供有用的信息。除了传统的飞行数据记录，新一代航空器中的维修记录器是另一个潜在的信息源。

(4)访谈。对直接或间接涉及安全事件中的个人进行的访谈。此种访谈可以为任何调查提供一个主要信息源。在没有适当数据的情况下，访谈可能是唯一的信息源。

(5)观察。对运行人员和维修人员在其工作环境中的行动进行的直接观察。这可以获得潜在不安全状况的信息。然而，被观察的人员必须知道观察的目的。

(6)模拟。模拟可以重现事件的发生过程，更好地了解事件发生的过程以及员工对事件的反应方式。计算机模拟可以通过运用机载记录器中的数据、空中交通管制雷达、录音带记录和其他实际证据重现事件发生过程。

(7)专家的建议。调查员不可能是与运行环境相关的各个领域的专家。重要的是，他们要认识到他们的局限性。必要时，在调查中，他们必须愿意咨询其他专业人员。

(8)安全数据库。有用的辅助信息可能来自事故和事故征候数据库、内部危险和事故征候报告系统、保密的报告方案、航线运行监控系统(如飞行数据分析、航线运行安全审计和常规运行安全调查)、制造商的数据库等。

3.8.2　访谈

通过访谈得到的信息有助于明确不安全活动和状况的来龙去脉，可以用于确认、澄清或补充从其他信息源得到的信息。

访谈经常是回答重要问题"为什么发生？"的唯一方法，解决了这个问题有助于提出适当而有效的安全建议。

如果就同一个事件访谈大量员工，被采访者的看法都是一致的，这可能就要怀疑所得信息是否有效。

访谈是一个动态的过程。为了得到最好的结果，访谈者可能采取如下的过程：

(1)对访谈进行精心的准备和计划；

(2)按照合乎逻辑、精心设计的程序进行访谈；

(3)结合其他已知信息对收集的信息进行评价。

3.8.3　调查方法

有效的安全管理需要采用综合安全调查方法，见图 3.21。

按照处理安全调查问题的系统方法，综合安全调查方法应该考虑导致不安全行为或形成不安全状况的所有方面。

综合安全调查方法(Integrated Safety Investigation Methodology，ISIM)描述了安全调查综合过程的逻辑流程。这一模型可以在从初始隐患或事故征候通报和评估到安全信息交流的整个过程为安全调查员提供指导。

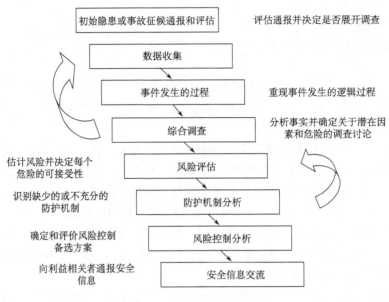

图 3.21　综合安全调查方法

3.8.4　安全建议

安全建议的提出应该考虑以下方面。

(1)实施机构。谁能最好地采取必要的纠正措施？谁有必要的权力和资源进行干预？理论上，问题应该在最低权力水平上被发现。然而，如果同样的不安全状况存在于许多组织中，则应批准将安全建议延伸到各个组织中。国家和国际当局或跨国制造商可能最有能力采取必要的安全行动。

(2)建议什么与如何建议。安全建议应详细说明应该做什么，而不是如何去做。重点是沟通要求采取控制措施的风险特征。应该避免安全措施十分详细地说明如何解决问题。根据风险已降低的程度而不是严格按照建议所说的来衡量任何建议的效能。

(3)概述与详细说明。既然安全建议的目的是使其他人相信系统某些环节甚至整个系统处于风险之中，那么应采用详细而准确的语言来描述已识别风险的范围和结果。另外，既然建议应该详细地说明将要做什么，那么措辞应尽量简单。

(4)接受者的观点。在推荐安全措施时，接受者应该考虑：

①将安全建议传达给最适合采取措施的管理当局(即有权限和权力进行必要变更的管理当局)。

②没有出乎意料的事情(即事前已经讨论了被评价风险的特征)。

③安全建议阐明应该做什么，而采取措施的管理当局决定如何最好地实现目标。

正式的安全建议应以书面形式提交。这可确保建议不会被误解，并为评价执行的效果提供必要的基准。然而，安全建议只有付诸实施时，才是有效的。

3.9　安全分析与安全研究

分析是运用特定的方法、工具或技术组织整理论据的过程。它主要用于：

(1)帮助确定需要的事实证据；

(2)确定原因和致因要素；

(3)帮助得出有效的结论等。

安全分析是建立在事实信息(这些信息可能来源于许多信息源)的基础上的，选择和应用合适的分析方法与工具对有关数据进行收集、分类和存储。安全分析经常是迭代的，要求进行多次循环。安全分析可能是定性的，也可能是定量的。如果没有足够的数据，可能只好依靠更多定性的分析方法。

3.9.1　分析方法和工具

安全分析方法和工具主要如下。

(1)统计分析。在安全分析中采用的许多分析方法和工具都是基于统计程序与概念的，统计学帮助定量分析和利用数字对风险进行更深入的分析，这为合理的安全观点的产生提供了依据。

(2)趋势分析。利用安全数据进行的安全趋势监控可以预报将来发生的事件。显现出来的趋势预示着孕育中的隐患。可以采用统计的方法来评估所预测的趋势的重要性。通过与当前安全水平进行比较可以确定可接受安全水平的上限和下限。当安全水平超出可接受的限制时，趋势分析可以起到报警的作用。

(3)标准化比较。缺乏可靠的标准数据常常会影响安全分析的效用。在这种情况下，有必要利用类似运行情况中的实际工作经验。飞行数据分析、航线运行安全审计和常规运行安全调查方案可为航空运行分析提供有用的标准数据。

(4)模拟和试验。在一些情况下，通过测试，潜在的安全隐患可能会变得非常明显。对于可疑的操作程序，可能需要在实际操作情况下或模拟机上进行现场模拟。

(5)专家小组。如果安全隐患的特征不同，且在评价特定的不安全状况时存在不同的看法，则应征求包括同事和专家在内的其他人的意见。

(6)成本效益分析。推荐的风险控制措施的可接受性依赖于可靠的成本效益分析。实施推荐的措施的成本取决于长期的预期收益。甚至，成本效益分析的结果可能是：接受风险与实施纠正措施所耗费的时间、努力和成本相比更为可取。

3.9.2　安全研究

安全研究主要包括选择研究问题和信息收集两个方面。

1)选择研究问题

值得列入重要安全问题清单的典型问题列述如下：

(1)近地报警系统(Ground Proximity Warning System，GPWS)警报的频率；

(2)交通警戒与避撞系统咨询的频率；

(3)跑道侵入；

(4)高度偏差(错误);

(5)呼号混乱;

(6)不稳定进近着陆;

(7)某些机场的空中接近(危险接近)。

2)信息收集

下述方法可用于支持安全研究的信息收集。

(1)评审所发生不安全事件记录。通过评审所有存档材料,可以发现适于进行进一步分析的特殊要素。

(2)有组织的访谈。有组织的访谈的成功依赖于分析人员将这些零散的信息归纳成有用数据的能力。

(3)直接的现场调查。对相对不重要的不安全事件进行直接的现场调查可以获得充足的额外信息,从而可以进行更深入的研究。尽管这类调查如果只是考虑个体不安全事件时很少能收集到大量导致不安全事件发生的影响因素,但是将这些信息综合起来时可以发现危及安全操作的行为。

(4)文献调查。在进行安全研究前,最好对需要调查的问题进行文献调查。谨慎地使用互联网可以获得大量的信息。

(5)专家的意见。应与公认的学科专家进行直接的联系。

(6)公众调查。对于重大的安全问题必须从多个方面进行考虑,国家管理当局可进行一些形式的公众调查。

(7)听取意见。通常采用监听的方法,这样可以坦白地阐明各方立场。

3.9.3　基于贝叶斯网络模型的飞机偏出跑道风险分析

贝叶斯网络是一种有效的不确定性知识表达和推理工具,它以坚实的理论基础、自然的表达方式、灵活的推理能力和方便的决策机制,成为风险评估、故障诊断及逻辑推理等研究领域中最常用的分析方法。

考虑到风险因素对于飞机偏出跑道事件的不确定性逻辑关系,建立基于贝叶斯网络的飞机偏出跑道风险分析模型,对飞机偏出跑道事件的15个风险因素进行风险概率评估,从而辨识出造成飞机偏出跑道事件的关键风险源。

贝叶斯网络(Bayesian Network, BN)是一个有向无环网络图,一个具有 n 个节点的贝叶斯网络可用 $N = \langle \langle V, E \rangle, P \rangle$ 来表示,其中包括两部分。

(1)$\langle V, E \rangle$ 共同表示一个具有 N 个节点的有向无环图 G。其中,有向图 G 中的节点集合 $V = \{v_1, v_2, \cdots, v_n\}$ 表示随机变量,节点之间的有向边集合 E 则表示变量之间的因果关系。对于有向边 $(v_i, v_j), v_i, v_j \in V$,$v_i$ 称为 v_j 的父节点,v_j 称为 v_i 的子节点。任一节点 v_i 的父节点集合用 pa(v_i) 表示。

(2)集合 P 表示与每个节点相关的条件概率分布。由贝叶斯网络的条件独立性假设可知,条件概率分布可以用 $P\left[v_i | \text{pa}(v_i)\right]$ 来描述,它表达了节点与其父节点的概率关系。如果给定父节点先验概率分布和中间节点的条件概率分布,根据全概率公式可以得到包含所有节点的联合概率分布。

　　在贝叶斯网络中，节点集合中的节点用于表示某个风险事件，节点之间的有向边则表示风险事件之间的因果关系，而概率集合可以表示各风险事件之间的传播概率。由于贝叶斯网络具有强大的不确定推理功能，因此广泛应用于风险分析问题中。

　　不确定性推理主要是通过计算网络中单个变量的边缘概率、变量间的联合概率、节点的条件概率以及后验概率实现的。因此，首先介绍一些与概率计算相关的基本概念。

　　(1)条件概率。把事件 B 已经发生条件下，事件 A 发生的概率记为 $P(A|B)$，并称为事件 B 发生条件下事件 A 发生的条件概率，而称 $P(A)$ 为无条件概率。

　　(2)先验概率。先验概率是指根据历史的资料或主观判断所确定的各事件发生的概率，该类概率没能经过实验证实，属于检验前的概率。先验概率一般分为主观先验概率和客观先验概率。

　　(3)后验概率。后验概率一般是指利用贝叶斯公式，结合调查等方式获取新的附加信息，对先验概率进行修正后得到的更符合实际的概率。

　　(4)联合概率。联合概率也称乘法公式，是指两个任意事件的乘积的概率，或称为交事件的概率。例如，$P(AB)$ 称为事件 A 和 B 的联合概率。

　　(5)全概率公式。设 $B_1,B_2,\cdots,B_n$ 是两两互斥的事件，且满足 $P(B_i)>0$ 和 $B_1\cup B_2\cup\cdots\cup B_n=\Omega$。若另有一事件 A 满足 $A=A\cap B_1+A\cap B_2+\cdots+A\cap B_n$，则

$$P(A)=\sum_{i}^{n}P(B_i)P(A|B_i)$$

式中，Ω 称为完全事件，即 $P(\Omega)=1$；$B_1,B_2,\cdots,B_n$ 则称为完备事件组。

　　(6)贝叶斯公式。贝叶斯公式也称为后验概率公式。设某事件的先验概率为 $P(B_i),i=1,2,\cdots,n$，调查所获得的条件概率为 $P(A_j|B_i),j=1,2,\cdots,m$。根据贝叶斯公式，事件 B_i 的后验概率为

$$P(B_i|A_j)=\frac{P(B_i)P(A_j|B_i)}{\sum_{i=1}^{n}P(B_i)P(A_j|B_i)}$$

　　若贝叶斯网络的拓扑结构较简单、计算复杂度较低，可以采用直接推理算法计算网络中任意节点的联合概率、边缘概率及后验概率。

　　(1)节点集合 V 中节点 $(v_1,v_2,\cdots,v_n)$ 之间的联合概率计算公式如下：

$$P(v_1,v_2,\cdots,v_n)=\prod_{i=1}^{n}P\left[v_i|\mathrm{pa}(v_i)\right]$$

式中，$P\left[v_i|\mathrm{pa}(v_i)\right]$ 是节点 v_i 在父节点集合 $\mathrm{pa}(v_i)$ 下的条件概率。

　　(2)对于任意节点 $v_i,i=1,2,\cdots,n$ 的边缘概率 $P(v_i)$ 计算公式如下：

$$P(v_i)=\sum_{v_1,\cdots,v_{i-1},v_{i+1},\cdots,v_n}P(v_1,v_2,\cdots,v_n)$$

　　(3)对于某一对父节点 v_i 和子节点 v_j，父节点 v_i 在子节点 v_j 发生条件下的后验概率计算公式如下：

$$P(v_i|v_j) = \frac{P(v_j|v_i)P(v_i)}{\sum_i P(v_j|v_i)P(v_i)}$$

式中，$P(v_i)$ 为父节点的边缘概率；$P(v_j|v_i)$ 为父节点与子节点之间的条件概率。

根据贝叶斯网络模型建立的主要步骤，首先对网络中的节点变量进行划分和定义。本节将贝叶斯网络中的节点划分为三个层级，即顶层事件，飞机偏出跑道（Z）；中间层事件，飞行员失误（X_1）、机械故障（X_2）、环境影响（X_3）、管理（X_4）；底层事件，非精密进近（Y_1）、飞行程序不合理（Y_2）、反推或减速板故障（Y_3）、无跑道中线灯（Y_4）、积冰积雪（Y_5）、前轮转弯卡阻（Y_6）、低于标准进近（Y_7）、大侧风和风切变（Y_8）、道面积水（Y_9）、隧道效应（Y_{10}）、夜航或不利灯光（Y_{11}）、违反标准操作程序（Y_{12}）、复杂气象条件（Y_{13}）、机组资源管理失效（Y_{14}）和驾驶技术欠缺（Y_{15}）。

然后，需要建立贝叶斯网络的拓扑结构，即节点之间的连接方式。基于图 3.22 的飞机偏出跑道事件因果关系图可以得知，上层事件是由下一层事件推断得到的，这说明上层事件与下一层事件之间的关系属于贝叶斯网络连接方式中的汇连关系。因此，可以得到贝叶斯网络拓扑结构如图 3.23 所示。

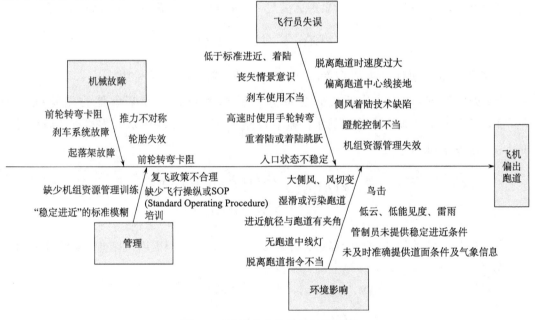

图 3.22　飞机偏出跑道事件因果图

接着，需要确定根节点的边缘概率及节点之间的条件概率，用于贝叶斯网络的概率推理计算。本书基于中国民用航空安全信息网（http://safety.caac.gov.cn）公开的中国民用航空在 1996～2010 年共发生的 63 起飞机着陆阶段偏出跑道事件作为训练样本，对所建立的贝叶斯网络进行参数学习。贝叶斯网络常用的参数学习方法包括期望最大化（Expectation Maximization，EM）算法、马尔可夫链蒙特卡罗（Markov Chain Monte Carlo，MCMC）算法等。由于上述贝叶斯网络模型不涉及隐含变量，因此可以采用期望最大化算法对网络进行参数学习，详细计算过程通过贝叶斯网络专用软件 GeNIe 实现。

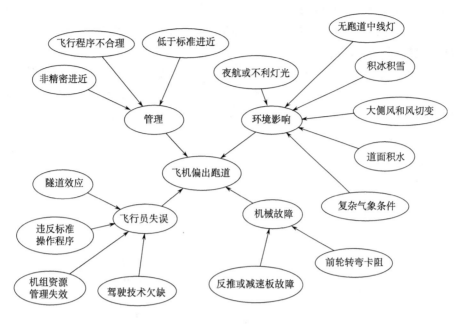

图 3.23 飞机偏出跑道风险分析模型的贝叶斯网络结构

根据已建立的贝叶斯网络模型可以对飞机偏出跑道事件进行风险分析。首先，通过计算各底层事件的后验概率对各风险因素进行重要度排序，为后续的防范分析工作提供参数依据。软件中设置顶层事件 T 的发生概率为 1，即飞机偏出跑道事件发生，通过 GeNIe 软件中的概率推理功能可以方便计算得到各底层事件的后验概率如图 3.24 所示。

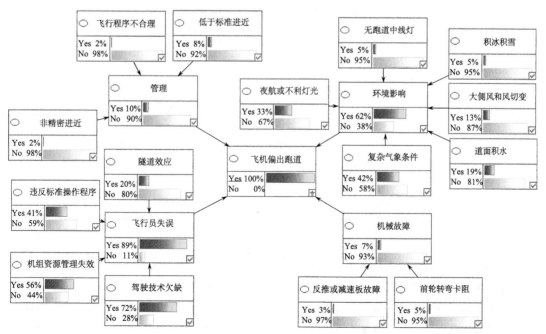

图 3.24 贝叶斯网络的后验概率计算结果

从图中可知，驾驶技术欠缺（Y_{15}）、机组资源管理失效（Y_{14}）、复杂气象条件（Y_{13}）和违反标准操作程序（Y_{12}）这些风险因素的后验概率均远大于其他风险因素。当对飞机偏出跑道事件进行原因调查时，应该着重对该4个风险因素进行分析，以便于提高工作效率，从而快速、准确地找到关键风险源。

但是，仅通过后验概率辨识风险因素的重要度是不够的。对于航空安全问题，事故发生通常是由多个风险因素共同作用产生的，风险因素之间的耦合程度越大，就越容易促成事故的发生。图3.25为以隧道效应和复杂气象条件为例，两个风险因素共同发生时飞机偏出跑道事件的风险概率。但在风险分析过程中却会忽略多个风险因素的共因作用。

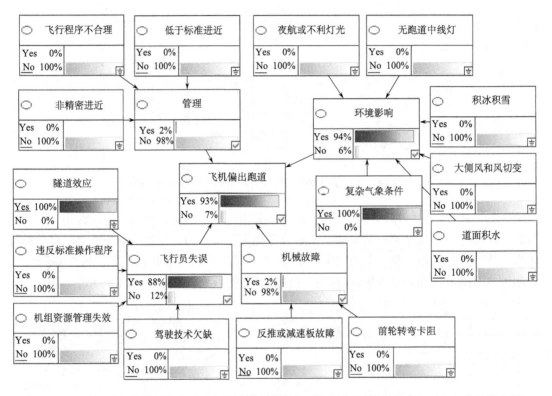

图3.25　两个风险因素共同发生时飞机偏出跑道事件的风险概率（以隧道效应和复杂气象条件为例）

对此，计算当两个风险因素发生而其他风险因素不发生时，飞机偏出跑道事件发生的风险概率，以表征两个风险因素的共因作用，结果见表3.5。

表3.5　任意两个风险因素共同发生时飞机偏出跑道事件的风险概率

	…	道面积水	隧道效应	夜航或不利灯光	违反标准操作程序	复杂气象条件	机组资源管理失效	驾驶技术欠缺
非精密进近	…	0.6	0.82	0.59	0.75	0.6	0.82	0.83
飞行程序不合理	…	0.6	0.82	0.59	0.75	0.6	0.82	0.83
反推或减速板故障	…	0.57	0.81	0.58	0.74	0.57	0.81	0.82
无跑道中线灯	…	0.68	0.9	0.69	0.84	0.68	0.9	0.92

续表

	...	道面积水	隧道效应	夜航或不利灯光	违反标准操作程序	复杂气象条件	机组资源管理失效	驾驶技术欠缺
积冰积雪	...	0.68	0.91	0.68	0.85	0.68	0.91	0.92
前轮转弯卡阻	...	0.57	0.8	0.57	0.73	0.57	0.8	0.81
低于标准进近	...	0.57	0.8	0.57	0.73	0.57	0.8	0.81
大侧风和风切变	...	0.68	0.91	0.7	0.85	0.7	0.91	0.92
道面积水	...	—	0.92	0.69	0.86	0.7	0.92	0.93
隧道效应	...	0.92	—	0.89	0.76	0.93	0.82	0.82
夜航或不利灯光	...	0.69	0.89	—	0.82	0.7	0.89	0.9
违反标准操作程序	...	0.86	0.76	0.82	—	0.86	0.87	0.89
复杂气象条件	...	0.7	0.93	0.7	0.86	—	0.93	0.94
机组资源管理失效	...	0.92	0.82	0.89	0.87	0.93		0.9
驾驶技术欠缺	...	0.93	0.82	0.9	0.89	0.94	0.9	—

在 GeNIe 软件中设置两个不同的风险因素发生的概率为 1，即 $P(Y_i=1)$，$P(Y_j=1)$，$i \neq j$。其他风险因素发生概率为 0，即 $P(Y_k=1)$，$k \in V$，$k \neq i$，$k \neq j$。通过概率计算得到顶层事件 T 的发生概率。

如图 3.25 所示，假设隧道效应（Y_{10}）和复杂气象条件（Y_{12}）两个风险因素的发生概率为 1，其他 13 个风险因素的发生概率为 0，经计算得到飞机偏出跑道事件的风险概率为 0.93。同理，可以计算得到任意两个风险因素发生时的偏出跑道事件风险概率。

由表 3.5 可知，道面积水（Y_9）和隧道效应（Y_{10}）、道面积水（Y_9）和驾驶技术欠缺（Y_{15}）、隧道效应（Y_{10}）和复杂气象条件（Y_{13}）、复杂气象条件（Y_{13}）和机组资源管理失效（Y_{14}）、复杂气象条件（Y_{13}）和驾驶技术欠缺（Y_{15}）这些风险因素共同发生时，飞机偏出跑道事件发生的概率非常高。其中，道面积水和隧道效应这两个风险因素，在上述后验概率计算中均不是辨识出的重要风险因素，但这两个风险因素共同作用时飞机偏出跑道事件发生的风险概率为 0.92。这说明了道面积水和隧道效应之间的耦合程度比较大，容易促成飞机偏出跑道事件的发生，在后续的风险防范工作中应该重点对这些耦合程度大的风险因素进行预防和管控，以有效地抑制飞机偏出跑道事件的发生。

3.10　安全绩效监控

尽管组织安全过程的利益相关者希望得到反馈信息，但是他们对于"什么是安全"这种问题的个人观点差异很大。确定反映可接受的安全绩效的可靠指标在很大程度上取决于个人如何看待"安全"，例如：

(1)高层管理者可能谋求达到"零事故"这个不现实的目标。不幸的是，只要航空存在风险，就会有事故发生，即使事故率可能很低。

(2)管理要求通常确定最低的"安全"运行参数，如云底与飞行能见度限制。在这些参数范围内运行有利于"安全",然而并不保证安全。

(3)统计的方法常用来指示安全水平,例如,每十万个小时的事故数或每千个飞行航段的致命事故数。但是这样的定量指标本身并无意义,只是在评估安全水平随着时间的推移是升高还是降低时是有用的。

3.10.1　安全健康

安全健康状况表明一个组织对非预期情况或个人行为的抵抗能力。它反映组织为预防未知情况而设置的系统措施。更进一步说,它是组织适应未知情况能力的体现。实际上,它反映组织的安全文化。

一个组织的安全水平不可能是一成不变的。当组织增加了抵御安全危险的防护机制时,可以认为它的安全健康状况正在得到改善。

图3.26描绘了一个组织的安全健康状况在其生命周期中不断变化的概念。

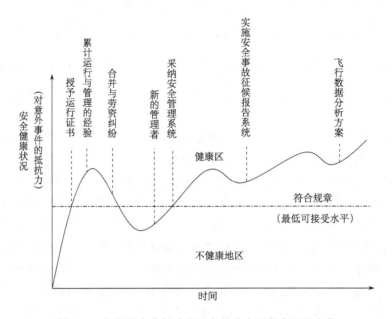

图3.26　组织的安全健康状况在其生命周期中不断变化

安全健康的评估指标主要包括以下三个方面。

(1)低水平安全健康迹象。安全健康状况差可以通过各种给组织要素带来风险的征兆体现出来。

(2)改善安全健康的指标。改善安全健康的指标反映了行业的"最佳做法"和良好的安全文化。有最好安全记录的组织往往通过实施增强对意外情况的抵抗力的措施来"保持或改善其安全健康状态"。它们始终不只停留在达到最低的管理要求上。

(3)统计学上的安全绩效指标。统计学上的安全绩效指标说明以往的安全业绩。统计学上的安全绩效指标可着眼于运行的具体方面,以监控安全成果或着眼于令人关注的危险识别。

由于事故(和严重事故征候)在航空中是相对偶然而极其少见的,因此完全根据统计学上的安全绩效指标评定安全健康状况可能不会提供有效的安全绩效预测值，尤其在缺乏可靠的危险数据的情况下。

3.10.2　安全监督

有效的安全管理体系三大基础之一是正规的安全监督系统。尽管安全监控是由营运人和服务提供方实施的，但是安全监督是国家作为规章主管部门的一项职能。安全监督的监控职能随着正规程度有许多表现形式，如国际层面、国家层面、组织层面等。

1. 国际层面

在国际层面上，国际民航组织的安全监督审查方案(Universal Safety Oversight Audit Program，USOAP)监控所有缔约国的安全绩效。

2. 国家层面

(1) 采取事先不通知的检查方式对国家航空系统各方面的实际绩效进行抽查；

(2) 根据被检查组织明白无误的协议对其进行正式的(预定的)检查；

(3) 通过强制执行行动(制裁或罚款)阻止违规行为发生；

(4) 监控与所有执照和证书申请相关的工作质量；

(5) 跟踪行业各个部门的安全绩效；

(6) 对需要给予额外安全警惕的情况(如严重的劳资纠纷、航空公司破产和活动量的急速扩大或缩小)做出响应；

(7) 对航空公司或服务提供者(如空中交通管制部门、批准的维修组织、培训中心和机场当局)进行正规的安全监督审计。

3. 组织层面

组织的规模和复杂性将决定建立与保持有效安全绩效监控方案的最好方法。实施充分安全监督的组织应采用下列部分或全部方法：

(1) 一线主管通过监控日常的活动保持警惕(从安全的角度)；

(2) 定期对所有安全关键区的日常活动进行检查(正式的或非正式的)；

(3) 通过安全调查收集员工对安全的看法(从一般和特定的角度出发)；

(4) 系统地审查有关查明的安全问题的所有报告并采取后续行动；

(5) 系统收集能反映日常实际情况的数据(利用飞行数据分析方案、航线运行安全审计方案和常规运行安全调查方案等)；

(6) 进行安全绩效宏观分析(安全研究)；

(7) 实施一项定期的运行审计方案(包括内部和外部安全审计)；

(8) 向所有有关人员传达安全成效。

3.10.3　国际民航组织的安全监督审查方案

国际民航组织意识到各国有必要对其航空业实施有效的安全监督，该计划的主要目标是：

(1) 确定各国执行国际民航组织标准中的符合程度；

(2) 观察并评估各国遵守国际民航组织有关程序、指导材料和安全相关措施的建议的情况；

(3)确定各国通过建立适当法律、规章、安全机构和检查机制以及审计能力，实施安全监督系统有效性；

(4)向缔约国提供建议以提高其安全监督能力。

3.10.4 由管理当局进行安全审计

由管理当局进行安全审计的关键问题如下。

(1)监察与遵守。管理当局需要确保在颁发执照或许可前，所要求的国际、国家或地区标准都得到遵守，并且在执照或许可的有效期内保持如此。然后要求正在接受审计的组织提供可以证明管理要求能够和将会得到遵守的文件。

(2)存在风险的方面及程度。管理当局的审计应该确保组织的安全管理体系建立在合理的原则与程序的基础上。需要建立组织系统，以确保定期对程序进行审查，保证组织持续达到所有的安全标准。应该对如何识别风险及如何进行必要的变革进行评估。审计应该确认组织的各个部分正在作为一个完整的系统来运行。所以，管理当局的安全审计必须有足够的深度和广度，以保证组织已经考虑了安全管理中的各种内在关系。

(3)胜任性。组织应有足够的训练有素的员工，以确保实现安全管理体系的预期功能。管理当局还需要评估关键岗位员工的能力。持有享受具体特权的执照并不一定意味着持照人就有能力执行管理任务。另外，管理当局应该确定对安全承担责任的高层管理者。

(4)安全管理。需要建立安全管理体系，以确保安全问题可以得到有效管理，组织正在普遍实现其安全绩效目标。

3.10.5 内部审核

严格的内部审核(或自行审计)是管理者衡量组织安全系数的一种方法。组织内经常设计可以帮助管理者对影响安全的因素进行内部审核的问卷，为高层管理者查明组织内可能预示安全危险的事件、政策、程序或做法。

内部审核最初是为飞行运行设计的，但是所提问题的范围涉及大部分民航运行方面。所以，可对这一内部审核单进行修改以适用于各种情况。

对于所有问题，不存在正确或错误的回答，也不是与许多操作类型都相关。然而一系列问题的回答可以揭示组织的安全健康。

3.11 安 全 评 估

通过安全事件调查、事故征候报告系统以及安全监督方案来识别隐患，而安全评估提供了另一种主动机制，用于识别潜在隐患及找出控制其相关风险的方法，如图3.27所示。

安全评估的范围必须涵盖受变革影响的系统的各个方面，包括直接因素和间接因素，并且应包括人为因素、设备因素和程序因素等，缓解措施的制定是安全评估不可缺少的一部分。

安全评估过程回答以下三个基本问题：

(1)哪些方面可能出错？

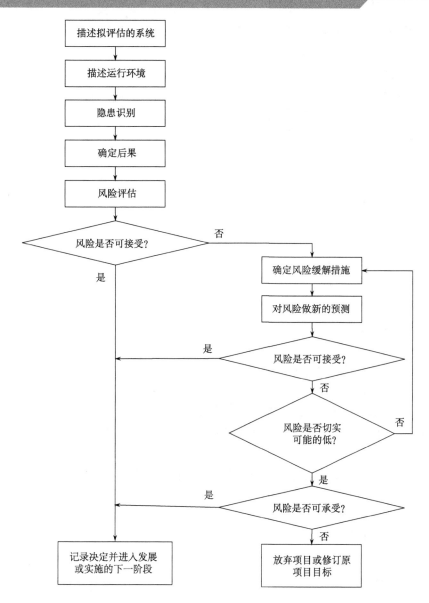

图 3.27　安全评估过程

(2) 后果可能是什么？

(3) 可能发生的概率是多少？

实施安全评估方案要求组织：

(1) 确定关于安全评估必须实施的时间的要求；

(2) 制定实施安全评估的程序；

(3) 制定本组织识别出的危险的风险分类标准；

(4) 制定安全评估的验收标准；

(5) 制定保留和传播通过评估获得的安全信息的文件要求与程序。

安全评估过程是识别不安全事件发生的可能性及其后果的严重性。安全评估是风险管理过程的特殊应用，它以风险管理的系统过程为基础。

安全评估过程分为七个阶段：

(1)系统描述；

(2)隐患识别；

(3)危险事件后果的严重性预测；

(4)危险事件发生的可能性预测；

(5)风险评估；

(6)风险缓解；

(7)安全评估文件的编制。

1. 系统描述

系统范围必须尽可能涵盖所有可能影响系统安全的领域。系统描述中应该包括与较大系统之间的接口，该较大系统包含正在接受评估的系统。

系统的详细说明应包括：

(1)系统的目的；

(2)系统的使用方法；

(3)系统的功能；

(4)系统的范围及外部接口；

(5)系统运行的环境。

注意：环境的描述应该包括对安全可能有重大影响的所有因素。系统描述也应该指出异常程序和其他非常规操作。对更大范围的项目，系统描述应指出新旧系统的过渡方案。

2. 隐患识别

隐患识别应该考虑导致系统失效的所有可能原因。根据被考虑的系统属性及范围，这些失效主要包括：

(1)设备(硬件和软件)；

(2)运行环境(如物理条件、空域及航线设计等)；

(3)操作人员；

(4)人机接口；

(5)操作程序；

(6)维护程序；

(7)外部服务。

应考虑系统的所有结构，如机场结构，对运行的典型影响，例如：

(1)如何保护机场的各种道面和导航及电子设备的表面免受施工、车辆和储存区的影响？

(2)需要建立哪些临时操作程序、空中交通管制程序和工程程序？

(3)日间/夜间的启动、控制和完成工作的程序有哪些？其中应包括：

①适当时，是否在恢复运行前对工作进行了检查？谁代表机场对确保进行这一工序负责？

②空中交通管制塔台与现场之间选择的通信方式是什么？

③最后一次离场后和首次着陆前分别相隔多长时间开始与停止工作？

(4)天气恶化时应采用什么程序？启动低能见度程序前需要考虑采取什么措施？

(5)紧急事件发生时应采取什么措施？

因为潜在的故障通常不明显，所以隐患识别过程涉及的所有人员应意识到识别潜在条件的重要性。识别过程应具体指出问题，如"员工可能如何误解这个新程序？"或"一个人可能如何(有意或无意地)误用这个新功能/系统？"

在项目实施过程中，应尽早开始隐患识别过程，通常采用隐患识别会议。

隐患识别的结构化方法确保尽可能识别出所有潜在隐患，用于确保此类结构化方法适合的技术可能包括检查单(评审源于事故、事故征候或类似系统的经验和现有数据，并草拟一份隐患检查单)和小组评审。虽然在危险程度识别过程中进行小组会议，但是该小组同样要对已识别的隐患的严重性及可能性进行评估。

风险隐患评估应该考虑到所有的可能性，必须考虑到发生最严重事件的可能性，同时保证最终分析的隐患是"确信无疑的隐患"。其中，最严重事件是最不希望发生的事件，如严重交通高峰、极其恶劣的天气等。确信无疑的隐患表示在系统周期内各种极端条件同时具备的可能性不是不存在的。

应对所有识别的隐患进行编号，并记录在隐患日志里。隐患日志应包括对每个隐患、其后果、评估得出的可能性与严重性以及任何必要的缓解措施的描述。

表 3.6 为隐患识别。

表 3.6　隐患识别

严重性分类	灾难性的	危险性的	较大的	较小的	可以忽略不计的
导致一个或多个下列后果	空中交通管制部门发布的指令或信息预计可能导致一架或多架航空器失事(对于机组人员来说，没有合理的手段核实信息或采取危险缓解措施)；无法持续进行安全飞行或着陆	在一个或多个扇区向空中或跑道保护区内的航空器提供的空中交通管制间隔服务突然完全无法获得，并持续相当长的一段时间；发出的指令或信息可能导致危险的空中接近或危险的几乎撞地	在一个或多个扇区向空中或跑道保护区内的航空器提供的空中交通管制间隔服务突然严重降级或受到严重影响，并持续相当长的一段时间(例如，需要采取应急措施或管制员工作量显著增加以至于可能导致人为差错的增加)；向地面跑道保护区以外的航空器提供的空中交通管制间隔服务突然完全无法获得，并持续相当长的一段时间；发出的指令或信息可能导致航空器之间或航空器与地面之间的间隔降低到正常标准以下；不可能采取空中交通服务措施支援处于紧急情况下的航空器	在一个或多个扇区向空中或跑道保护区内的航空器提供的空中交通管制间隔服务突然受到影响，并持续相当长的一段时间；向地面跑道保护区以外的航空器提供的空中交通管制间隔服务突然严重降级，并持续相当长的一段时间；空中交通服务紧急支援能力严重下降	对向航空器提供的空中交通管制间隔服务没有影响；对向跑道保护区以外的地面航空器提供的空中交通管制间隔服务有很小的影响；对空中交通服务紧急支援能力有很小的影响

3. 危险事件后果的严重性预测

风险分类表已经广泛应用于隐患定期分析中，这种分类表的例子可参见欧洲联合航空局（Joint Aviation Authorities，JAA）制定的《联合航空体条例——大型飞机》（JAR-25）。

实施隐患识别的同一小组可以最好地评估后果的严重性，尽管后果严重性评估总会带有某种程度的主观判断，但是通过有安排、有计划的小组讨论，依照标准的风险分类表，并有在各自领域内具有丰富经验和专门知识的专家的参与，应当能够保证结果会是一个基于可靠信息的评估。

一旦对所有识别出的危险的严重性的评估完成，就应将评估结果，包括选择风险严重性类别的依据，记录在危险日志中。

4. 危险事件发生的可能性预测

危险事件发生的可能性的预测方法与隐患识别和危险事件后果的严重性预测采用的方法类似，即以标准分类表为指导进行系统的小组讨论的方式。

危险事件发生的可能性分类表见表 3.7。

表 3.7　危险事件发生可能性分类表

危险事件发生的可能性定义	极不可能	极少可能	不大可能	相当可能	频繁
定性定义	应在整个机队存在的时期内几乎绝对不会发生	考虑到有多个相同类型的系统，不大可能发生，但是仍必须认为是有可能的	在每一个系统的整个使用寿命周期内不大可能发生，但是考虑到有多个相同类型的系统，可能会发生几次	在一系统整个使用寿命周期内可能发生一次	在使用寿命周期内可能发生一次或多次
定量定义	次/每>10^9飞行小时	次/每 10^7～10^9飞行小时	次/每 10^5～10^7飞行小时	次/每 10^3～10^5飞行小时	次/每 1～10^3飞行小时

5. 风险评估

可接受性通常根据严重性/可能性矩阵的比较来确定。

表 3.8 是空中交通服务中用于评估风险可接受性的一个矩阵的例子。

表 3.8　评估风险可接受性的矩阵

风险发生的可能性		极不可能	极少可能	不大可能	相当可能	频繁
严重性	灾难性的危险的	审查	不可接受的	不可接受的	不可接受的	不可接受的
		审查	审查	不可接受的	不可接受的	不可接受的
	较大的	可接受的	审查	审查	审查	审查
	较小的	可接受的	可接受的	可接受的	可接受的	可接受的

6. 风险缓解

如果风险达不到预先确定的可接受标准，一定要尝试将其降低到一个可以接受的水平，或者，如果不可能，便应采用适当的缓解程序，将风险降低至切实可能低的水平。

确定适当的风险缓解措施需要充分了解风险和促成风险产生的因素，因为在降低风险方面有效的任何机制都必须修改一个或多个这些因素。风险缓解措施可以通过降低事件发生的可能性或后果的严重性，或使两者均降低而起作用。达到风险降低的预期水平可能需要实施多项缓解措施。

风险缓解的可能方法包括：

(1)修改系统的设计；

(2)更改运行程序；

(3)改变员工的配置；

(4)对员工进行处理危险的培训。

任何拟议的风险缓解措施的有效性，必须首先进行评估，严格检查实施缓解措施是否会带来任何新的危险，然后重复危险事件后果的严重性预测、危险事件发生的可能性预测和风险评估，以便评估在实施了拟议的缓解措施以后风险的可接受性。

7. 安全评估文件的编制

除了记录安全评估的结果，文件还应概述所使用的方法、所识别出的危险以及为满足安全评估的标准而需要采取的缓解措施等。

危险日志也应当包括在文件中。文件应编制得足够详细，以便当任何人查阅它时，不仅能看到评估中做出的判断，还可以找到将风险归类为可接受风险或可容忍风险的依据。文件还应当包括参与评估过程的人员的姓名。

3.12 安 全 审 核

安全审核用于确保：

(1)安全管理体系具有合理的结构，主要从员工的适当配置、遵守批准的程序和规程、胜任能力的满意程度、在操作设备和设施方面进行的培训、保持他们的绩效水平等方面来判断；

(2)设备性能足够好，可以达到提供服务的安全水平；

(3)对于改进安全状况、监控安全绩效和处理安全问题等有有效的安排；

(4)对处理可预见的紧急情况有适当的安排。

安全审核除了要制定组织范围内的审核方案，还要为每次单独的审核制定详细的审核计划。安全审核范围随着单位或部门的活动范围的不同而不同。

1. 安全审核

根据下列原则制定审核方案。

(1)绝对不能出现"强迫性"的审核，应以获取知识为目标。任何职责或惩罚措施都将导致反作用。

(2)被审核者应为审核员提供所有相关资料，安排员工接受必要的访谈。

(3)应客观地查清事实。

(4)应在规定期限内向相关单位或部门提交一份说明审核结果和建议的书面审核报告。

(5)应向相关单位或部门的员工以及管理者提供关于审核结果的反馈意见。

(6)应提供积极的反馈意见，即在报告中突出审核期间观察到的好的方面。

(7)必须指出不足之处，但是应尽量避免消极的批评。

(8)应要求制定解决不足之处的计划。

2. 安全审核过程

安全审核过程如图 3.28 所示。

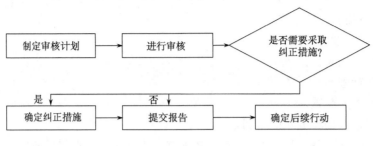

图 3.28　安全审核过程

3.12.1　安全审核组

根据审核范围确定是由个人还是由小组来进行安全审核。

根据组织的规模和可利用的资源，确定是由组织内部的经验丰富和参加过培训的人员来审核，还是由他们协助外部审核员进行审核。

实施审核的人员应具备以下条件：有与被审核的区域相关的实践经验；熟悉相关的规章要求；熟悉组织的安全管理体系；参加过审核程序和技能的培训。

一个审核组由一名审核组长和一名或多名审核员组成。实施审核的人员必须是被审核者信任的人，审核组成员尽可能与被审核区域无任何关系。

审核组长应该具备的条件包括能与其他人进行有效的沟通、能赢得被审核组织的信任。

审核组成员的任务包括与被审核单位或部门的人员见面、评审文件、观察运行情况及书写审核报告的材料。

3.12.2　策划和准备

1) 审核前的活动

审核策划的第一步是验证所提出的进度安排是否切合实际，并确认在审核之前是否得到了所需要的资料。同时，还要规定审核标准，并制定详细的审核计划和审核期间所使用的检查单。

检查单由一系列按主题分组的综合性问题组成，检查单包括下列内容：

(1) 国家安全规章要求；

(2) 组织的安全政策和标准；

(3) 安全责任制的结构；

(4) 文件，包括安全管理手册、运行文件、适用范围说明；

(5) 安全文化(被动的或主动的)；

(6) 危险识别和风险管理过程；

(7) 安全监督能力(监控、检查、审核等)；

(8) 确保承包人的安全绩效的规定。

2)审核计划

审核计划

引言

[本节应介绍审核计划及审核背景]

目的

[应规定审核的目的、目标、范围和审核依据的标准]

拟审核的单位部门

[本节应明确规定拟审核的领域]

计划进行的活动

[本节应确定和说明要进行的活动、关注的领域以及对不同的主题如何处理。还要确定审核组应当得到的文件。如果审核涉及访谈活动，应列出访谈时要讨论的领域]

时间表

[本节应包括计划进行的每项活动的详细时间表]

审核组

[本节应介绍审核组成员]

3.12.3　实施审核的过程

1)首次会议

在首次会议上，审核组长应简要地陈述审核的背景、审核的目的以及审核组将要处理的所有具体问题。应与被审核的单位或部门的经理就审核的具体安排，包括与员工面谈的可能性等问题进行讨论并取得一致意见。

2)审核程序

进行下列活动时，要求将相关资料收集起来供审核组进行评估：

(1)文件评审；

(2)与相关人员见面会；

(3)审核组进行观察。

如果在审核过程中发现了某一个引起审核员关注的具体领域，应对该领域进行较深入的调查。然而，审核员必须牢记，还需要完成计划内的其他审核，因此必须避免花费过多的时间探究一个问题，从而可能放过其他问题。

3)审核见面会

审核员获得信息的主要方式是提问。审核访谈的目的是得到信息，而不是参加讨论。

4)审核意见

审核活动一旦结束，审核组应审查所有的审核意见，并与有关的规章和程序对比以确认注明为不符合、缺陷或安全缺点的意见的正确性。对注明为不符合、缺陷或安全缺点的所有项目应进行严重性评估。

还要记住，审核不应当只关注负面的结论，安全审核的一个重要目的是突出被审核领域的好的做法。

5) 末次会议

在这种会议之前，审核组应当：

(1) 就审核结论达成一致意见；

(2) 提出建议，必要时，提出适当的纠正措施；

(3) 讨论是否需要采取后续措施。

审核结论可分为三类。

(1) 严重不符合。需要采取吊销执照、证书或批准书等警告措施的属于严重未遵章的偏离行为。

(2) 一般不符合。必须在商定期限内予以纠正的任何偏离行为或未遵章行为。

(3) 关于可能影响安全的问题，或可能在下次审核前成为管理问题的意见。

在结束会议上，审核组长应陈述审核期间提出的意见，并给予被审核单位或部门的代表纠正任何误解的机会。

6) 纠正措施计划

完成审核时，应将所有已确定的与安全相关领域计划采取的补救措施形成文件。相关单位或部门的管理者有责任制定一项纠正措施计划，列出为在商定期限内消除已查明的缺陷或安全缺点拟采取的措施。纠正措施计划制定完成后，应将计划提交给审核组长。

7) 审核报告

审核报告应客观地陈述安全审核的结果。

完成审核后，应尽快将一份临时审核报告提交给有关单位或部门的经理审查和征求意见。

在准备最终报告时，应考虑收到的所有意见。最终报告构成审核的正式报告。

在编写审核报告中需遵循的关键原则如下：

(1) 结束会议、临时审核报告和最终审核报告中的意见与建议保持一致；

(2) 结论要以参考材料为佐证；

(3) 评论意见和建议的陈述应简明扼要；

(4) 避免评论意见笼统和含糊不清；

(5) 客观地陈述评论意见；

(6) 使用人们广泛接受的航空术语，避免使用缩写词和行话；

(7) 批评避免针对个人或职位。

审核报告的内容

引言

[本节应点明本报告是哪次审核的正式文件并介绍报告中的各章]

参考文件列表

[本节应概述审核期间使用过的所有文件]

背景

[本节应阐述审核的原因。这可能是一次定期的审核，也可能有某种特殊原因需要审核(如查明的安全风险或发现的安全事故征候)]

目的

[本节应陈述审核计划中描述的审核目标和范围。应描述在审核期间出现的任何影响目标实现的事件]

人员配备

[本节应列出参加审核的人员]

意见

[本节应概述审核组的意见，包括好的方面和关注的问题。与这些意见相关的细节应作为意见材料附上，包括商定的纠正措施]

总的结论

[本节应陈述审核的总的结论，不仅应着眼于问题，还要突出好的方面]

附件

[应将所有的意见表和相关的纠正措施表附在审核报告后面]

第4章　危害因素的辨析

4.1　物质的理化特性及危险性分析

4.1.1　机场主要危险物质理化特性

机场运行过程中涉及的危险物质主要包括航空煤油、锅炉燃油(0#轻柴油)、氮气及液化石油气等，主要理化特性见表4.1。

表 4.1　机场危险物质理化特性

物质名称	危险类别	相对密度	闪点/℃	沸点/℃	爆炸极限
航空煤油	第3.3类高闪点易燃液体	0.8～1.0	36～48	175～325	1.1/1.3～6.0/6.7
0#轻柴油	第3.3类高闪点易燃液体	0.87～0.9	65	282～338	1.5～4.5
液化石油气	第2.1类易燃气体	—	−80～−60	−12～4	5～33
氮气	第2.2类易燃气体	0.97	—	—	—

(1)航空煤油。主要在航空器加油过程涉及航空煤油的运输和使用，其蒸气与空气可形成爆炸性混合物，遇明火、高热能引起燃烧爆炸，与氧化剂可发生反应，流速过快，容易产生和积聚静电荷。其蒸气比空气重，能在较低处扩散到相当远的地方，遇火源会着火燃烧。若遇到高热，容器内压增大，有开裂和爆炸的危险。其具有易挥发、易渗漏、易流淌、易积聚静电荷、易燃、易爆等特性，极易造成重大人员伤亡和财产损失。接触高浓度蒸气可能引起眼、呼吸道及肺部刺激症状，甚至中枢神经系统症状。

(2)锅炉燃油。主要用于集中供热的锅炉房作为燃料。如果发生泄漏，遇到明火、高热或与氧化剂接触，有引起燃烧爆炸的危险。柴油容器若遇到高热，容器内压增大，有开裂和爆炸的危险。柴油可以引起接触性皮炎、油性痤疮，柴油废气可引起眼、鼻刺激症状，头晕及头疼。

(3)氮气。机场运行过程中，需要对机坪上停留的飞机轮胎进行充氮，场务工作人员主要使用氮气钢瓶进行轮胎充气。若遇到高热，氮气钢瓶内压增大，有开裂和爆炸危险。空气中浓度过高，使吸入氧气分压下降，引起缺氧窒息，即吸入高浓度氮气，可致昏迷，甚至因心跳停止而死亡。

(4)液化石油气。航站楼餐厅及机场职工餐厅的燃料采用液化石油气。遇到热源和明火有燃烧爆炸的危险，其比空气重，能在较低处扩散到相当远的地方，遇到火源会着火燃烧。液化石油瓶受热易气化膨胀引发容器开裂及爆炸。液化石油气有麻醉作用，急性中毒会出现头晕、头痛及恶心、呕吐症状。在机场运行过程中，可能会发现旅客携带的危险物品，如果属于易燃易爆物品，一旦发生意外，可能酿成机毁人亡的重大安全事故。

4.1.2　重大危险源辨析

1．分析方法

根据《危险化学品重大危险源辨识》(GB 18218—2009)，重大危险源是指长期或临时生产、加工、搬运、使用或储存危险物质，且危险物质的数量等于或超过临界量的单元。单元指一个(套)生产装置、设施或场所，或同属一个工厂的且边缘距离小于 500m 的若干个(套)生产装置、设施或场所。重大危险源的辨析依据是物质的危险特性及数量。单元内存在危险物质的数量等于或超过危险物质规定的临界量，即定为重大危险源。

单元内存在危险物质的数量根据处理物质的种类区分为以下两种情况。

(1)单元内存在的危险物质为单一品种，则该物质的数量即单元内危险物质的总量，若等于或超过相应的临界值，则定为重大危险源。

(2)单元内存在的危险物质为多品种，则按照以下计算，若满足此式，则定为重大危险源：

$$\frac{q_1}{Q_1} + \frac{q_2}{Q_3} + \ldots + \frac{q_n}{Q_n} \geqslant 1$$

式中，q 和 Q 分别为每种危险物质实际存在量与各危险物质相对应的生产场所或储存区的临界量。

2．辨析

在民航领域，危险源指的是影响飞行安全、能够直接导致损失或降低指定功能能力的一种状态或情形，主要包括自然危险源(雷雨、暴风、能见度低、地震、不利地理条件等)、技术危险源(风压、水压、燃油、硬件和软件故障、事故报警等)和经济危险源(材料成本波动、设备成本变化、经济发展形势突变等)。

国际民航组织提供了分析危险源的三个步骤。第一，对一般危险源即安全问题侧重点进行识别，在这一步开始前，首先应进行差距分析，明确岗位的自身状况和其所处的状态；第二，说明构成危险源的具体因素，将危险源看作一般危险的构成要素，也可将其分成特定危险，在每个特定危险中都可能会存在独特因素使特定危险源在本质特征上各不相同；第三，将危险源同可能诱发的后果联系起来，并对潜在后果进行评定。

机场各区域的主要设备设施存在大量危险。机场危险源辨析见表 4.2 和表 4.3。

表 4.2　机场危险源辨析

序号	项目	主要设备与设施	危险、有害因素类型
1	飞行区	飞行器、跑道、特种车辆、目视助航设施等	火灾爆炸、车辆伤害、机械伤害、噪声振动、物体打击、电气伤害
2	航站区	航站楼、案件设施、X 射线机、皮带机、停车场、机动车辆等	火灾爆炸、高处坠落、腐蚀泄漏、灼烫、电气伤害、机械伤害、噪声振动、物体打击、中毒窒息等
3	空管区	塔台、导航通信设备、蓄电池	电磁辐射、触电等
4	货运区	库房、特种车辆	车辆伤害、机械伤害等
5	供电及电气系统	变压器、电机、电缆、电气	火灾、爆炸、电气伤害、噪声振动等
6	给排水系统	供水站、污水处理、给排水管道、机泵	淹溺、中毒窒息、触电、噪声等
7	供热锅炉房	锅炉、供热管线	火灾爆炸、烫伤、物体打击、噪声等
8	机务场务	维修设施、清洁设施等	机械伤害、物体打击、触电等

表 4.3 危险、有害因素小结

序号	危险、有害因素类型	飞行区	航站区(站坪、航站楼、停车场等)	空管区	货运区(库房、堆场等)	供电及电气系统(变压器、电机、电缆、电气)	给排水系统(供水站、污水处理等)	供热锅炉房(锅炉等)
1	火灾爆炸	√	√		√	√		√
2	车辆伤害	√	√		√			
3	触电	√	√	√		√		
4	机械伤害	√	√					
5	物体打击	√			√	√		√
6	淹溺						√	
7	烫伤							√
8	噪声	√	√	√	√			√
9	辐射		√	√				
10	高低温	√			√			√

4.2 场址及平面布置危险、有害因素辨析

机场厂址和平面布置上的危险、有害因素主要包括鸟击(鸟撞)、电磁环境、公用设施保障、功能区划、安全间距、场内道路和机场管线。

鸟击事故最容易发生在飞行器起飞和降落过程以及飞行器进气口处。超过 90%的鸟击发生在机场和机场附近空域。科学研究证明:一只 450g 重的小鸟撞在速度 80km/h 的飞机上,其冲击力可达 1.47kN;一只 7kg 重的大鸟撞在速度 960km/h 的飞机上,冲击力高达 1460kN。机场鸟类的有害因素辨析主要是分析机场附近的鸟类种类、鸟类的生活习性以及机场区域的鸟类活动与飞行器起降的交叉区域。

机场场址周边的电磁环境对航空器无线电导航和通信系统有很大影响。如场址周边存在电磁波发射装置,会对导航通信系统产生电磁干扰,在飞行器起飞、爬升和着陆阶段,由于航空器处于低高度,任何电磁干扰都有可能造成机毁人亡的严重后果。分析机场的电磁环境主要是分析机场是否存在无线电发射干扰装置以及不同的架空输电线,分析它们对机场导航及电磁环境的影响,并提出相应的建议。

机场供电、供水、供热、供冷、供气、排水及通信等公用设施的保障对机场的安全稳定运行也有影响。机场供电应按一级负荷规划,如供电系统出现问题不能及时切入另一路独立电源或备用电源,可能造成机场运行中断事故;供水不畅对机场生活、生产和消防系统的正常运行将产生不利影响;排水及防涝设施应不低于防洪标准并能满足当地暴雨重现期标准,否则易造成机场内涝,引发安全事故;通信系统的保障对机场安全运行起到重要作用,如通信系统发生故障及瘫痪,可能造成导航中断,引发飞行安全事故。

在功能区划上,根据机场的性质、作用、规模对各功能区及设施进行合理规划是机场安全稳定运行的重要保障。如功能区划不明确,可能使得部分功能区发生交叉甚至重叠,造成机场运行混乱,频繁发生飞行器、车辆及相关设备设施的碰撞伤害事故,严重时可能造成机毁人亡。

机场场面运行的安全间距对保障安全运行尤为重要。机场的相关装置设施之间及其与相邻建筑物、道路等的安全间距如不能满足《民用机场总体规划规范》(MH 5002—1999)、《民用航空支线机场建设标准》(MH 5023—2006)及《石油库设计规范》(GB 50074—2014)的要求，会因相邻装置设施间距离太小而引发安全事故。尤其注意机场油库及航空加油站与机场公共建筑物距离必须符合相关要求。

机场场内道路的合理规划与设计是机场安全高效运行的重要保障。机场的场内道路分析主要包括场内道路宽度分析、场内公共道路和工作道路交叉分析、场内直通跑道的消防通道分析以及道路交通系统标志分析。

机场飞行器活动区不允许有架空管线，否则会导致飞行器与之碰撞引起事故；机场飞行器活动区外架设不符合机场净空限制要求的管线，也会导致飞行器起降过程发生事故，或因破坏电磁环境干扰造成导航事故。

4.3　机场主体工程及配套工程运行过程危险、有害因素辨析

参照《企业职工伤亡事故分类》(GB 6441—1986)，综合考虑事故的诱导原因、致害物、伤害方式及职业健康情况等，将机场主体工程及配套工程运行过程中的危险、有害因素分类为火灾爆炸、车辆伤害、触电、机械伤害、物体打击、淹溺、烫伤、噪声、辐射、高低温作业、传染病病毒。

1. 火灾爆炸

机场潜在的火灾爆炸危险主要来自机场设施、飞机加油与维护作业、飞机本身及危险物品等方面。

1)机场设施方面的火灾爆炸危险性

机场飞行区及空管导航设施主要包括跑道、联络滑行道、机坪及塔台、航管楼、通信系统和气象站等设施。本区域具有潜在的火灾爆炸危险性，主要危险点如下。

(1)跑道和联络滑行道。跑道的长度和构造、跑道与联络滑行道周围的地形、分区规则等因素直接影响飞机的安全性，据统计，民航飞机火灾爆炸有 65%发生在这一区域，主要原因为：飞机起降、滑行或牵引的过程中碰撞，飞机冲击跑道及起落架故障等导致飞机燃油系统着火；跑道两端为保护邻近建筑物、道路或降低起飞，在能见度不良时，易发生飞机撞击事故；飞机刹车失灵冲出跑道，飞机撞击机场界墙；飞机在不良地面上移动时陷入泥沼等。

(2)机坪。飞机在机坪停放和进行维护作业时，飞机添加或更换燃料、润滑油等物料；进行技术性检查及维护作业；加温、启动和发动机试车等操作，若管理不善、操作失误或疏忽，存在导致飞机火灾爆炸的危险性。

(3)通信导航设施及蓄电池室。机场塔台及航管楼涉及大量通信导航仪器仪表及电气设备等，存在发生电气火灾的危险。蓄电池室是机场运营重要的电力保障系统，通常在机场塔台及航管楼设有蓄电池以保障导航通信，一般湿式蓄电池在使用中会有氢气溢出，若设计或通风不良，电气设备不防爆，存在爆炸的危险。

航站区、货运设施、生产及生活服务设施是空运作业的主要活动区，主要包括站楼、

机坪、货运仓库和餐饮及商业服务等设施。其特点是公共建筑群功能多、设备、设施庞杂；用电量和用气量大，易燃、可燃物料分布广；各种行李、货物品种多，特性复杂，物流性大；人群集中，人群素质、组成的差异大，这是机场防止火灾爆炸的重点区域。

(1)航站楼。航站楼一般采用一层式流程布局。由于机场建筑体量大、周边长，不可分离的巨大空间易造成火灾和烟气的迅速蔓延；航站楼和装满油料的飞机相邻接，墙体玻璃区域以及其他建筑部分可能受到飞机气流影响，存在火灾风险。航站楼功能复杂，人员较多，室内装饰和家具都为可燃物，旅客携带的行李、货物内易燃可燃物或其他危险品种类杂，数量和流动性大，各种点燃源分布广、不易控制；旅客携带的行李、货物内危险品特性还影响货运仓库和飞机的防火防爆性。

(2)机坪。在机坪上一般有加油、供油、照明等设施，正常运营过程中还有电源车、空调车、气源车、加油车等各种维护用车辆和客梯车、加水车、食品供应车等服务保障车辆，这些特种车辆在运输高峰时高度集中在飞机周围完成相关作业，存在火灾爆炸的危险性。

加油过程中发生油料跑、冒、滴、漏，泄漏的燃油在机坪上汇集、流动、挥发，通过各种管沟、缝隙等扩散至更多更远的地方，形成火灾爆炸危险源。

飞机注油过程中由封闭油箱通气孔排出的燃油蒸气是另一种危险源。

机坪空间的大功率电磁波和飞机发动机尾喷管的高温喷气流增加了机坪火灾爆炸的危险。

(3)生产生活服务设施，如餐厅使用的液化石油气和燃油锅炉。

2)飞机加油及维护作业的火灾爆炸危险性

(1)飞机加油作业。飞机燃爆事故大多与飞机燃油系统有关，飞机加油作业最具有潜在危险性，航空煤油属于易燃液体，发生火灾爆炸的原因有很多，如油系统渗漏，设备故障发生跑油、滴油；加油作业操作失误或油箱自控装置失灵；燃油流动、飞溅发生油雾、熏气，从通气孔排出形成爆炸性气体。

在加油过程中存在点火源如静电点燃源；启动飞机发动机、辅助动力装置和加热器；飞机附近的机动车辆、其他内燃机设备启动；电气线路、开关引发火花、电弧；飞机发动机、起落架等强旋转、摩擦产生高温；高能雷达波等；雷电；各类明火及火柴、打火机等。

(2)飞机维护作业。在对飞机和部件维护作业过程中，所进行的焊接与热切割、热处理、喷漆、清洗、加油等作业引起火灾爆炸的危险性较大。

3)飞机的爆炸危险性

除了国际恐怖分子和国内犯罪分子小量事故，飞机爆炸危险性主要来自于燃烧爆炸事故和机械失效解体爆炸事故。

4)危险物品

危险物品如果不按照标准、规范和要求进行包装分级、货舱划分、装机并对特殊货物进行处置，容易发生火灾爆炸事故。

2. 其他因素

车辆伤害：在机场运行过程中，相关车辆发生故障、超速行驶、驾驶员精力不集中、场务人员违反作业手册、道面标志不清及机场管理不利等均可导致各种车辆伤害事故。

触电：机场运行过程中，各类电气设备、元器件及线路、开关等因质量低劣或老化、绝缘损坏而漏电，则易引发相关人员的触电事故。此外，在机场内乱拉临时电线、电工作业失误、不按要求穿戴防护用品、未保持足够的安全距离及发生雷击等均易导致人员的触电伤亡。

机械伤害：航站楼设有称重皮带、行李分拣机、提取皮带，在皮带运转过程中，可能卷、夹、绞、碾、碰、压伤人体，产生机械伤害事故。

物体打击：机场主要装置设备或飞行器进行检修时，可能发生使用工具及设备零部件的失落、飞出，造成物体打击事故。

淹溺：主要是污水处理站。

烫伤：主要是燃油锅炉。

噪声：噪声对机场作业人员的危害比较大，长期处于高噪声条件作业下，可能患上职业性耳聋，甚至对神经系统、心血管系统及内分泌系统等造成不良影响。

辐射：主要包括非电离辐射和电离辐射。各种无线电设备均可能产生电磁辐射，即非电离辐射；航站楼内的办票柜台及安检通道均设有 X 射线机，产生电离辐射。

高低温作业：主要指冬天的寒冷和夏天的炎热。

传染病毒：个别乘客患有传染病或携带传染病毒。

第5章　飞行区安全管理

5.1　飞行区设施维护要求

5.1.1　机场跑道、滑行道、机坪的管理

机场跑道、滑行道、机坪的几何构型以及平面尺寸应当符合《民用机场飞行区技术标准》的要求。超载使用跑道、滑行道和机坪的，机场管理机构应当报民航地区管理局批准。确保跑道、滑行道和机坪的道面(含道肩，下同)、升降带及跑道端安全地区、围界、巡场路和排水设施等始终处于适用状态。根据跑道、滑行道和机坪道面的破损类型、部位等情况制定道面紧急抢修预案。道面出现破损时，应当及时按照抢修预案进行修补，尽量减少道面破损和修补对机场运行的影响。

机场管理机构应当至少每五年对跑道、滑行道和机坪道面状况进行一次综合评价。当发现跑道、滑行道和机坪道面破损加剧时，应当及时对道面进行综合评价。机场管理机构应当按照评价报告的建议，及时采取防范措施。

1. 道面

水泥混凝土道面必须完整、平坦，3m内的高低差不得大于10mm；板块接缝错台不得大于5mm；道面接缝封灌完好。沥青混凝土道面必须完整、平坦，3m内的高低差不得大于15mm。水泥混凝土道面出现松散、剥落、断裂、破损等现象，或者沥青混凝土道面出现轮辙、裂缝、坑洞、鼓包、泛油等破损现象时，应当在发现后24h内予以修补或者处理。跑道、快速出口滑行道表面在雨后不应有积水。跑道表面摩擦系数低于规定的维护规划值时，应当及时清除道面的橡胶，或采取其他改善措施。

道面的嵌缝料应当与道面黏结牢固，保持弹性，能防止雨水渗入。不能满足性能要求时，应当及时修补或者更换。道面应当保持清洁。道面上有泥浆、砂子、松散颗粒、垃圾、燃油、润滑油及其他污物时，应当立即清除。用化学物清洁道面时，应当符合国家环境保护的有关规定，并且不得对道面造成损害。

跑道、滑行道和机坪道面应当进行编号，并在道面一侧设置标记，便于检查记录位置。

2. 土面

飞行区土面区尽可能植草，固定土面。飞行区内草高一般不应超过30cm，并且不得遮挡助航灯光和标记牌。植草应当选择不易吸引鸟类和其他野生动物的种类。割下的草应当尽快清除出飞行区，临时存放在飞行区的草，不得存放在跑道、滑行道的道肩外15m内。与道面边缘相接的土面，不得高于道面边缘，并且不得低于道面边缘3cm。

3. 升降带

在升降带平整区内，用3m直尺测量，高差不得大于5cm，并且不应有积水和反坡。在升降带平整区和跑道端安全地区内，除航行所需的助航设备或装置外，不得有突出于土面、对偏出跑道的航空器造成损害的物体和障碍物。升降带平整区和跑道端安全地区内的

混凝土、石砌及金属基座、各类井体及井盖等，除非功能需要，应当埋到土面以下 30cm 深。升降带平整区和跑道端安全地区的土质密实度不得低于 87%(重型击实法)。对升降带平整区和跑道端安全地区的碾压与密实度测试，每年不得少于两次。

4. 其他

除非经空中交通管理部门特别许可，跑道开放使用期间，跑道中心线两侧 75m、导航设备的敏感区和临界区以及跑道端安全地区范围内，严禁从事飞行区割草、碾压等维护工作。飞行区围界应当完好，具备防钻防攀爬功能，能有效防止动物和人员进入飞行区。飞行区围界破损后应当及时修复。破损部位修复前应当采取有效的安全措施。巡场路路面应当完整、平坦、通畅、无积水。破损时，应当及时修补。飞行区内排水系统应当保持完好、畅通。积水、淤塞、漏水、破损时，应当及时疏通和修缮。强制式排水设施应当保持适用状态；渗水系统应当保持完好、通畅；位于冰冻地区的机场，冰冻期的排水沟内不得有大量积水。

5.1.2　目视助航设施管理

目视助航设施包括风向标、各类道面(含机坪)标志、引导标记牌、助航灯光系统(含机坪照明)。各类标志物、标志线应当清晰有效，颜色正确；助航灯光系统和可供夜间使用的引导标记牌的光强、颜色、有效完好率、允许的失效时间，应当符合《民用机场飞行区技术标准》的要求。

机场管理机构应当按照以下频次或情况对机场目视助航设施进行评估，以避免因滑行引导灯光、标志物、标志线、标记牌等指示不清、设置位置不当产生混淆或错误指引，造成航空器误滑或者人员、车辆误入跑道、滑行道的事件：

(1)每三年；

(2)新开航机场或机场启用新跑道、滑行道、机坪、机位前以及运行三个月内；

(3)机场发生航空器误滑或人员、车辆误入跑道、滑行道等事件时；

(4)机场管理机构接到飞行员、管制员、勤务保障作业人员反映滑行引导灯光、标志物、标志线、标记牌等指示不清，容易产生混淆或者影响运行效率时。

评估人员由飞行员、管制员、勤务保障作业人员、机场管理机构人员组成。

对于评估发现的问题，机场管理机构应当及时采取整改措施。

在机场开放运行期间，目视助航设施因故不能满足《民用机场飞行区技术标准》要求时，机场管理机构应当及时向空中交通管理部门说明情况，并在出现问题的当日内采取有效措施，使目视助航设施恢复正常。在恢复正常前，至少应当保持下列设施设备的完好、适用。

(1)引导标志、标记牌：

①跑道标志(应当符合航空器在本机场进近时的最低天气标准要求)；

②滑行道中线和边线标志；

③滑行引导标记牌；

④跑道等待位置标志和标记牌。

(2)助航灯光：

①跑道灯光(应当符合航空器在本机场进近时的最低天气标准要求)；

②滑行道中线灯(或中线反光标志物)、滑行道边线灯(或边线反光标志物)。

5.2　巡视检查管理规定

5.2.1　巡视检查规定

(1)机场管理机构应当向空中交通管理部门(塔台)依据有关规定，建立跑道、滑行道巡视检查工作制度和协调机制。该制度至少应当包括：

①每日巡视检查的次数和时间；

②跑道、滑行道巡视检查的通报程序；

③巡视检查人员与塔台管制员联系的标准用语；

④巡视检查跑道过程中发生紧急情况的处置程序等。

(2)每日跑道开放使用前，机场管理机构应当对跑道进行一次全面检查。当每条跑道日着陆大于 15 架次时，还应当进行中间检查，并不应小于 3 次。全面检查时，必须对跑道全宽度表面状况进行详细检查，中间检查时间根据航空器起降时段、频度等情况确定。在航空器起降集中的时段前，应当安排一次中间检查。中间检查应当至少包括跑道边灯以内的区域。对跑道实施检查时，检查方向应当与航空器起飞或着陆的方向相反。采用驾车方式检查时，除驾驶员外车辆上应当至少有一名专业检查人员，并且车速不得大于 45km/h。设有能对跑道道面状况进行监控、及时发现跑道上的外来物和道面损坏的监控设施的，中间检查的次数可适当减少。当跑道道面损坏加剧或者雨后遇连续高温天气时，应当适当增加中间检查的次数。

(3)对跑道、滑行道、机坪应当定期清扫。对跑道、滑行道的清扫每月不应少于一次。应当建立机坪每日动态巡查制度，及时清除外来物，对机坪每周至少全面清扫一次。

(4)在跑道、滑行道或其附近区域进行不停航施工，施工车辆、人员需要通过正在对航空器开放使用的道面时，应当增加道面检查次数，确保不因外来物影响飞行安全，并应当制定具体措施，确保施工车辆、人员不影响航空器的正常运行。

(5)每日应当至少对滑行道、机坪、升降带、跑道端安全地区、飞行区围界、巡场路巡视检查一次。

(6)每季度应当对跑道、滑行道和机坪的铺筑面进行一次全面的步行检查。当道面破损处较多或者破损加剧时，应当适当增加步行检查的次数。

(7)雨季来临前，应当对排水系统进行全面检查。暴雨期间，应当随时巡查排水系统。雨后应当对升降带和跑道端安全地区进行检查，对积水、冲沟应当予以标记，并及时处理。

(8)对铺筑面的每口检查应当至少包括：

①道面清洁情况，重点检查可能被航空器发动机吸入的物体，如损坏道面的碎片、嵌缝料老化碎片、石子、金属或塑料物体、鸟类或其他动物尸体、其他外来物等；

②道面损坏情况，包括破损的板块、掉边、掉角、拱起、错台等；

③雨后道面与相邻土面区的高差；

④灯具的损坏情况；

⑤道面标志的清晰程度；

⑥井盖完好情况和密合程度等。

(9)对铺筑面的每季度检查应当至少包括：

①嵌缝料的失效情况；

②道面损坏位置、数量、类型的调查统计(含潜在的疲劳损坏裂缝、龟裂、细微的裂缝或断裂，并最好在雨后检查)；

③道面与相邻土面区的高差；

④道面标志的清晰程度；

⑤跑道接地带橡胶沉积情况。

(10)土面区的每日检查应当包括：

①草高情况；

②标记牌和标志物的完好情况；

③是否有危及飞行安全的物体、杂物、障碍物等；

④土面区内各种灯、井基座与土面区的高差，土面区沉陷、冲沟、积水等情况；

⑤航空器气流侵蚀情况；

⑥允许存在的障碍物的障碍灯和标志是否有效。

(11)当出现大风及其他不利气候条件时，应当增加对飞行区的巡视检查次数，发现问题应当及时处理。影响运行安全时，应当及时报告空中交通管理部门和其他相关部门，并发布航行通告。

5.2.2　巡视检查程序及规则

(1)检查人员在进入跑道、滑行道之前，应当得到塔台管制员的许可。进入该区域时，应当直接报告塔台管制员。检查人员及车辆应当在塔台管制员限定的时间内退出跑道。退出后，应当直接报告塔台管制员。巡视检查的车辆应当安装黄色旋转灯标，并在检查期间始终开启。检查人员应当穿反光背心或外套。未经塔台管制员许可，任何人员、车辆不得进入运行中的跑道、滑行道。

(2)在实施机场低能见度程序运行时，不得对跑道、滑行道进行常规巡视检查。

(3)巡视检查期间，检查人员应当配备有效的无线电对讲机，并在相应的无线电波道上时刻保持守听。下车检查时，检查人员离开车辆的距离不得超过100m(随身携带对讲机)，检查车辆应当处于运行状态。当塔台管制员要求检查人员撤离时，检查人员及车辆应当立即撤离至管制员指定的位置，并不得进入升降带平整区、跑道端安全地区、导航设备的敏感区和临界区。撤离后，要及时通知塔台。再次进入跑道之前应当申请并获得塔台管制员的许可。

(4)当塔台管制员发现通信联系中断时，应当立即按照紧急情况的处置程序执行。当检查人员发现通信联系中断时，应当立即撤离跑道。

(5)在巡视检查中，发现航空器零件、轮胎碎片、灯具碎片、外来物和动物尸体等时，检查人员应当立即通知塔台管制员和机场运行管理部门，做好记录，并将该物体交与有关部门。

(6)在巡视检查过程中发现下列情况时，检查人员应当立即通知塔台管制员停止该跑道的使用，并立即报告机场值班领导或相关部门，由相关人员按程序关闭跑道(或部分关闭跑道)和发布航行通告：

①跑道道面断裂，包括整块板或局部，并出现错台或局部松动的；

②跑道出现直径(长边)大于12cm的掉块的；

③跑道出现直径(长边)小于12cm的掉块，但深度大于7cm，或坡度大于45°的破损的。

(7)在巡视检查过程中发现下列需要处理但暂时不影响航空器运行安全的情况时，检查人员应当报塔台管制员、机场值班领导或者相关部门，并适当增加该区域的检查频次，视情及时修补：

①跑道道面断裂，包括整块板及局部，但不出现错台，板块不松动的；

②跑道出现直径(长边)小于12cm的掉块，但深度小于7cm且坡度不大于45°的破损的。

(8)巡视检查完成后，检查人员应当向塔台管制员报告飞行区场地情况，并将检查开始时间、结束时间、检查人员姓名、飞行区场地情况记录在检查日志中。

5.3　跑道摩擦系数测定和除冰雪管理

5.3.1　跑道摩擦系数的测定及管理

(1)机场管理机构应当定期测试跑道摩擦系数，着陆架次与测试跑道摩擦系数的频率如表5.1所示。

表 5.1　测试跑道摩擦系数频率的规定

着陆架次	测试跑道摩擦系数的频率
>210	不少于每周一次
151～210	不少于每两周一次
91～150	不少于每月一次
31～90	每三个月一次
16～30	不少于每半年一次
<15	不少于每年一次

(2)跑道表面摩擦系数不得低于《民用机场飞行区技术标准》中规定的维护规划值。以连续100m长道面的摩擦系数为评价指标的，在表面摩擦系数低于维护规划值或者测试曲线显示跑道多处存在表面摩擦系数(累计长度大于100m)低于最小的摩阻值时，机场管理机构应当立即采取措施改善道面摩阻特性。

(3)出现下列情况后，机场管理机构应当立即测试跑道摩擦系数：

①遇大雨或者跑道结冰、积雪；

②在跑道上施洒除冰液或颗粒；

③航空器偏出、冲出跑道。

(4)跑道日航空器着陆 15 架次以上的机场,应当配备跑道摩擦系数测试设备进行测试。

(5)不需要配备跑道摩擦系数测试设备的机场,应当依据表 5.1 规定的频率检查跑道接地带橡胶沉积情况。当接地带跑道中线两侧被橡胶覆盖 80%左右,并且橡胶呈现光泽时,应当及时除胶。在雨天应当进行道面表面径流深度的检查,并作口头评价。检查结束后,将结果报告空中交通管理部门,并记录备查。

(6)当跑道上有积雪或者局部结冰时,如跑道摩擦系数低于 0.30,应当关闭跑道。跑道开放运行期间下雪时,应当根据雪情确定测试跑道摩擦系数的时间间隔,并及时对跑道进行除冰雪作业,保证跑道摩擦系数不低于 0.30。

(7)跑道摩擦系数测试应当在跑道中心线两侧 3～5m 进行。跑道表面摩擦系数应当包括跑道每 1/3 段的数值及跑道全长的平均值,并依航空器进近方向依次公布。

注意:测试结果应当及时报告空中交通管理部门。测试原始记录凭证应当予以保存。

(8)没有配备跑道摩擦系数测试设备的机场,当跑道上有积雪时,应当向塔台管制员通报积雪的种类(干雪、湿雪、雪浆和压实的雪)和厚度。航空器能否起降由飞行机组决定。

当已经出现天气引起的跑道有效视程、跑道摩擦系数、助航灯光系统的"4C"指标、助航灯光系统开启状态下的能见度等条件中有一条不能满足适航要求时均要考虑机场或跑道关闭,并针对其他引起飞行安全的状况向机场管理值班领导提出临时关闭机场的建议。

助航灯光系统的"4C"指标为构形(Configuration)、颜色(Color)、坎德拉(Candelas)、有效范围(Coverage)。跑道有效视程(Runway Visual Range,RVR)是飞机位于跑道中线,驾驶员能看清跑道道面标志或跑道边灯或中线灯的最大距离。能见度(Visibility,VIS)是在白天能看到或辨别出明显的不发光物体,晚上能看到明显的发光物体的距离。能见度在 800m 以下必须用跑道视程表示。机场低能见度运行是指当机场能见度低于 800m 或者跑道有效视程低于 550m,或者云底高低于 60m 的机场运行。

机场关闭的原因主要有:①机场出现飞行事故,需要处理事故;②机场出现安全隐患,危险因素未排除,可能危及运行飞机的安全;③机场的设备设施由于某种原因造成性能下降并且降低到可能危及飞机、人员或设施的安全;④因为不可抗力形成的飞行条件破坏,如暴雨、大雪、大雾、道面结冰、暴风等自然天气引起的机场关闭。

5.3.2　飞行区除冰雪管理

冰雪对机场道面影响的最终结果是飞机难以停下及发生侧滑。正常的干态跑道道面摩擦系数在 0.5～0.82,滑行道道面摩擦系数在 0.45～0.7。下雪后干道道面摩擦系数为 0.2～0.4,湿道面摩擦系数在 0.1～0.3,严重结冰道面的摩擦系数可低到 0.07～0.1。

1. 冰雪的一般规定

1)除冰雪的作业标准

除冰雪作业过程中,应注意保护跑道、滑行道、联络道助航灯光及其他助航设备,跑道两侧道肩外堆雪高度一般不超过 30cm,向外延伸也有雪堆高度的要求。滑行道、客机坪道肩外堆雪高度,自飞机两侧的道面边缘算起 10m 内,雪与飞机发动机最低点的垂直距离不得小于 40cm,与飞机发动机的垂直距离不得小于 1m。

堆雪不得影响助航灯具、滑行引导标记牌的正常显示和指示。在助航灯具和引导标记牌上的堆雪不能影响飞行员与地面工作人员观察灯具的视线。除冰雪作业时要防止损坏道面的嵌入式灯和道边的立杆灯，尤其是使用热吹式设备作业时，不能在车辆停止时近距离对着灯具吹，以防止使灯具过热破坏其结构和性能，甚至吹倒。

2）除冰雪的组织管理

按照机场运行的组织管理机构，每个机场除冰雪的组织管理机构应由一号值班官员、除冰雪指挥员、除冰雪现场联络员组成。

一号值班官员的职权范围如下：应对突发事件；发布处理突发事件的指令；巡回监督和亲临观察；实施航班量限制；控制临时建筑和其他有碍净空的障碍；行使地方民航管理的职责；发布航空文书；鸟害控制；管理协调冬季除冰雪工作；保证机场安全。

除冰雪指挥员的主要职责如下：在机场除冰雪管理部门的直接领导下负责除冰雪作业的组织实施和现场指挥；根据雪情和天气状况选定科学合理的除冰雪方案并报请除冰雪管理部门批准；随时向除冰雪管理部门报告除冰雪的进展情况。

除冰雪现场联络员的主要职责如下：向除冰雪指挥员下达除冰雪管理部门的指令；向除冰雪管理部门汇报现场情况；负责除冰雪管理部门同除冰雪指挥员之间的联络和沟通。

3）除冰雪设备和材料种类

除冰雪设备包括除雪车（吹雪车、推雪车、抛雪车、扫雪车），清除积雪，清扫残雪，吹除积水及垃圾；化学制剂作业车，包括固体化学制剂的撒布和液体化学制剂的喷洒作业设备；各种场道除冰车，破碎冰层，清理碎冰；运雪卡车、运输工具，完成人工清扫积雪的运输，机械化除雪时大量积雪的运输，配合抛雪车工作；电源照明车，装有直流外接电源装置，配合吹雪车、扫雪车工作充电，并可照明使用；跑道摩擦系数车、表面摩擦系数测试装置、供随时测试、掌握跑道摩擦系数情况。

常备材料有除冰剂、除雪剂、融雪剂；尿素，其作用为防止雪融化后发生再结冰，或者作为防冰剂延缓冰层的形成；岩盐，其作用为融化冰；航空煤油，其作用为吹雪车发动机燃料；沙石粒；摩擦系数测试车测量专用轮胎；摩擦系数测试车打印机专用打印纸；温度计、pH 试纸、密度计。

4）除冰雪的通信和指挥

现场使用的通信设备有 800MHz、1800MHz 对讲机，机场内网小号电话，社会网大号电话，全球定位系统（Global Positioning System，GPS）设备。

5）道面除冰雪的主要方法

按照直接作用到冰雪并能够将冰雪清除作业的方法区分，可分为机械式物理法、机械式化学制剂法、机械式热力学方法和人工清扫法等 4 种方法。

以机械方式作业吹雪、扫雪或推雪时，如无强侧风，如图 5.1 所示，可以从道面中心或边线开始，将作业车按照"人"字形或梯形编队，实行联合作业；如果风向与跑道中线平行，则从跑道的上风口开始作业，将车辆按照"人"字形或梯形编队实行联合作业。扫雪方向和吹雪方向应与风向相同，或者使作业推进方向与风向相近。如果遇到强侧风，可从跑道上风口的一侧开始，使作业车辆呈现阶梯形斜线队形，实行联合作业，如图 5.2 所示。

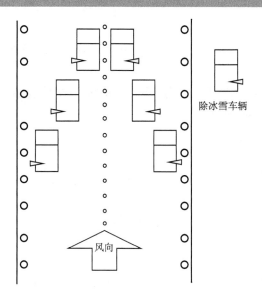

图 5.1　"人"字形编队作业示意图(无强侧风时)

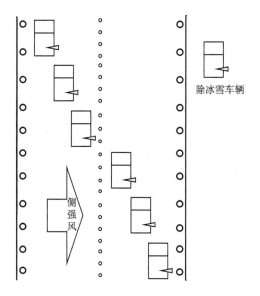

图 5.2　阶梯形斜线队形编队作业示意图(有强侧风时)

注意:

(1)在使用多台吹雪车呈"人"字形或梯形编队推雪或扫雪作业时,车辆之间应保持距离,前后车辆保持 7m 以上的间距,车辆行驶速度不得超过 30km/h 时,前后车距不得小于 12m,在作业现场还要根据车辆的制动效果和道面的摩擦系数来综合限定车辆前后间距。

(2)左右车辆的间距按照前面作业车辆的有效覆盖面宽度确定,要保证一定的重合宽度,左右车辆并行间距不得小于 3.5m,速度不得超过 30km/h。

(3)设备不能一次完成道面的冰雪清扫时,在续接作业面时要保证一定的作业面重叠宽度。重叠宽度因为作业设备和风速风向的不同而不同,无风情况下,推雪车作业可控制重叠宽度在 0～3m,扫雪车作业可控制重叠宽度在 0.1～0.4m,热吹式吹雪车作业可控制重叠宽度在 1～3m。

(4)停机坪的除冰雪应从机坪滑行道和机位滑行道开始,除冰雪效果要达到滑行道标志明显和中线灯清洁。

(5)在离飞机小于 5m 的地方,不得使用大型除冰雪机械设备,以免道路滑引起除冰雪车辆设备刹车制动失灵而撞坏飞机。

2. 冰雪情通告、雪情检查

1)雪情通告总则

(1)一份雪情通告发布两条以上跑道的雪情时,应重复 C～P 项,分别说明每条跑道的雪情。

(2)某些项目如无内容,该项代号和内容可以省略。

(3)发布雪情通告采用米制单位,但添发时不报计量单位。

(4)雪情通告的最长有效时间为 24h。在任何时候,雪情有重要变化,必须发布新的雪情通告。下列关于跑道情况的变化为重要变化:摩擦系数变化约 0.05;堆积物深度变化大于:干雪 20mm,湿雪 10mm,雪浆 3mm;跑道可用长度和宽度变化大于 10%;堆积物类别或覆盖范围有任何变化(此种变化应重新填写 F 项或 T 项);当跑道一侧或两侧有临界雪堆时,雪堆的高度或离跑道中心线的距离有任何变化;跑道助航灯光被遮盖,灯光亮度有明显变化;根据经验或当地环境,任何其他已知重要变化。

2)雪情通告的标准格式

为了便于计算机自动处理数据库内的雪情通告,采用简化报头。简化报头组成如下:

$$TTAAiiiiCCCCMMYYGGgg(BBB)$$

其中,TT 为雪情通告的识别标志,填写 SW;AA 为国家或地区地理位置识别代码;iiii 为四字组雪情通告编号;CCCC 为雪情通告所涉及的机场四字地名代码;MMYYGGgg 为观测的日期和时间,MM 代表月份,YY 代表日期,GGgg 代表时和分;BBB 为任选项,用同一编号更改先前发布的雪情通告,即 COR。

雪情通告单如表 5.2 所示。

表 5.2 雪情通告单

COM 报头	电报等级						收发单位＜≡		
	签发日期和时间						发电单位(代号)＜≡		
简化报头	(SMAA※顺序号)							(地名代码)(观测日期时间)(任选项)	
	S	W	※	※				＜≡	
SNOWTAM-(顺序号)									
机场名称(四字地名代码)							A)→		
观测日期和时间(测定结束时间,协调世界时)							B)→		
跑道代号							C)→		
扫清跑道长度/m							D)→		
扫清跑道宽度/m							E)→		

续表

COM 报头	电报等级	收发单位<≡
	签发日期和时间	发电单位(代号)<≡

全部跑道上堆积物 (自跑道代号数字的一端着陆入口开始，在跑道上每 1/3 地方观察) NIL 没有积雪，跑道上干雪 1-潮湿；2-湿或者小块结冰；3-雾凇或霜覆盖(深度一般不超过 1 毫米)；4-干雪；5-湿雪；6-血浆； 7-冰；8-压实或滚压的雪；9-冰冻的轮辙或冰辙	F)→
跑道总长度每三分之一的平均深度(毫米)	G)→
每三分之一跑道的摩擦系数和测量设备 测定或计算地系数或估计的表面摩擦系数 0.4 和以上好 -5 0.39-0.36 中/好 -4 0.35-0.30 中好 -3 0.29-0.26 中/差 -2 0.25 和以下差 -1 9 不可靠不可靠 -9 (引用测定系数时，采用观察的两位数字，后随所用摩擦力测量设备的简称；引用估计值时，采用 一位数字)	H)→
临界雪堆	J)→
跑道灯	K)→
进一步清扫计划	L)→
预期完成扫雪的时间	M)→
滑行道	N)→
滑行道雪堆	P)→
停机坪	R)→
下次计划观测时间	S)→
明语注	T)<≡

A 项为机场名称，填写四字地名代码；

B 项为观测日期和时间，由八位数字组成，按观测的月、日、时、分填写；

C 项为跑道代号，填写跑道代号数字小的一端的代号；

D 项为扫清的跑道长度，当小于公布的跑道长度时填写，单位为 m；

E 项为扫清的跑道宽度，当小于公布的跑道宽度时填写，单位为 m，自跑道代号数字小的一端着陆入口观测，如偏离跑道中心线左面或右面，应加注"左"或"右"；

F 项为跑道堆积物，跑道上的全部堆积物，自跑道代号小的一端着陆入口开始观测的跑道的每 1/3 地段的堆积物情况，用"/"分开；

G 项为平均跑道深度，自跑道代号小的一端着陆入口开始观测的跑道的每 1/3 地段的平均雪深，单位为 mm，用"/"分开，如果无法测量或者对云航不重要，用"××"表示。估计值应确定到：干雪 20mm，湿雪 10mm，雪浆 3mm；

H 项为跑道摩擦系数，自跑道代号小的一端着陆入口开始观测的跑道的每 1/3 地段的摩擦系数和测量设备，用"/"分开，测定或计算的系数为两位数，如果无此系数，采用一位数的估计表面摩擦系数，当道面情况或现有测量设备不允许进行可靠测量时，填入代码 9；

J 项为临界雪堆，如存在，自跑道代号数字小的一端着陆入口观测，填入高度(cm)和离跑道边缘的距离(m)，后随"左(L)"、"右(R)"或"左右(LR)"；

K 项为跑道灯，如跑道灯被遮盖，填入 YES，自跑道代号数字小的一端着陆入口观测，后随"左(L)"、"右(R)"或"左右(LR)"；

L 项为进一步清除计划，计划进一步扫除跑道的长度和宽度(m)，如果为跑道全长，填入 TOTAL；

M 项为预期完成扫雪的时间；

N 项为滑行道，滑行道雪情可以用表格中 F 项的代码来描述滑行道情况，如无滑行道填入 NO；

P 项为滑行道的雪堆，滑行道雪堆如存在，填入 YES，后随侧向距离(m)；

R 项为停机坪，停机坪雪情可用表格中 F 项的代码来描述，如果停机坪不能使用，填入 NO；

S 项为下次观测时间，填入计划下次观测或测定时间；

T 项为说明，用明语说明在运行上具有重要意义的资料，但应经常报告未清除的跑道长度，以及按下列方法报告跑道每 1/3(F 项)的污染范围：

跑道污染–10%表示被污染的跑道小于 10%；

跑道污染–25%表示被污染的跑道为 11%～25%；

跑道污染–50%表示被污染的跑道为 26%～50%；

跑道污染–100%表示被污染的跑道为 51%～100%。

3）雪情检查

依据主要的天气条件按先后顺序对飞行区道面实施检查：

(1)跑道与之相连的滑行道、联络道；

(2)连接跑道和停机坪的滑行道；

(3)通往导航支援站的道路；

(4)与跑道、滑行道相连接的所有服务型道路。

一号值班官员确定是否临时关闭机场，跑道摩擦系数降至 0.29 及以下时机场必须立即临时关闭。

3. 机场除冰雪运行管理

机场的除冰雪管理涉及运控中心、飞行区管理部等多个职能部门，除冰雪的速度和效果关系机场能否尽快恢复正常运行状态，是机场非常重视的项目。机场的除冰雪运行管理网络图如图 5.3 所示。

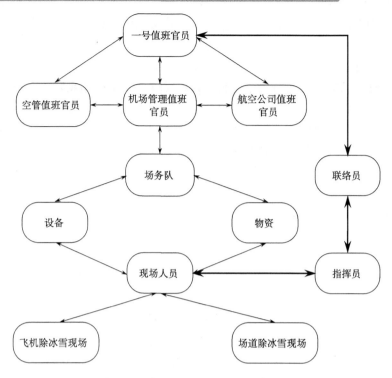

图 5.3　　机场除冰雪运行管理网络图

4. 除冰雪预案

1) 除冰雪预案的准备

预案制定的依据如下：

(1) 年降雪量、降雪天气、航班数；

(2) 设备数、设备的参数能力、速度、面积；

(3) 人员情况、技术水平、年龄、健康情况；

(4) 辅助设备，对讲机，全球定位系统，照明；

(5) 跑道面积、长度、宽度，滑行道面积、长度、宽度，机坪面积、长度、宽度以及辅助道面的参数；

(6) 冰雪天气下机场对外承诺的清扫时间；

(7) 冰雪天气下机场对外承诺的飞机除冰能力。

2) 除冰雪预案的制定

(1) 除冰雪准备工作。物资准备包括约定物资的种类、数量、质量、到位时间、储存方式和地点，消耗的燃料、易损易耗的备品备件。设备准备包括现有车辆设备的数量、状态、保养检修检查情况落实，照明设备、对讲通信设备、安全防护设备或装备的准备，服务车辆的准备。人员准备包括参加人员的数量、技术状况、健康状况、岗位分工、责任划分、人员培训等。

(2) 除冰雪期间的通信联络程序约定。将相关人员的通信联系方式、号码、频段、频率调整成册，形成通信联络网络图，登记后不得随意更改。

内部通信联络为作业小组内指挥员和操作员之间。

外部联系为作业小组指挥和现场总指挥、现场总指挥与塔台、塔台与指挥中心之间的联系。

(3)除冰雪工作程序。

降雪期保障机场的正常运行的工作目标是：①保证跑道摩擦系数达到机场开放标准；②助航灯光导航设备运行达到标准；③滑行道滑行线清晰；④机坪标志线清晰，特种车辆能正常停靠通行。该阶段作业车辆主要有吹雪车、扫雪车、推雪车、除冰剂撒布车、除冰液喷洒车等能够快速清理跑道上落雪的设备，以及摩擦系数测试车。

全面清雪期是指停雪后对飞行区积雪的全面清理。该阶段工作目标是清除飞行区内积雪。车辆主要有装载机、推雪车、运输卡车、吹雪车、摩擦系数测试车。

防冰期主要指在下雪后防止重要位置结冰。工作目标是保证跑道、机位线、特种车服务区、客桥活动区不结冰。车辆主要有除冰剂撒布车、除冰液喷洒车、摩擦系数测试车。

5.4　机场不停航施工的安全管理

不停航施工是指在机场不关闭或者部分时段关闭并按照航班计划接收和放行航空器的情况下，在飞行区内实施工程施工。不停航施工不包括在飞行区内进行的日常维护工作。机场不停航施工主要包括飞行区土质地带大面积沉陷的处理工程，围界、飞行区排水设施的改造工程等；跑道、滑行道、机坪的改扩建工程；扩建或更新改造助航灯光及电缆的工程；影响民用航空器活动的其他工程。

5.4.1　机场不停航施工的组织管理

1. 不停航施工组织管理

机场对不停航施工的安全管理应该建立施工组织管理方案，具体内容如下：

(1)工程内容、分阶段和分区域的实施方案、建设工期；

(2)施工平面图和分区详图，包括施工区域、施工区与航空器活动区的分隔位置、围栏设置、临时目视助航设施设置、堆料场位置、大型机具停放位置、施工车辆和人员通行路线和进出道口等；

(3)影响航空器起降、滑行与停放的情况和采取的措施；

(4)影响跑道、滑行道标志与灯光的情况和采取的措施；

(5)需要跑道入口内移的，对道面标志、助航灯光的调整说明和调整图；

(6)对跑道端安全区、无障碍物区和其他净空限制面的保护措施，包括对施工设备高度的限制要求；

(7)影响导航设施正常工作的情况和所采取的措施；

(8)对施工人员与车辆进出飞行区出入口的控制措施和对车辆灯光与标志的要求；

(9)防止无关人员和动物进入飞行区的措施；

(10)防止污染道面的措施；

(11)对沟渠和坑洞的覆盖要求；

(12)对施工中的漂浮物、灰尘、施工噪声和其他污染的控制措施；

(13)对无线电通信的要求；

(14)需要停用供水管线或消防栓，或消防救援通道发生改变、堵塞时，通知航空器救援和消防人员的程序与补救措施；

(15)开挖施工时对电缆、输油管道、给排水管线和其他地下设施位置的确定与保护措施；

(16)施工安全协调会议制度，所有施工安全相关方的代表姓名和联系电话；

(17)对施工人员和车辆驾驶员的培训要求；

(18)航行通告的发布程序、内容和要求；

(19)各相关部门的职责和检查的要求。

2．机场管理机构的管理

机场管理机构对机场不停航施工的管理包括：

(1)对施工图设计和招标文件中应当遵守的有关不停航施工安全措施的内容进行审查；

(2)在施工前，召开由相关单位和部门参加的联席会议，落实施工组织管理方案；

(3)与建设单位签订安全责任书，工程建设单位为机场管理机构时，机场管理机构应当与施工单位签订安全责任书；

(4)建立由各相关单位和部门代表组成的协调工作制度，并确保施工组织管理方案中所列各相关单位联系人和电话信息准确无误；

(5)每周或者视情召开施工安全协调会议，协调施工活动，在跑道、滑行道进行的机场不停航施工，应当每日召开一次协调会；

(6)对施工单位的人员培训情况进行抽查；

(7)对施工单位遵守机场管理机构所制定的人员和车辆进出飞行区的管理规定以及车辆灯光、标志颜色是否符合标准的情况进行检查；

(8)经常对施工现场进行检查，及时消除安全隐患。

3．建设单位和施工单位的职责

建设单位及施工单位应当做好如下工作：

(1)持有不停航施工组织管理方案的副本，遵守施工组织管理方案，确保所有施工人员熟悉施工组织管理方案中的相关规定和程序；

(2)至少配备两名接受过机场安全培训的施工安全检查员负责现场监督，并采用设置旗帜、路障、临时围栏或配备护卫人员等方式，将施工人员和车辆的活动限制在施工区域内。

5.4.2　机场不停航施工的管理规定

1．机场不停航施工的批准程序

(1)机场管理机构向民航地区管理局申请机场不停航施工时，应当提交下列资料：工程项目建设的有关批准文件；机场管理机构与工程建设单位或者施工单位签订的安全责任书；施工组织管理方案及附图；各类应急预案；调整机场飞行程序、起飞着陆最低标准、航空器起降架次、航班运行时刻的有关批准文件。

(2)民航地区管理局应当自收到不停航施工申请材料之日起 15 日内做出同意与否的决定。符合条件的，应当予以批准；不符合条件的，应当书面通知机场管理机构并说明理由。

(3)机场不停航施工经批准后,机场管理机构应当按照有关规定及时向驻场空中交通管理部门提供相关基础资料,并由空中交通管理部门根据有关规定发布航行通告。涉及机场飞行程序、起飞着陆最低标准等更改的,资料生效后,方可开始施工;不涉及机场飞行程序、起飞着陆最低标准等更改的,通告发布 7 日后方可开始施工。

2. 不停航施工的一般规定

(1)在跑道有飞行活动期间,禁止在跑道端之外 300m 以内、跑道中心线两侧 75m 以内的区域进行任何施工作业。

(2)在跑道端之外 300m 以内、跑道中心线两侧 75m 以内的区域进行的任何施工作业,在航空器起飞、着陆前 0.5h,施工单位应当完成清理施工现场的工作,包括填平、夯实沟坑,将施工人员、机具、车辆全部撤离施工区域。

(3)在跑道端 300m 以外区域进行施工的,施工机具、车辆的高度以及起重机悬臂作业高度不得穿透障碍物限制面。在跑道两侧升降带内进行施工的,施工机具、车辆、堆放物高度以及起重机悬臂作业高度不得穿透内过渡面和复飞面。施工机具、车辆的高度不得超过 2m,并尽可能缩小施工区域。

(4)在滑行道、机坪道面边以外进行施工的,当有航空器通过时,滑行道中线或机位滑行道中线至物体的最小安全距离范围内,不得存在影响航空器滑行安全的设备、人员或其他堆放物,并不得存在可能吸入发动机的松散物和其他可能危及航空器安全的物体。

(5)临时关闭的跑道、滑行道或其一部分,应当按照《民用机场飞行区技术标准》的要求设置关闭标志。已关闭的跑道、滑行道或其一部分的灯光不得开启。关闭区域的进口处应当设置不适用地区标志物和不适用地区灯光标志。

(6)在机坪区域进行施工的,对不适宜于航空器活动的区域,必须设置不适用地区标志物和不适用地灯光标志。

(7)因不停航施工需要跑道入口内移的,应当按照《民用机场飞行区技术标准》设置或修改相应的灯光及标志。

(8)施工区域与航空器活动区应当有明确而清晰的分隔,如设立施工临时围栏或其他醒目隔离设施。围栏应当能够承受航空器吹袭。围栏上应当设旗帜标志,夜晚应当予以照明。

(9)施工区域内的地下电缆和各种管线应当设置醒目标志。施工作业不得对电缆和管线造成损坏。

(10)在施工期间,应当定期实施检查,保持各种临时标志、标志物清晰有效,临时灯光工作正常。航空器活动区附近的临时标志物、标记牌和灯具应当易折,并尽可能接近地面。

(11)邻近跑道端安全区与升降带平整区的开挖明沟和施工材料堆放处,必须用红色或橘黄色小旗标示以示警告。在低能见度天气和夜间,还应当加设红色恒定灯光。

(12)未经机场消防管理部门批准,不得使用明火,不得使用电、气进行焊接和切割作业。

(13)在导航台附近进行施工的,应当事先评估施工活动对导航台的影响。因施工需要关闭导航台或调整仪表进近最低标准的,应当按照民航局的其他有关规定履行批准手续,并在正式实施前发布航行通告。

(14)施工期间，应当保护好导航设施临界区、敏感区的场地。航空器运行时，任何车辆、人员不得进入临界区、敏感区。不得使用可能对导航设施或航空器通信产生干扰的电气设备。

(15)易飘浮的物体、堆放的材料应当加以遮盖，防止被风或航空器尾流吹散。

(16)在航班间隙或航班结束后进行施工，在提供航空器使用之前必须对该施工区域进行全面清洁。施工车辆和人员的进出路线穿越航空器开放使用区域，应当对穿越区域进行不间断检查。发现道面污染时，应当及时清洁。

(17)因施工使原有排水系统不能正常运行的，应当采取临时排水措施，防止因排水不畅造成飞行区淹没。

(18)因施工而影响机场消防、应急救援通道和集结点正常使用时，应当采取临时措施。

(19)进入飞行区的施工车辆顶部应当设置黄色旋转灯标，并处于开启状态。

(20)施工车辆、机具的停放区域和堆料场的设置不得阻挡机场管制塔台对跑道、滑行道与机坪的观察视线，也不得遮挡任何使用中的助航灯光、标记牌，并不得超过净空限制面。

(21)施工单位应当与机场现场指挥机构建立可靠的通信联系。施工期间应当派施工安全检查员现场值守和检查，并负责守听。安全检查员必须经过无线电通信培训，熟悉通信程序。

5.5　民用机场安全环境保护

民用机场所在地地区民用航空管理机构和有关地方人民政府，应当按照国家有关规定划定民用机场净空保护区域，并向社会公布。

县级以上地方人民政府审批民用机场净空保护区域内的建设项目，应当书面征求民用机场所在地地区民用航空管理机构的意见。

在民用机场净空保护区域内设置 22 万伏以上(含 22 万伏)的高压输电塔的，应当按照国务院民用航空主管部门的有关规定设置障碍灯或者标志，保持其正常状态，并向民用机场所在地地区民用航空管理机构、空中交通管理部门和机场管理机构提供有关资料。

禁止在民用机场净空保护区域内从事下列活动：

(1)排放大量烟雾、粉尘、火焰、废气等影响飞行安全的物质；

(2)修建靶场、强烈爆炸物仓库等影响飞行安全的建筑物或者其他设施；

(3)设置影响民用机场目视助航设施使用或者飞行员视线的灯光、标志或者物体；

(4)种植影响飞行安全或者影响民用机场助航设施使用的植物；

(5)放飞影响飞行安全的鸟类，升放无人驾驶的自由气球、系留气球和其他升空物体；

(6)焚烧产生大量烟雾的农作物秸秆、垃圾等物质，或者燃放烟花、焰火；

(7)在民用机场围界外 5m 内，搭建建筑物、种植树木，或者从事挖掘、堆积物体等影响民用机场运营安全的活动；

(8)国务院民用航空主管部门规定的其他影响民用机场净空保护的行为。

在民用机场净空保护区域外从事上述活动的，不得影响民用机场净空保护。

禁止在距离航路两侧边界各 30km 以内的地带修建对空射击的靶场和其他可能影响飞

行安全的设施。

民用航空管理部门和机场管理机构应当加强对民用机场净空状况的核查。发现影响民用机场净空保护的情况，应当立即制止，并书面报告民用机场所在地县级以上地方人民政府。接到报告的县级以上地方人民政府应当及时采取有效措施，消除对飞行安全的影响。

民用机场所在地地方无线电管理机构应当会同地区民用航空管理机构按照国家无线电管理的有关规定和标准确定民用机场电磁环境保护区域，并向社会公布。

民用机场电磁环境保护区域包括设置在民用机场总体规划区域内的民用航空无线电台(站)电磁环境保护区域和民用机场飞行区电磁环境保护区域。

设置、使用地面民用航空无线电台(站)，应当经民用航空管理部门审核后，按照国家无线电管理有关规定办理审批手续，领取无线电台执照。

在民用机场电磁环境保护区域内设置、使用非民用航空无线电台(站)的，无线电管理机构应当在征求民用机场所在地地区民用航空管理机构意见后，按照国家无线电管理的有关规定审批。

禁止在民用航空无线电台(站)电磁环境保护区域内，从事下列影响民用机场电磁环境的活动：

(1)修建架空高压输电线、架空金属线、铁路、公路、电力排灌站；

(2)存放金属堆积物；

(3)种植高大植物；

(4)从事掘土、采砂、采石等改变地形地貌的活动；

(5)国务院民用航空主管部门规定的其他影响民用机场电磁环境的行为。

任何单位或者个人使用的无线电台(站)和其他仪器、装置，不得对民用航空无线电专用频率的正常使用产生干扰。

民用航空无线电专用频率受到干扰时，机场管理机构和民用航空管理部门应当立即采取排查措施，及时消除；无法消除的，应当通报民用机场所在地地方无线电管理机构。接到通报的无线电管理机构应当采取措施，依法查处。

在民用机场起降的民用航空器应当符合国家有关航空器噪声和涡轮发动机排出物的适航标准。

机场管理机构应当会同航空运输企业、空中交通管理部门等有关单位，采取技术手段和管理措施控制民用航空器噪声对运输机场周边地区的影响。

民用机场所在地有关地方人民政府制定民用机场周边地区的土地利用总体规划和城乡规划，应当充分考虑民用航空器噪声对民用机场周边地区的影响，符合国家有关声环境质量标准。

机场管理机构应当将民用航空器噪声对运输机场周边地区产生影响的情况，报告有关地方人民政府国土资源、规划建设、环境保护等主管部门。

民用机场所在地有关地方人民政府应当在民用机场周边地区划定限制建设噪声敏感建筑物的区域并实施控制。确需在该区域内建设噪声敏感建筑物的，建设单位应当采取措施减轻或者避免民用航空器运行时对其产生的噪声影响。民用机场所在地有关地方人民政府应当会同地区民用航空管理机构协调解决在民用机场起降的民用航空器噪声影响引发的相关问题。

5.6　鸟害及动物侵入防范

5.6.1　机场动物入侵与生态环境的管理规定

1. 动物入侵管理规定

鸟害和其他动物入侵严重影响了航空运行的安全，关于机场的动物入侵防范的管理规定主要如下。

(1)机场管理机构应当采取综合措施，防止鸟类和其他动物对航空器运行安全产生危害，最大限度地避免鸟类和其他动物撞击航空器。

从对中国民用航空鸟击情况研究和国际民航组织的统计，飞机的鸟击75%发生在距地面200ft(1ft=0.3048m)以下，90%发生在1000ft以下。所以飞机被鸟击多发生在起飞和着陆过程中。因此只要控制飞机起飞和降落 200ft 的高度范围的航道上没有鸟类活动就可减少75%的鸟击事件，如可控制1000ft范围内的鸟类活动，鸟击事件就可减少90%。

(2)机场管理机构应当每年至少对机场鸟类危害进行一次评估。评估内容包括机场鸟害防范管理机构设置及职责落实情况，机场生态环境调研情况，鸟害防范措施的效果，鸟情信息的收集、分析、利用及报告等。

(3)机场管理机构应当根据机场鸟害评估结果和鸟害防范的实际状况，制定并不断完善机场鸟害防范方案。方案至少应当包括鸟害防范管理机构及其职责，生态环境调研制度和治理方案，鸟情巡视和驱鸟制度，驱鸟设备的配备和使用管理制度，重点防治的鸟种，鸟情信息的收集和分析，鸟情通报及鸟击报告制度。

(4)机场管理机构应当不定期向机场周边居民宣传放养鸽子对飞行安全的危害，并配合当地政府发布限制放养鸽子的规定，积极协调当地政府有关行政主管部门，控制和减少机场附近区域内垃圾场、养殖场、农作物(植物)晾晒场、鱼塘、养鸽户的数量和吸引鸟类的农作物、树木等。

(5)机场飞行区、围界、通道口和排水沟出口应当能防止动物侵入机场飞行区。在民用机场围界外5m内禁止搭建任何建筑和种植树木。

2. 生态环境调研和环境治理

(1)机场管理机构应当持续地开展鸟害防范基础性调研，全面掌握机场内及其附近地区的生态环境、鸟类种群、数量、位置分布及其活动规律；绘制鸟类活动平面图；掌握机场内及其附近地区与鸟情动态密切相关的生物类群及影响因素的时间、空间分布情况，分析其中的关系；据此制定和不断完善鸟害防范实施方案，确定各阶段应当重点防范的对象，有针对性地实施鸟害防范措施。

(2)机场鸟类活动平面图应当至少涵盖机场障碍物限制面的锥形面外边界所包含的范围，并应当包括垃圾场、饲养场、屠宰场、农作物、灌木林、沟塘及其他吸引鸟类活动的设施或者场地的位置，大鸟和群鸟(含候鸟)的筑巢地、觅食地、飞行路线、飞行高度、出没时间等。机场鸟类活动平面图应当根据实际情况及时调整和更新。

(3)机场管理机构应当在机场围界内定期采取设置鼠夹和撒布药物等措施，灭杀老鼠、兔子等啮齿类动物。设置的鼠夹和撒布的药物应当记录，并设置醒目的警示标志，防止伤及人员。撒布药物应当使用专用工具；应当指定人员对鼠夹和药物进行管理，及时补充药物和更换鼠夹。

(4)机场管理机构应当定期巡视检查并清除机场建筑物角落和周边树上的鸟巢。

(5)机场管理机构应当尽可能减少机场范围内的表面水，及时排除水坑、洼地上的积水，定期清理排水沟，避免昆虫和水生物的滋生。

(6)飞行区内禁止种植农作物和吸引鸟类的其他植物、进行各类养殖活动、设置露天垃圾场和垃圾分拣场。

(7)机场管理机构应当在其机场年度鸟类危害管理方案中明示机场内外的吸引鸟的主要因素，以及为实现生态环境管理目标所采取措施的先后次序及其起始与完成日期。

5.6.2　巡视驱鸟要求及驱鸟设备管理

1. 巡视驱鸟的要求

(1)机场管理机构应当在环境整治的基础上，根据鸟情特点，采取惊吓、设置障碍物、诱杀、捕捉等手段或其组合实施鸟害防范工作。所采取的驱鸟手段应当符合相关的法律、法规和规章要求，并确保人身安全，避免污染环境。

(2)在机场有飞行活动期间，机场管理机构应当不间断地进行巡视和驱鸟。

(3)机场管理机构应当指定专人管理驱鸟枪、弹药、煤气炮、语音驱鸟设备、捕鸟网、视觉仿真装置等，确保设备完好并得到正确使用。驱鸟枪支的使用和保管应当符合《中华人民共和国枪支管理法》及《民用机场驱鸟枪支管理办法》的规定。

2. 鸟情信息的收集、分析与利用

(1)鸟情巡视人员应当加强观察，记录观察到的鸟种、数量、飞行路线、飞行高度、活动目的及原因分析、采取的措施及效果。

(2)鸟情巡视人员应当观察机场虫情、草情、鼠类等动物情况，并做好记录。

(3)机场管理机构应当根据鸟情巡视人员记录、鸟击信息、生态调研情况等基础资料，建立鸟情信息库，并定期对鸟情信息资料进行分析比较，编制鸟情信息分析报告。该报告应当包括：

①可能危害飞行安全的主要鸟种以及出现的区域、时间段、原因、有效防范手段等；

②采取的控制措施对减少鸟类的种类与数量的效果，如安装或修理防护栏、修剪树木、清除建筑残余物、施用杀虫剂或驱虫剂、施用灭鼠药、草的高度管理、在机库安装网以及消除积水等；

③与前期相比鸟的种群、数量的变化情况，产生变化的相应原因；

④生态环境的变化和可能带来的影响；

⑤下一阶段可能危及飞行安全的鸟的种群、数量；

⑥推荐的防治措施和需要引起驱鸟员注意的事项；

⑦鸟害防范工作的成效和不足。

(4)机场管理机构应当根据鸟情信息分析报告和鸟害防范评估报告，每年末对下一年度机场鸟害、虫害、鼠害等进行预测，制定防治措施。

(5)机场管理机构应当将鸟情信息分析报告和鸟害防范评估报告提供给驻场航空运输

企业。对飞行安全有危害的鸟种及机场防治鸟害的主要措施应当在航行资料上公布。

3. 鸟情和鸟击报告制度

(1)当鸟情巡视人员发现鸟情可能危及飞行安全或者发现有规律的鸟群迁徙时,应当立即向空中交通管理部门通报。空中交通管理部门应当视情发布航行通告。

(2)在机场及附近发生航空器遭鸟撞击的事件时,机场管理机构应当以快报形式,向机场所在地民航地区管理局报告航空器遭鸟撞击的有关情况(包括航空器遭鸟撞击的时间、地点、高度及相关情况),并尽可能搜集和保存鸟撞击航空器的物证材料(如鸟类的尸骸、残羽、照片等)。机场管理机构应当在鸟击事件发生 24h 内,按照中国民航鸟击报告格式将有关情况报中国民航鸟击航空器防范信息网。在跑道上发现的被撞死鸟,亦应当按前款要求报中国民航鸟击航空器防范信息网。鸟击事件报告表格式见表 5.3。

表 5.3　鸟击事件报告表

日期		机型		机号	
航段		航班号		前方起飞时间	
				本场落地时间	
				本场起飞时间 (起飞鸟击填写)	
鸟击高度		鸟击时间		发生阶段	
鸟击部位		损伤尺寸		损伤程度	
残留物		照　片		发现单位	
伤口新旧		造成影响			
事件类型	鸟击	事件性质			
填报人		联系电话			

5.7　机场滑行道及机坪的安全管理

5.7.1　机坪运行的安全管理

1. 机坪事故的原因总结

(1)规章或标准操作程序(Standard Operating Procedure,SOP)不充分,或没有遵守规章和标准。

(2)纪律差和监督不充分引起许多事故(尤其是车辆速度过快导致的)。

(3)设备不正确使用或滥用地面服务设备。

(4)持续运动(和混乱)的动态环境甚至对于有经验的人员来说保持情景意识都是困难的。

(5)天气限制人的行为能力。

(6)培训与风险暴露。公司通常对有技能的员工进行充分的培训。然而在停机坪上每天暴露在重大风险中的高比例的没有技术的工人通常很少能接受安全培训和监督。

(7)人的行为能力。机坪事故通常涉及人的因素，这些人的因素起因于人的判断错误、视力模糊、紧张、分心、时间(或同事)的压力、自满、无知、疲劳、监视或监督不够。

2. 机坪检查及机位管理

(1)机坪的物理特性、标志线、标记牌等应当持续符合《民用机场飞行区技术标准》及其他有关标准和规范的要求。

(2)机位调配应当按照下列基本原则确定：发生紧急情况或执行急救等特殊任务的航空器优先于其他航空器；正常航班优先于不正常航班；大型航空器优先于中小型航空器；国际航班优先于国内航班。机场管理机构应当根据实际情况制定机位调配细则。

(3)当机场发生应急救援、航班大面积延误、航班长时间延误、恶劣气象条件、专机保障以及航空器故障等情况时，机场管理机构有权指令航空运输企业或其代理人将航空器移动到指定位置。拒绝按指令移动航空器的，机场管理机构可强行移动该航空器，所发生的费用由航空运输企业或者其代理人承担。

(4)在航空器进入机位过程中，任何车辆、人员不得从航空器和接机指挥人员(或目视泊位引导系统)之间穿行。

(5)航空器进入机位前，该机位应当保持：除负责航空器入位协调的人员外，各类人员、车辆、设备、货物和行李均应当位于划定的机位安全线区域外或机位作业等待区内；车辆、设备必须制动或固定；有液压装置的保障作业车辆、设备，必须确保其液压装置处于回缩状态；保障作业车辆在等待时，驾驶员应当随车等候；所有设备必须有人看守；廊桥活动端必须处于廊桥回位点。

(6)接机人员应当至少在航空器入位前 5min，对机位适用性进行检查。主要检查项目包括：机位是否清洁；人员、车辆及设备是否处于机位安全线区域外或机位作业等待区内；廊桥是否处于廊桥回位点；是否有其他影响航空器停靠的障碍物。

(7)在航空器处于安全靠泊状态后，接机人员应当向廊桥操作人员或客梯车驾驶员发出可以对接航空器的指令。廊桥操作人员或客梯车驾驶员接到此指令后，方可操作廊桥或客梯车对接航空器。航空器安全靠泊状态应当满足发动机关闭，防撞灯关闭，轮挡按规范放置，航空器刹车松开。

3. 航空器机坪运行管理

(1)航空器试车的要求。一般情况下，航空器不得在机坪试车；机场管理机构应当设立试车坪或者指定试车位置。试车坪或者指定试车位置应当设有航空器噪声消减设施，并应当具备安全防护措施；发动机大功率试车应当在试车坪或机场管理机构指定的位置进行，并且应当在机场管理机构指定的时间段内进行；发动机怠速运转、不推油门的慢车测试和以电源带动风扇旋转、发动机不输出功率的冷转测试，应当在机场管理机构指定的位置进行；任何类型的航空器试车，必须由专人负责试车现场的安全监控，并且应当根据试车种类设置醒目的"试车危险区"警示标志。无关人员和车辆不得进入试车危险区。

(2)航空器维修的要求。除紧急情况下外，任何单位不得在跑道、滑行道上实施航空器维修；在机坪内进行航空器维护、添加润滑油和液压油及其他保障工作时，不得影响机位的正常调配和机坪内其他保障工作的正常运行，并应当采取有效措施防止对机坪造成污染和腐蚀；对机坪造成污染和腐蚀所发生的治理费用由造成污染的单位承担；维修结束后，维修部门应当及时清理现场；清洗航空器应当在机场管理机构指定的位置进行。

(3)航空器除冰、防冰作业的要求。航空器除冰作业应当在机场管理机构指定的地点进行；机场管理机构未指定除冰作业区，在机位上除冰时，机场管理机构应当制定除冰液回收措施，防止除冰液对道面的化学腐蚀或者冻融循环的物理损坏；在有条件的机场，机场管理机构应当建立专用除冰坪，并设置除冰液回收设施，减少对环境的污染；负责航空器除冰的航空运输企业、机场或者其他单位应当配备足够的航空器除冰设备，防止因除冰设备或者设施不足，延误航空器正常出港。

(4)机组在航空器进入设置目视泊位引导系统的机位时，发现有疑问的引导指示，或进入由人工引导入位的机位时发现地面协调员未就位，应当立即停止航空器滑行，及时通报空中交通管理部门，并应当保持发动机运转，等待后续处置。空中交通管理部门应当及时通知机场运行部门进行处理。

(5)航空器型别、注册号或航班计划变更时，航空器营运人应当立即向空中交通管理部门和机场管理机构通报。

(6)航空器在跑道和滑行道区域发生故障时，机组应当及时向空中交通管理部门通报情况。航空器营运人及其代理人应当尽快使航空器脱离跑道、滑行道区域。

(7)航空器长时间停放、过夜停放应当取得机场管理机构的同意。

(8)航空器保障作业过程中出现任何意外情况，有关人员应当及时通知机场管理机构，航空器保障作业单位和机场管理机构应当及时采取措施予以处理。

(9)旅客步行通过机坪上下航空器时，航空器营运人或者其代理人应当安排专人引导。旅客通行路线不得穿越航空器滑行路线，任何车辆不得横穿旅客队伍。

4. 机坪车辆及设施设备管理

(1)因保障作业需要放置于机坪内的特种车辆(含拖把)、集装箱、行李和集装箱托盘等特种设备，应当停泊或放置于指定的白色设备停放区和车辆停放区内。作业人员离开后，车辆、设备应当保持制动状态，并将启动钥匙与车辆、设备分离存放。保障工作结束后，各保障部门应当及时将所用设备放回原区域，并摆放整齐。

(2)在廊桥活动端移动范围内应当采用红色线条设置廊桥活动区，禁止任何车辆和设备进入。廊桥活动区内应当标示廊桥回位点。廊桥处在非工作状态时，应当将廊桥停留在廊桥回位点。廊桥操作人员进行靠桥、撤桥作业时，禁止其他人员进入廊桥活动端。

(3)机位应当设置白色机位作业等待区、红色机位安全线。车辆和设备与航空器应当保持足够的安全距离。

(4)在航空器处于安全停泊状态后、廊桥或客梯车与航空器对接完成前，除电源车外，其他保障车辆、设备不得超越红色机位安全线，实施保障作业。电源车、气源车和空调车为航空器提供服务时，不得妨碍廊桥的保障作业。

(5)在确认航空器处于安全停泊状态后，接机人员应当在距航空器发动机前端1.5m处、机尾和翼尖水平投影处地面设置醒目的反光锥形标志物(高度不小于 50cm，质量能防止 5 级风吹移。在预计机场风力超过 5 级时，机场管理机构应当通知航空器维修部门不再在航空器周围摆放反光锥形标志物)。航空器自行滑出的机位，在机头水平投影处地面也应当设置反光锥形标志物。

(6)保障车辆对接航空器时的速度不得超过 5km/h。保障车辆对接航空器前，必须在距航空器 15m 处先试刹车，确认刹车良好后方可实施对接。保障车辆、设备对接航空器时，应当与航空器发动机、舱门保持适当的安全距离。

(7)保障车辆对接航空器后，应当处在制动状态，并设置轮挡。液压升降车辆或设备对接航空器时，应当在液压升降筒或脚架升降到工作位置后，方可开始作业。

(8)保障车辆、设备在为航空器提供地面保障作业时，其他车辆、设备不得进入该机位作业区域。

(9)装卸平台车、行李传送带车在行驶中不得载运任何货物、行李和其他物品。

(10)所有具有液压及作业装置的车辆在行驶过程中均应当使液压作业装置处于收回状态。

(11)机坪范围内的加油井、消防井、电缆井、供水井及其他各类井的井盖本身及周边至少 20cm 以内均应当涂刷成红色；井盖开启时，应当在井盖旁设置醒目的反光锥形标志物；车辆设备的停放处应当尽量避开井盖。

(12)机位临时处于不适用状态时，应当设置不适用地区标志物，防止航空器、车辆误入该区域。

(13)机坪内易被行驶车辆剐碰的建筑物、固定设施等，应当设置防撞警示标志、限高标志。重要的建筑物构件、设施设备应当设置防撞保护装置。

(14)夜间使用的机坪(包括除冰坪和隔离机坪)应当定期检测机坪泛光照明的照度等，确保泛光照明设施持续有效。

5. 机坪作业人员管理

(1)所有在机坪从事保障作业的人员，均应当接受机场运行安全知识、场内道路交通管理、岗位作业规程等方面的培训，并经考试合格后，方可在机坪从事相应的保障工作。培训和考核的内容由机场管理机构确定，培训和考核的方式由机场管理机构与驻场单位协商确定。机场管理机构应当建立在空侧从事相关保障作业的所有人员的培训、考核记录档案，相关保障单位也应当建立本单位人员的培训、考核记录档案。

(2)所有在机坪从事保障作业的人员，均应当按规定佩戴工作证件，穿着工作服，并配有反光标志。

(3)未经机场管理机构批准，任何人员不得在机坪内从事与保障作业无关的活动。

(4)各保障单位应当按有关规定为员工配备足够的防护用品。

6. 机坪环境卫生管理

(1)机坪应当保持清洁，无道面损坏造成的残渣碎屑、机器零件、纸张以及其他影响飞行安全的杂物。

(2)易燃液体应当用专用容器盛装，并不得倒入飞行区排水系统内。

(3)各类油料、污水、有毒有害物及其他废弃物不得直接排放在机坪上。

发现污染物时应当及时进行清除，对于在地面上形成液态残留物的油料，应当先回收再清洗。

(4)在机坪内不得进行垃圾分拣。

7. 机坪消防管理

(1)机场管理机构应当在机坪内适当位置设置醒目的"禁止烟火"标志,并公布火警电话号码。

(2)未经机场管理机构批准,任何人不得在飞行区内动用明火、释放烟雾和粉尘。

(3)机坪内禁止吸烟。

(4)机场管理机构应当按照《民用航空运输机场消防站装备配备》、《民用航空运输机场飞行区消防设施》和《民用航空器维修地面安全》第 10 部分"机坪防火"的规定为机坪配备相应的消防设施设备,并定期检查。

(5)机坪内的消防通道和消防设施设备应当予以醒目标志。车辆或设备的摆放不得影响消防通道、消防设备以及应急逃生通道的使用。

(6)任何人员发现机坪内出现火情或等火灾隐患时,均应当立即报告消防部门,并应当在消防部门到达现场前先行采取灭火措施。机坪内火灾扑灭后,相关单位及人员应当保护好火灾现场,并及时报告公安消防管理部门,由公安消防管理部门进行火灾事故勘查。

(7)在飞行区设置特种车辆加油站或在机坪上为特种车辆提供流动加油服务作业的,机场管理机构应当事先取得民航局同意。

5.7.2　跑道入侵及防范

1. 跑道入侵的定义

国际民航组织定义跑道入侵为在机场的任何航空器、车辆或人员错误进入指定用于航空器着陆和起飞的地面保护区的情况。

美国联邦航空管理局定义跑道入侵为在机场跑道环境内涉及地面航空器、车辆、人员或物体对正在起飞、准备起飞、正在着陆或准备着陆的航空器产生碰撞危险或导致丧失所需间隔的所有事件。

加拿大运输部定义跑道入侵为人员、车辆或航空器在未经授权或者计划的情况下,进入或接近任何使用的跑道。

2. 跑道入侵的严重度分类

(1)国际民航组织对跑道入侵严重程度规定分为事故 A~E 等级。

A 类:非常严重的事件,在这个事件中勉强地避免了碰撞。

B 类:一个较大的事件,在这个事件中间隔降低并极有可能碰撞,这可能导致应急的纠正逃避响应去避免碰撞。

C 类:一个较小的事件,表现为有充裕的时间或距离避免碰撞。

D 类:事件符合跑道侵入的定义,如单个车辆、人员、航空器错误地出现在为着陆和起飞航空器指定的地面保护区,但是没有直接的安全后果。

E 类:由于不充足的信息、非决定性的或相矛盾的证据,而无法进行严重程度评定。

(2)美国联邦航空管理局把跑道入侵事件的严重程度分为 A~D 等 4 类,见表 5.4。

(3)加拿大民用航空运输部把跑道入侵事件的严重程度分为可以忽略的、低、中、高、极端的 5 个级别。

表 5.4 美国联邦航空管理局跑道分类

类别	定义	举例
A	间隔减少，需要采取极端的行动以尽可能避免碰撞	一架飞机穿过等待位置标志，滑行到一条正在使用的跑道的近端并停下来，另一架飞机正准备在该跑道上接地着陆
B	间隔减少，潜在的碰撞可能性极大	一架飞机穿过等待位置标志，并且滑行穿过一条正在使用的跑道的近端，同时另一架飞机被许可在短五边上着陆
C	间隔减少，但是还没有充足的时间和距离避免潜在的碰撞	一架飞机穿过等待位置标志，并且滑行穿过一条正在使用的跑道的远端，同时另一架飞机正在另一端着陆
D	符合跑道入侵定义，但是发生碰撞的可能性极小或根本不可能	一架飞机穿过等待位置标志，并且滑行穿过一条正在使用的跑道，但是机场附近没有其他飞机运行

3. 跑道入侵的常见情景

跑道入侵常见的情景有四种。

(1) 跑道与滑行道交叉，一架飞机在跑道上起飞/着陆，另一架飞机穿越跑道滑行。

(2) 两架飞机同时在同一跑道上起飞或着陆。

(3) 飞机在错误的跑道上起飞、着陆或对准错误的跑道。

(4) 两架飞机同时在交叉跑道上起飞或着陆。

4. 跑道入侵的原因

飞行员、管制员、车辆驾驶员和行人都可能引起跑道入侵，为此将跑道入侵的原因归结为三类：飞行员偏差(Pilot Deviation，PD)、运行偏差(Operation Error，OE)、车辆/行人偏差(Vehicle/Pedestrian Deviation，V/PD)。飞行员偏差是一种飞行员违反联邦航空规章的行为。例如，飞行员在按照批准航路进入机场进出点时，没有遵守空中交通管制关于禁止飞越使用中跑道的指令。运行偏差是一种空中交通管制员的行为，导致两架或多架航空器之间，或航空器和障碍物包括跑道上的车辆、设备和人员之间低于所需最低间隔。航空器在对航空器关闭的跑道上着陆或起飞。车辆/行人偏差包括车辆、行人和其他物体未经空中交通管制批准，进入或在跑道活动区域运动，干扰航空器的运行。其中，飞行员偏差导致跑道入侵的比例最大，其次是运行偏差，最后是车辆/行人偏差。

飞行员偏差的原因主要有省略复述、分心、驾驶舱资源管理崩溃、偏离标准操作程序、缺乏交流、通信中断、不熟悉机场标志、不熟悉机场、缺乏在有塔台机场上的经验、没有使用机场图、不听从指令等。运行偏差的主要原因主要在于管制员有遗忘、分神、协调不力、丧失情景意识、判断错误、盲目自满以及错误的假设等。

5. 跑道入侵的预防措施

(1) 看懂机场标记牌、标志和灯光。

(2) 滑行时打开飞机灯光，包括旋转信标或闪光灯，确保飞机能被其他人看到。

(3) 当不确定空中交通管制指定滑行路线时，请求空中交通管制解释并进一步给出滑行指令。

(4) 即使接受了空中交通管制许可，横穿跑道等待线、进入或穿越滑行道之前，应经常检查交通情况。

(5) 着陆后，尽快脱离正在使用的跑道，滑行到等待线外，然后停下来请求指示。

(6) 在驾驶飞机上，尽量避免不必要的谈话。

(7) 查看航行通告（Notice to Airmen，NOTAM）中关于跑道滑行道关闭以及目的地施工建设信息。

(8) 复述包含等待指令在内的所有滑行许可指令。

(9) 使用统一的标准术语。

(10) 明白每一条指示、许可指令并且确认收到，若有疑问，询问空中交通管制。

(11) 滑行时保持抬头观察驾驶舱外的情况。

(12) 注意守听空中交通管制所有的无线电通话，有助于对所有飞机活动有大体的了解。

5.7.3　机坪外来物评估与对策

1. 机坪外来物

机场定期对机坪的外来物进行测评、分类、分析，以把握外来物特征，抑制外来物，保持机坪的整洁，维护航空器运行安全。机坪外来物包括螺杆、行李锁、铁珠、金属垫片、金属货物、汽车配件、铁片、石子等，如图 5.4 所示。图 5.5 为外来物桶标志。

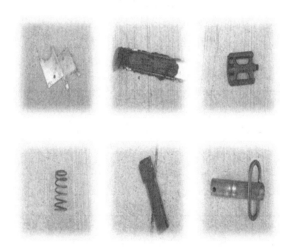

图 5.4　机坪中的外来物

图 5.5　外来物桶标志

机坪拾取的主要外来物根据其对飞机运行的影响程度划分见表 5.5。

表 5.5　机坪外来物

危险程度划分	外来物名称
高危外来物	行李锁
	螺丝、螺帽
	其他金属(小铁块、弹簧等)
	石子、混凝土
中危外来物	饮料瓶
	报纸、纸板
	其他外来物(手套、小毛巾、塑料等)
低危外来物	泡沫、包装袋、纸条
	油污面积(m²)/清洗次数

2. 机坪外来物评估与改进

采用定量和定性的测量法对外来物来源进行初步评估，评估外来物来源的可能性、危险度，进而确定相应风险等级的区域和外来物，评估飞行区外来物指数。表 5.6 和表 5.7 分别为外来物区域分级评估表和外来物危险度分析评估表。

表 5.6　外来物区域分级评估表

产生外来物的场所	定义	数值
高危区	跑道、滑行道	8
中危区	机坪主滑行线	5
	机位滑行线及机位	3
	机坪其他区域	2
低危区	外围服务车道	1

表 5.7　外来物危险度分析评估表

外来物危险度	定义		数值
高危外来物	金属类(螺丝、螺帽、行李锁等)	0～50g	4
		50～150g	5
		150g 以上	8～10
	石子、混凝土等	0～50g	3
		50～150g	4
		150g 以上	6～8
中危外来物	饮料瓶		2
	报纸、纸板		2
	其他外来物(手套、小毛巾、塑料等)		2～3
低危外来物	泡沫、包装袋、纸条等		1～2
	油污面积(m²)/清洗次数		1～2

　　根据外来物产生区域、危害程度等参数，通过外来物评价指数评估本场外来物风险情况。将外来物捡拾数据代入公式求出外来物评价指数和 β 值：

$$外来物评价指数＝\Sigma 区域\,A\times 危险度\,B\times 数量\,N$$

$$外来物安全指数(\beta)=外来物评价指数/月起降航班架次$$

表 5.8　外来物安全指数评价表

风险状态	外来物安全指数(β)值	采取措施
蓝	$\beta \leqslant 0.25$	持续监控
黄	$0.25 < \beta < 0.3$	重点防控
红	$\beta \geqslant 0.3$	启动综合风险管理

　　蓝色表示可接受状态，应当持续保持该状态。黄色表示可容忍状态，应当加强监督管理，重点防控。红色表示不可容忍状态，应启动综合风险管理，全面排查外来物风险源，全面整改。

　　预防机坪外来物的主要方法有加强 5S 管理工作［整理(Seiri)、整顿(Seiton)、清扫(Seiso)、清洁(Seiketsu)、素养(Shitsuke)］，作业过程中将物品摆放整齐，防止物品摆放杂乱，掉落形成外来物。出车前进行车况检查，及时清理与工作无关的杂物，做好车辆的清洁工作。加强对混凝土、石子等杂物的清扫力度，防止进入机坪产生外来物。加强对平板车、传送带车等作业车辆的出车前检查工作，做好对金属外来物的收集清理工作，避免产生外来物。工作梯使用完毕后，及时将垃圾清理干净，避免遗漏产生外来物。可能存在旅客将看完的报纸、杂志丢放在廊桥操作平台附近，廊桥作业完成后，请相关人员及时清理，避免报纸、杂志的堆积等。

第6章 非飞行区安全管理

6.1 安检的信息管理系统

机场旅客安检流程主要分为四个相对独立又相互关联的过程,即交运行李安检、旅客安检验证、手提行李安检及旅客人身检查。

机场安全检查信息管理系统(简称安检信息管理系统)整合了机场安检现场的视频图像、交运及手提行李安检图像、旅客离港信息和安检人员及设备信息,建立起各类数据之间的相互关系,并提供多种应用功能,实现了旅客视频及行李图像、数据信息的对应存储、复检,是快速处理飞行安全突发事件的有力保障;实现了安检工作人员的管理,如岗位培训和资格认证,使各安检岗位之间协同工作,加强了管理部门对安检现场的控制力度,为安检部门实施量化管理、绩效考核提供了基础数据,为处理空中突发事件提供决策依据,最终提高机场安全检查的业务质量和管理水平。

机场安检信息管理系统利用最新的网络技术和多媒体技术对原来分散、各自独立的旅客离港系统、闭路电视监控系统、行李分拣系统进行整合,使机场安检现场的视频图像、交运及手提行李安检图像、旅客离港信息和安检人员及设备信息有机地结合起来,相互对应,从而实现全过程监控、全方位自动分析的网络检查体系。

安检信息管理系统的功能主要是通过各工作站、安检信息机房以及管理软件来实现的。

1. 各管理工作站功能

(1)值机、转机工作站:设在值机和转机柜台,由摄像机、PC 工作站、系统软件及应用软件组成。通过安检信息管理系统与离港系统的接口获取旅客个人信息,通过安检信息管理系统与闭路电视监控系统的接口获取交运行李外观图像,实现交运行李外观照片与旅客登机牌、行李牌的对应关系,并将旅客信息和对应的交运行李信息、行李照片信息存储于安检信息管理系统服务器中,为安全管理、事后备查、行李查找提供依据。

(2)交运行李 X 射线机及开包工作站:设在交运行李安全检查处,由摄像机、PC 工作站、系统软件及应用软件组成。主要功能是采集并存储旅客可疑行李的开包过程图像和所有交运行李的安检图像,消息处理,并通过离港系统使行李与旅客信息相对应,若有问题即通过广播系统通知携带可疑行李的旅客进行复核。工作站还具备对本站工作人员日常工作的管理、事后备查、行李查找等功能。

(3)旅客验证工作站:位于安检通道验票台处,由数字摄像机、PC 工作站(可与离港系统共用)、条码阅读器、视频捕捉卡、系统软件及应用软件组成。主要功能是验证员用条码阅读器扫描旅客登机牌后系统自动或手动拍摄旅客正面头像照片以建立旅客正面头像与旅客登机牌对应关系,并可从系统服务器中提取已存相关旅客的信息,如航班号、座位号、姓名、登机牌号、登机时刻等，检查其是否通过交运行李安全检查、是否人与证相符、是否已购买机场建设费、航空意外险是否超限、是否为在逃通缉人员等，一旦发现问题，则发出报警信息。旅客验证工作站同时具备动态显示旅客安检的其他情况及安检时现场工作人员的在位情况，如旅客安检所经过的通道号、安检的时刻、安检时本通道验证员、安全门员、开包员、开机员、班长、副班长及值班科长等管理信息的功能。这里需要说明的是对于交运行李集中安检的航站楼行李系统，本工作站对旅客交运行李的判别采取如下处理方式：

①对于交运行李检查未通过的旅客，系统将拒绝此旅客进入验证通道；

②对交运行李检查通过的旅客，系统方允许此旅客进入验证通道；

③对于交运行李检查结果尚未明确的旅客，并且此时离航班起飞时刻尚早，系统将提示旅客在安检通道外等候；

④对交运行李检查结果尚未明确的旅客，并且此时离航班起飞时刻紧迫，系统将允许安检员让旅客在知情的情况下预先进入验证通道。

（4）手提行李X射线机工作站：位于安检通道手提行李检查通道处，由刷卡器、PC工作站、系统软件及应用软件组成。在X射线机前安装一个刷卡器，当旅客将手提行李放入X射线机前，首先在刷卡器上刷取登机牌号码，系统根据登机牌号码及X射线机读取的行李图片信息进行存储，准确记录每位旅客的手提行李信息，并在本通道旅客验证工作站中备份；向手提行李开箱工作站指示安检图像中可疑物品的位置；接收旅客验证工作站发出的报警信息；采用标准的安检图像格式，在图像数据中记录安检过程、结果；记录值机安检员的操作等，还可记录通道号、安检时刻等。

（5）手提行李开包检查站工作站：位于安检通道开包台处，由摄像机、PC工作站、系统软件及应用软件组成。主要功能是对手提可疑行李开包过程录像、与手提可疑行李X射线图像对应、记录手提行李开包检查结果及旅客人身检查结果和日志管理等，实现安全管理、事后备查功能。另外通过设在安检通道上方的摄像机，可实现对安检过程的全程记录，以监视安检通道秩序，防止旅客手提行李的遗失和错包情况的发生。

（6）登机口工作站：位于各登机口，由PC工作站（可与离港系统共用）、台式/手持两用条码阅读器、系统软件及应用软件组成。具备安检二次复查和电子印章的功能，即通过阅读登机牌条码从安检服务器中提取调看旅客照片信息、安检状态信息等，进行登机口安检状态的再确认，并对有交运行李的旅客，系统自动进行二次判读，根据其交运行李的安检状态进行处理，具体处理方式如下：

①对交运行李已经通过安检的旅客，系统允许此旅客登机；

②对安检结果尚未明确的旅客，系统将拒绝此旅客登机，并提示该旅客在登机口等候；

③对交运行李未通过安检的旅客，系统将拒绝此旅客登机，提示该旅客到开包间接受处理，并通知到交运可疑行李开包台；同时对未通过人身安检的旅客，要求回到隔离区外重新进行安全检查，更重要的是通过旅客头像的图像对比防止偷渡案件的发生。

（7）其他工作站，包括行检管理工作站、现场处置工作站、安全检查咨询工作站、设备维护工作站等。其中，行检管理工作站位于交运行李分层管理系统服务器机房，主要功能是安排各岗位上岗人员，通过查询旅客离港信息、视频信息等，监控旅客个人、团体的交运行李安检开箱图像及开箱结果。现场处置工作站位于手提行李和人身检查现场分队长值班柜台，主要功能是管理、监督安检现场各项工作，并受理旅客求助、危险品托管、投诉等业务。安全检查咨询工作站位于旅客待检区和现场值班主任柜台旁，主要功能是发布有关安检的法律法规和安检值班等信息，采集登机旅客对安检的建议、意见和表扬等信息。设备维护工作站采用便携式计算机，由安检设备维护人员随身携带，主要功能是查询和记录安检设备的维护信息。

2. 安检信息中心设备及管理功能

1) 决策查询工作站

位于安检机房值班室或者用户指定的位置，由 PC 工作站、扫描仪、激光打印机、不间断电源、系统软件及应用软件组成。主要功能是对安检系统的人员(包含旅客和安检工作人员)数据、图像数据(包含安检图像和视频图像)和设备信息进行管理、查询、统计、分析等；按航班日期，统计全机场的客流量，特别是在节假日期间的客流量统计分析及工作调整等。安检信息管理系统主要记录的内容有旅客的航班号、始发站、目的站、登机时间、航班日期、旅客姓名(全名)、性别、国籍、座位号、登机口号、国际航空运输协会(Internation Air Transport Association，IATA)行李牌号、身份证号码/护照号码、联系方式、办理登机牌时间、办理柜台号、交运行李件数、重量、交运行李状态、随身行李状态、交运行李图像、交运及手提行李开包日志、旅客照片、安检时间、安检位置，对工作人员和整个系统的管理功能如下：对操作员、管理员实行身份确认和权限管理，建立工作日志，查看整个安检的每个岗位的安检人员、上岗时间、考勤情况和照片，后台布控信息的维护和管理，根据各种查询条件查询各种相关数据，自动或定期或人工统计相关数据(如客流量、月高峰期、日高峰期、时高峰期、通道高峰期、通道流量等)，为人员和资源的合理利用提供决策分析依据。

2) 控制中心机房设备

位于本系统中心机房，包括系统控制服务器、网络交换机、不间断电源、磁盘阵列、无线网/有线网接口、操作系统及软件、数据库、应用软件、视频服务器(支持音视频信号输入)及开发工具包等，主要功能是集中存储旅客离港信息、布控信息、安检员信息、安检设备信息等。设计中注意的问题如下。

(1)了解行李安全检查方式：目前航站楼行李安全检查方式可分为集中安检和分散安检两种，集中安检即将所有交运行李从值机柜台运送至行李机房 X 射线机处，进行统一检查；分散安检即将交运行李通过分散在各值机柜台的 X 射线机处进行检查，发现问题可立即通知旅客。安检信息系统的工作站设置和旅客管理会因此而有所不同。

(2)了解航站楼安检流程：目前机场航站楼安检系统实际流程包括交运行李安检、旅客安检验证、手提行李安检及旅客人身检查，尤其要注意转机柜台工作站的设置。

(3)与其他系统的接口：

①与机场管理信息系统的接口。系统可实时接收航班动态信息和时钟信息，由安检信息管理系统服务器对安检信息管理系统所有设备进行时钟校正，安检信息管理系统各终端能查询航班动态信息。

②与离港系统的接口。系统通过与离港系统接口，在值机柜台，离港系统打印登机牌

和行李牌时向安检信息管理系统发送旅客离港信息，这些信息包括航班号、始发站、目的站、登机时间、航班日期、旅客姓名、性别、国籍、座位号、登机口号、IATA 行李牌号、身份证号码/护照号码、联系方式、办理登机牌时间、办理柜台号、交运行李件数、重量等内容，此功能可通过在各值机柜台的离港计算机上安装相应的安检信息软件来实现。

③与行李系统接口。系统通过与行李系统接口，接收行李自动分拣发送的旅客交运行李状态和行李自动分拣系统对交运可疑行李产生的行李包裹号(BID 号)，安检信息管理系统接收以上内容并存储和修改相关内容，建立旅客相关内容的对应关系(行李包裹号与行李条码的对应关系等)，行李状态一经安检信息管理系统修改，其他系统均不能更改行李状态的相关内容。

④与安检系统接口。系统通过与安检系统接口，安检系统将交运可疑行李 X 射线图像信息、手提可疑行李 X 射线图像信息发给安检信息管理系统。

⑤与闭路电视监控系统接口。系统可从闭路电视监控系统调用所要监控场所的监控信号，并从安检信息管理系统提取与之相对应的旅客信息，实现人员与信息、图像的统一。为了节约投资，安检用摄像机与闭路电视监控系统可以共用，通过视频分配来满足各自的需求，视频信号可独立存储。

网络的划分：安检信息管理系统利用航站楼综合布线系统连接各个工作站，但在前端组网时建议采用单独的网段，与机场的生产网分开，这样本系统独立运行在一个局域网内，确保安检系统的安全运行，同时确保不影响机场的生产网。

供电：由于安检信息管理系统是机场航站楼内重要的旅客信息管理系统，建议在主机房和各个工作站采用不间断电源供电，以便进行统一管理。

6.2　航空油料供应安全管理

1. 基本要求

在民用机场内从事航空燃油供应业务的企业，应当具备下列条件：

(1)取得成品油经营许可和危险化学品经营许可；

(2)有符合国家有关标准、与经营业务规模相适应的航空燃油供应设施、设备；

(3)有健全的航空燃油供应安全管理制度、油品检测和监控体系；

(4)有满足业务经营需要的专业技术和管理人员。

申请在民用机场内从事航空燃油供应业务的企业，应当向民用机场所在地地区民用航空管理机构提出申请，并附送符合规定条件的相关材料。地区民用航空管理机构应当自受理申请之日起 30 个工作日内，做出准予许可或者不予许可的决定。准予许可的，颁发民用机场航空燃油供应安全运营许可证；不予许可的，应当书面通知申请人并说明理由。

航空燃油供应企业供应的航空燃油应当符合航空燃油适航标准。

民用机场航空燃油供应设施应当公平地提供给航空燃油供应企业使用。

运输机场航空燃油供应企业停止运输机场航空燃油供应业务的，应当提前 90 日告知运输机场所在地地区民用航空管理机构、机场管理机构和相关航空运输企业。

2. 运行安全管理

(1)航空油料供应单位应当对航空油料供应设施、设备进行经常性维护、保养，并定期检测，符合《民用航空油料设备完好技术规范》的要求，保证正常运转。

(2)航空油料供应单位应当建立油料质量监控体系，制定在接收、中转、储存、发出、加注、检验及掺配等各个环节的质量管理程序、质量要求，并符合《民用航空油料适航管理规定》等规定和标准。

(3)航空器加油作业应当符合《民用航空器加油规范》的要求。运油车、加(抽)油车的性能、状况应当符合民航专用设备相关标准的要求。

(4)航空油料供应单位应当按照《中华人民共和国消防法》等有关法律、法规以及公安部《作业场所灭火器材配置及管理规定》和民航有关规章，在航空油料供应场所内和设施上配备相应的消防设施设备。消防设施设备应当定期检查、维护，保持正常、有效。

(5)航空油料供应单位应当明确各级消防安全职责，落实消防安全责任。

(6)航空油料供应单位应当在禁火区域设置醒目的"禁止烟火"、火警电话等标志。

(7)航空油料供应单位应当制定特殊管理制度，在禁火区域内进行动火、用火作业，以及进入含有有害气体和蒸气混合物的受限空间内进行特殊作业，应当按规定报批，经批准后方可按照规定的程序、操作要求进行作业。未经批准的，不得进行作业。

(8)航空油料供应单位应当按照有关规定、标准的要求，在航空油料供应场所内与设施上设置相应的防爆、防静电、防雷击设备和采取其他防范措施，并定期检查、维护，保证其完好、有效。

(9)航空油料供应场所内的电器火源控制和消除以及防爆安全装置的使用等，应当符合国家和行业有关标准与规范的要求。

(10)清洗油料容器的污水、油罐的积水，应当通过污水处理等净化设施进行处理。未经处理的污水、废油不得直接排放。污水的排放应当符合环境保护有关规定。

(11)跑、冒、滴、漏的油品应当及时回收，不得直接冲洗到生产作业单位以外。失效的泡沫液(粉)以及其他含油或有害物质等应当集中处理。民用航空油料储存运输容器的清洗应当符合有关规定的要求。

3. 应急处置

航空油料供应突发事件主要指油品质量导致的飞行事故、火灾爆炸事故、溢油污染事故、加错油、加油过程中加油胶管(接头)爆裂、拉坏航空器(加油车)加油接头或剐碰航空器、人员伤亡事故、其他突发事件。

应急预案应当包括制定应急预案的目的和适用范围、应急指挥机构及相关部门职责和装备、生产作业单位基本情况。其中，生产作业单位基本情况包括主要油料设施、设备情况，航空油料的品名及正常储存数量，员工人数和排班情况，占地面积等，负责参与应急救援的单位负责人名册、联络方式和电话，应急处置程序、处置方案，紧急疏散及警戒设置，社会支援与协助措施等。

　　航空油料供应单位应当按照规定，配备必要的应急设备和器材。航空油料供应单位应当每年至少组织一次应急演练，并对相关人员进行应急培训。在演练中发现的问题要及时整改，并对应急预案进行修订和完善。航空油料供应场所突发紧急事件时，生产作业单位应当立即向上一级单位以及机场管理机构报告，视情及时启动应急预案，并按照应急预案进行处置。应急处置结束后，应当及时清理垃圾、废弃物等，减轻对环境的破坏。

第7章 机场应急救援理论

7.1 机场应急救援概述

从安全哲学的观点看，安全是相对的，危险是绝对的。理想和绝对的安全是难以达到或者根本无法实现的。当事故或灾害不可避免时，有效的应急救援行动是唯一可以抵御事故或灾害蔓延并减缓危害后果的有力措施。尽管世界安全专家普遍认为，航空运输比公路运输的安全至少高 20 倍，但是航空灾害的难预测性、突发性可能会造成极大的人员伤亡和财产损失，给人们带来的精神打击和恐惧心理远远超出其他任何交通事故。目前，机场紧急事件的救援工作主要是由机场承担的。机场应急的目的是把紧急事件的影响，特别是关于抢救生命和维持航空器运行方面的影响减至最小。当应付发生在机场或其紧邻地区的飞机事故或事件时，机场是头等重要的，因为就是在这个地区里才有挽救生命的最大机会。

7.1.1 机场应急救援与应急救援体系

应急救援说明图如图 7.1 所示。

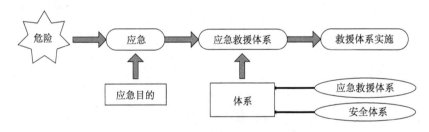

图 7.1 应急救援说明图

1. 机场应急救援的目的

在航空交通灾害及其他影响机场运行的紧急事件临近或已发生时，在有效的时间内采取救援行动及有效措施，尽量减少生命和财产损失。

中国民用运输机场紧急事件分为航空器紧急事件和非航空器紧急事件。安全体系是由若干相互联系、相互作用、相互依赖、相互制约的事物和过程组成，具有整体功能和综合行为的统一体。

安全体系是一个动态的协调体系，应急救援体系是安全体系的子系统。

2. 应急救援体系

机场应急救援体系既涉及救援的组织机构，又涉及救援的支持保障，包含救援系统的各个要素，同时需要响应程序来实现其功能。主要包括紧急事件预测和信息接收、预案管理、应急救援行动的开展、应急救援培训和演练、恢复工作等事务。

应急救援体系是控制和消除紧急事件，使紧急事件造成的损失程度降低到最小的、由若干相互联系和相互作用的应急要素组成的一个有机体。

7.1.2 机场应急管理特征与预案管理

1. 机场应急管理的特征

(1)生成的突发性。航空灾害的发生是众多诱发因素交互作用的结果，某些因素本身包含随机性和突发性，必然影响到灾害的发生具有偶然性、突发性、不确定性及随机性。

(2)成因的综合性。航空灾害的发生，通常是民航运输过程中外部环境的突变、人为失误与飞机失控等因素相互作用的结果，其成因具有综合性。

(3)后果的双重性。应急事件的后果：一是本身对人和社会造成破坏，二是发生后的社会心理影响应急事件后果的双重性表现在：伤害范围比较小，而造成的社会影响却很大，特别是航空事故对社会心理的消极影响相当广泛。

(4)极低的可防性。机场应急事件的发生存在微观上的可避免性与宏观上的不可避免性。因此，危机事件虽然在一定程度上可以预防，然而事实表明，成功预防一起危机事件是十分困难的。

传统决策过程中，一般的决策过程分为4个阶段，即情报、设计、选择和实施。应急决策具有反应时间短、危机信息高度不确定、决策难度大、控制成本高的特点。

2. 应急救援预案管理

应急救援预案(计划)是应急管理的文本体现，是应急管理的指导性文件。机场管理机构的应急预案一般包括紧急事件的类型和应急救援的等级、各类应急事件的通知程序和通知事项、各类紧急事件中所涉及的单位及其职责等内容。

7.1.3 应急救援的响应

1. 相应程序

响应又称为反应，是在即将发生紧急事件、紧急事件期间及紧急事件后，对应急情景进行科学分析，为防止事态进一步扩大，立即采取的应急救援行动。

响应程序按照过程分为应急信息接收、确认与判断响应类型、应急启动、应急行动、应急恢复和应急结束等过程，如图7.2所示。

2. 应急救援管理的内容

在机场应急响应的不同阶段，有不同的工作内容。

机场应急救援的类型主要包括航空器应急(包括航空器失事、航空器空中故障、航空器相撞、航空器非法干扰等)和非航空器应急(包括危险品应急、建筑物起火、自然灾害应急、机场工作秩序受非法干扰、医学紧急事件等)。

不同的应急类型需要不同的应急行动与指挥程序。

3. 响应等级划分

根据《民用运输机场突发事件应急救援管理规则》中的第八条和第九条，将航空器突发事件的应急救援响应等级划分如下。

(1)原地待命。航空器空中发生仅对航空器安全着陆造成困难故障等的突发事件，各救援单位原地待命，时刻准备紧急出动。

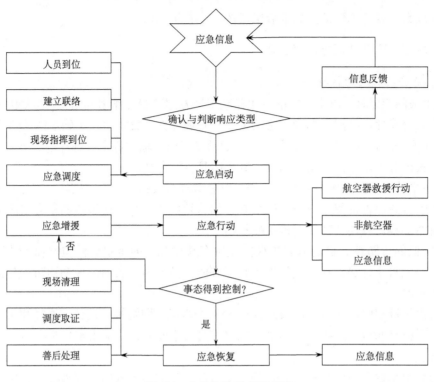

图 7.2   应急救援响应程序图

(2)集结待命。航空器在空中出现航空器等紧急情况，或者航空器受到包括航行途中劫持、爆炸物威胁等非法干扰的紧急情况，各救援单位应当谨遵指令，在指定地点快速进行集结。

(3)紧急出动。已发生航空器起火、爆炸、严重损坏甚至坠毁等情况，各救援单位应当按照救援指令立即向事故发生地奔赴，以最快的速度抵达目的地。

非航空器突发事件的应急救援响应是不分等级的。当发生非航空器突发事件时，应该按照相应预案实施救援。

7.2   民用运输机场应急救援预案

1. 应急救援预案的作用

民用运输机场必须要制定应急救援预案，其重要作用如下：

(1)应急救援预案明确了应急救援的范围和体系，使得应急准备和应急管理不再无据可依、无章可循；

(2)制定应急救援预案有利于做出及时的应急响应；

(3)应急救援预案是处置各类应急事件的基础；

(4)当发生超过应急能力的重大事故时，便于与上级应急部门的协调以及社会应急力量的协同；

(5)有利于提高风险防范意识；

(6)培训和演练依赖于应急救援预案。

2. 民用机场应急救援预案的法规要求

民用机场在制定应急救援预案时必须符合相应的法规要求，从而保障所制定预案的合法性，预案应当纳入地方人民政府突发事件应急救援预案体系，并协调统一。

机场应急救援预案的制定应符合以下法律法规，包括《国家处置民用航空器飞行事故应急预案》《中华人民共和国安全生产法》《中华人民共和国民用航空法》《中华人民共和国搜寻救援民用航空器规定》《民用运输机场突发事件应急救援管理规则》《民用航空器飞行事故应急反应和家属援助规定》以及国际民航组织相关要求、民航相关规章的要求等。

3. 编制机场应急救援预案的内容

1)机场应急救援预案的内容

编制一个合适的机场应急救援预案应当包括以下内容：

(1)针对各种具体突发事件的应急救援预案，包括应急救援程序及检查单等；

(2)根据地方人民政府的相关规定、民航法规和机场的实际情况，确定参与应急救援的各单位在机场不同突发事件中的主要职责、权力、义务和指挥权以及突发事件类型及相应的应急救援响应等级；

(3)针对不同突发事件的报告、通知程序和通知事项，其中，通知程序是指通知参加救援单位的先后次序，不同的突发事件类型应当设置相应的通知先后次序；

(4)各类突发事件所涉及单位的名称、联系方式；

(5)机场管理机构与签订应急救援支援协议单位的应急救援资源明细表、联系方式；

(6)机场管理机构根据法规要求与各相关单位签订的应急救援支援协议；

(7)应急救援设施、设备和器材的名称、数量、存放地点；

(8)机场及其邻近区域的应急救援方格网图；

(9)残损航空器的搬移及恢复机场正常运行的程序；

(10)机场管理机构与有关航空器营运人或其代理人之间有关残损航空器搬移的协议；

(11)在各类紧急突发事件中可能产生的人员紧急疏散方案，该方案应当包括警报、广播、各相关岗位工作人员在引导人员疏散时的职责、疏散路线、对被疏散人员的临时管理措施等内容。

应注意，制定应急救援预案应当考虑极端的冷、热、雪、雨、风及低能见度的天气，以及机场周围的水系、道路、凹地，避免因极端的天气和特殊的地形而影响救援工作的正常进行。民用机场应急救援预案适用于民用运输机场(包括军民合用机场民用部分，以下简称机场)及其邻近区域内突发事件的应急救援处置和相关的应急救援管理工作。在此区域外发生的突发事件，按照《中华人民共和国搜寻救援民用航空器规定》执行。

注意：机场及其邻近区域内系指机场围界以内距离机场基准位置点 8km 内的区域；突发事件是指在机场及其邻近区域内，航空器或者机场设施发生或者可能发生的严重损坏以及其他导致或者可能导致人员伤亡和财产严重损失的情况。

机场内部以及邻近区域发生的紧急事件根据是否涉及民用航空器，可以分为航空器紧急事件和非航空器紧急事件；机场应急事件应根据快速响应的类型及危害程度等级采取相应的救援行动；应急预案通常以手册形式制成文件。

2)机场应急救援预案的相关方面

编制一个合适的机场应急救援预案应当包括以下相关方面。

(1)适用的政策。

(2)组织工作。指定应急响应小组的人员和负责人、确定应急响应小组人员的任务和职责、明确向上级报告的流程、提供设立危机管理中心的细则、制定接收大量信息咨询的程序，特别是重大事故发生后的前几天应对媒体、确定可调度的资源，包括采取紧急措施的财务资金使用、协助事件调查、确定关键人员。

(3)通知程序。应急预案应规定遇紧急情况下的通知程序，包括组织中人员，向外发出通知的人员以及采用的方式，政府部门、当地应急响应协同服务部门、遇难者家属、媒体、保险部门。

(4)初始响应。构建初始响应小组时需要考虑以下一些因素：初始响应小组人员构成，事故现场发言，在特殊设备、服装、文件、运输工具、食宿方面的准备，家属安抚。

(5)应急指挥中心。应急预案应满足以下要求：人员安排、通信设备、记录应急活动日志、收集与紧急情况相关的记录、参考文件(如应急响应检查单和程序、机场应急预案等)。

(6)记录。除了需要记录有关事件和活动的日志，还必须向事故调查小组提供信息，包括与航空器、飞行组和运行以及危机事件有关的所有记录，所有照片和其他证据。

(7)事故现场。在救援现场管理中应考虑：幸存乘客的安置、对遇难者亲属的需求做出反应、死者尸体和个人财产的处理、证据的保存，需要时，为调查当局提供帮助、转移及清理残骸。

(8)新闻媒体。新闻媒体管理应包括可以发布的信息、发言人、公布首次声明的时间和内容、适时向媒体提供信息。

(9)家属援助。应急预案还应包括对事故遇难者(机组人员和乘客)家属的帮助。

3)机场应急预案编制中的注意事项

目前，我国部分机场现有的应急预案存在以下问题。

(1)应急预案内容粗略。主要表现在仅对应急救援的组织机构与职责、法律责任等方面做了一些规定，而应急预案中其他核心内容都未能具体说明。

(2)应急预案的可操作性差。有些应急预案的编制未能充分明确自身可能存在的重大危险及其后果的内容，具体措施缺乏，应结合自身应急能力的实际，对应急的一些关键信息加强管理，保证应急预案的针对性和可操作性。

(3)应急预案缺乏系统的规划和协调。如何针对多种事件进行应急预案编制的系统规划，保证各预案之间的协调性，避免预案之间的矛盾和交叉，在编制应急预案时必须总体考虑并予以明确。

机场在制定应急计划过程中，首先要根据本机场的实际情况分析潜在的危险因素，制定预案，保证预案的完整性；应急预案能否在应急救援中发挥有效作用，不仅取决于预案本身的完善程度，还取决于预案的实施情况。

从近几年我国各机场的应急救援事例和一般灾害救援的经验来看，应急救援编制过程中还应注意解决 3 个问题(3C)，即指挥(Command)、现场控制(Control)和通信联络(Communication)。

4)机场应急预案的要素组成

应急预案内容不仅限于事故发生过程中的应急响应和救援措施,还应包括事故发生前的各种应急准备和事故发生后的紧急恢复以及预案的管理与更新等。

完整的应急预案按相应的过程分为 6 个一级要素,包括方针与原则、应急策划、应急准备、应急响应、现场恢复、预案管理与评审改进。6 个一级要素之间既具有一定的独立性,又紧密联系。它们之间形成一个有机联系并持续改进的应急预案管理体系。

(1)方针与原则。方针与原则反映了应急救援工作的政策、范围和总体目标,应急救援的其他内容都应围绕方针与原则开展。

(2)应急策划。应急策划必须明确预案的对象和可用的应急资源情况,即在全面系统地分析和评价所针对的潜在危机事件类型的基础上,识别出重要的潜在事故、性质、区域、分布以及事故后果,同时,根据危险分析的结果,分析应急救援力量和可用资源情况,为所需的应急资源准备提供建设性意见。

应急策划包括危险分析、资源分析以及法律法规要求等 3 个二级要素。

①危险分析。危险分析的目的是明确应急的对象、事件的性质及其影响范围、后果严重程度等,为应急准备、应急响应和应急措施提供决策和指导依据。

a.危险分析可根据不同情景来分析。

b.应急情景是动态决策的基础。

c.应急方案是在不同情景状态下的可变集合,因此可以说决策的空间 K 是随着情景 S 的动态演进而变化的。

d.应急管理要求管理者在情景变化空间的基础上,面对时间的压力,选择最优的情景方案,达到应急管理的目标。

机场紧急情况应对的情景的设定,可采用一组状态变量来表示:

$$S(O,W,N,E,R,F,A)$$

式中,O 为危险事件(包括应急任务、连锁应急事件等);W 为地点;N 为危机严重程度(涉及人数、机上油量、危险品信息等);E 为环境(包括天气、地形等有可能给应急行动带来影响的自然条件);R 为应急力量需求;F 为角色(包括参与应急的各种应急力量等);A 为应急行动。

②资源分析。机场应急救援资源包括内部资源和外部资源两部分。机场内部资源包括应急人员与设备、应急设施、应急组织对策及应急后援;在应急管理中的应急救援资源还包括培训与教育。机场应急救援资源分析主要包括应急人力资源分析(如应急人员的数量和素质、在紧急事件下应急人员的可获得性、应急人员对紧急事件的承受能力和应变能力)、救援设备、应急设施、应急能力。

③法律法规要求。法律法规要求指应急预案的内容要符合其所涉及的法律法规的要求,如《中华人民共和国民用航空法》《中华人民共和国突发事件应对法》等。

(3)应急准备。

①机构与职责。建立完善的应急机构组织体系,包括对机场应急管理的领导机构、应急响应中心及相关机构,明确所有应急组织及有关单位的职责。

②应急资源。应急资源是应急救援工作的重要保障,应根据潜在危机事件的性质和后

果分析，合理组建专业和社会救援力量，配备救援设备。

③应急救援培训。

④预案演练。预案演练是对应急能力的综合检验。

⑤公众教育。公众的应急安全意识和能力是减少重大事故伤亡不可忽视的一个重要方面。

⑥互助协议。机场有关的应急力量与资源相对薄弱时，应事先与当地相关部门建立互助关系。

(4) 应急响应。应急响应包括应急救援过程中需要明确并适时地调整核心功能和任务，尽管其具有一定的独立性，但不是孤立的，它们构成了应急响应的有机整体。

a.启动与通知。准确了解紧急事件的性质和规模等初始信息是决定启动应急救援的关键。

b.指挥和控制。

c.通信。

d.事态监测与评估。事态监测在应急救援中起着决策支持作用。

e.警戒与保卫。建立警戒区域、实施交通管制、维护现场治安秩序。

f.媒体管理。

g.应急人员安全。

h.救援与消防。

(5) 现场恢复。在现场恢复的过程中仍然存在危险。

(6) 预案管理与评审改进。应急预案是对应急救援工作的指导文件，应对预案的制定、修改、更新、批准和发布做出明确的管理规定，并保证定期或在应急演习、救援后对应急预案进行评审。

7.3　应急救援的组织机构与运行机制

7.3.1　危机事件应急处置的组织文化

在应急处置的人力资源组织过程中，主要存在两方面的组织，一个是应急处置的决策指挥人员，另一个是来自不同组织、不同行业、不同工种的应急参与者。

产生不协调的原因有两个：一方面参与应急救援的人员往往缺乏与其他人进行合作和协调的能力与技能，另一方面来自不同组织的参与者的行为倾向于维护各组织的利益。

参与组织的各组织领导更倾向于指挥更多的人，做更多的决策，但目的不是出于应急处置工作的真正需要，仅表明他们在现场。英国学者把这种特殊的现象称为应急处置的组织文化。

应急处置存在 4 种类型的组织文化。

(1) 阿波罗型(Apollo)。这种组织的特点是安全、稳定、有预见性、有准备，在应急处置实践中是最有效的。政府具有典型的阿波罗文化的特征。

(2) 宙斯型(Zeus)。这种组织是在一定的文化背景基础上形成的，人员相互之间的关系密切，且彼此有信任感。当需要快速做出决策时，具有较强的协调能力。

(3) 雅典娜型 (Athena)。这种组织以完成任务为中心，典型特点是具有较强的独立性。当它们的智慧与产品能用于解决特殊问题时，它们表现得非常杰出。

(4) 狄俄尼索型 (Dionysus)。缺乏管理，缺乏自信。

从应急处置的需要来看，在不同的层次上需要的组织文化类型是不同的。决策层在应急处置的初期需要具有宙斯型文化特征的组织，在操作层次上需要具有雅典娜型文化特征的组织。

按照上述组织文化类型，理想的组织模式应该由 3 层结构组成，见图 7.3。

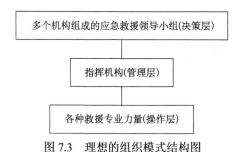

图 7.3　理想的组织模式结构图

例如，在机场的应急救援体系中，机场应急救援领导小组 (决策层) 负责机场应急救援工作的总体指导和统一协调指挥；机场应急救援指挥中心 (管理层) 负责日常应急救援工作的组织、指挥和协调，负责组织实施机场应急救援工作，全面负责指挥中心的指挥工作；各专业救援队伍 (操作层) 分别完成相关的救援任务。

7.3.2　应急处置的运行机制

灾难性事故与事件处置的运行机制包括协调机制、指挥机制和预案启动机制等 3 个方面。

1. 协调机制

1) 协调的必要性

协调有别于协作，协作是指参与处置的部门、单位与个人相互配合来完成任务，有合作的含义，而协调是指参与应急处置的各部门和单位产生协作行为的组织管理工作，协作配合是否妥当，取决于协调功能发挥程度。

协调的必要性体现在以下方面。

(1) 机场应急救援工作是一项多部门协同的工作。

(2) 应急资源合理调度是一个复杂问题。应急资源的调度主要是确定参与应急的应急服务点、相应的应急资源数量及各自的路线。这些问题的求解是一个多目标、随机调度问题。其中，最重要的约束条件是时间。

(3) 建立不同层级应急机构之间的合作机制。

2) 协调机构的职责

应急机构的重要工作是协调而不是控制。协调机构应履行下列职责。

(1) 明确应急体系框架、组织机构及其各自职责，保证应急效果。

(2) 合理调度应急资源。

机场应急系统的运行可以看作围绕系统资源选择调度而展开。应急资源主要包括人力资源、物质资源、信息资源、权力资源和经费资源等。资源具有如下特性：必须是有限的，而且是实现系统目标的行为所必需的；由于资源缺乏，在某些情况下将会影响系统目标的实现等。按照资源的使用特性，可以将资源归纳为消耗性资源和非消耗性资源。消耗性资源是指在行为作用之后其属性发生变化不能再还原使用的一类资源，如消防泡沫或干粉、医用药品、燃油等。非消耗性资源是指在行为发生过后其属性不发生变化，经过某种释放过程后仍可还原继续使用，如各类机场特种保障车辆、消防车、救护车、医护人员和公安人员等。

(3)信息沟通。在公共安全危机事件的应急处置过程中，信息沟通起着关键性作用。特别是当下级应急管理部门提出应急支援要求时，上级协调部门要随时了解、掌握未被满足的要求。无论是配置应急资源，还是做出重要的决策，都离不开信息的收集、分析与沟通。对于常设性的协调管理组织机构来说，不仅要获取、沟通事件发生后的信息，也需要及时获取事件发生之前的检测、预警性信息。在信息的沟通方面实际上包含信息的报告、发布、通报等环节。

3)协调的职权

(1)及时获取信息的权力。应急事件发生后，机场应急指挥机构有第一时间获取相关消息的权力。

(2)请求协助的权力。必要时，可以要求互助组织和个人予以协助。

(3)请求支援的权力。如果现有资源不足以解决所有问题，协调机构可以请求上一级部门的应急机构来帮助其共同处置灾难性事故与事件。

4)协同机制的系统方法

(1)基于数学模型的方法。利用数学模型进行决策方案的分析、优化、预测与评价是常用的形式。运筹学、管理科学、经济学的各类模型，均可以用来辅助应急管理决策。

(2)基于知识的方法。利用信息系统通过收集、存储、利用专门领域的知识与经验，以及入门具备的知识、经验来辅助决策。用基于案例的推理方法形成预案，就属于基于知识的方法。

(3)基于计算机仿真的方法。验证计划的一个可行的方法是计算机仿真。在计算机上建立与所研究的对象在属性、结构和行为以及运行环境上严格相似的模型，通过运行、分析辅助决策。对付突发事件应对方案的分析与设计中，就可以采用计算机仿真对每个方案进行分析、评价与预测。

(4)情景分析与计算机仿真相结合的方法。在管理决策方法中，情景分析(Scenarios Analysis)是一种面向未来的决策分析与规划方法。与传统的分析、预测方法不同，情景分析是基于系统面向未来及通向未来途径多样性的假设。情景分析与计算机仿真相结合的方法，是信息系统辅助机场应急管理决策的新形式，通过建立航空器应急与非航空器应急情景仿真模型，为应急方案的确定与行动决策提供支持。

2. 指挥机制

1)指挥的含义

现代指挥理论认为：指挥是指"社会组织和有组织的群体为了协调一致地达到某个目标，由领导者所实施的一种发令调度的活动，属于一种特殊的领导管理活动"。

指挥与协调的功能是紧密联系在一起的，同属于应急管理的组成部分。构成指挥机制的一个重要方面就是明确各种指挥关系，主要的指挥关系如下。

(1)隶属关系。隶属关系是按照参与应急处置的部门与单位的科层关系所构成的上下级之间的关系，具体表现为纵向的指挥关系，如上下级公安机关之间的隶属关系。

(2)配属关系。配属关系是指在应急处置过程中，由于协调工作的需要，将某一部门的应急资源临时调归另一指挥部门指挥、使用而产生的指挥关系。

(3)支援关系。支援关系指在应急处置过程中，根据实际情况指定一个部门的应急人员支援另一个部门，以增强该部门的应急能力，保证该部门完成任务而产生指挥关系。

注意：在应急处置现场十分复杂的情况下，上述指挥关系会在不同的处置阶段平行存在或交替使用。

2)指挥与协调之间的区别

指挥、协调是在应急处置过程中不断交替使用的管理措施，两者的联系十分紧密，有时难以区分它们的界限，指挥过程中存在协调，而协调过程也存在指挥。两者的区别主要如下。

(1)指挥的功能发生在应急处置现场较多，而协调的功能可能发生在现场，也可能发生在远离现场的高层指挥结构。

(2)在各个参与部门职责任务清楚的情况下，各部门系统保持相对的独立性，因而指挥职能主要发生在各部门与系统内部，而协调主要是明确不同的指挥关系与协作关系，以及使各个应急参与部门产生良好的合作与配合。应急处置的机构层次越高，协调的功能就越明显。

(3)指挥带有一定的强制性。指挥者与被指挥者之间是命令与服从的关系，具有不可违抗性。应急处置过程的协调关系虽然也带有一定的强制性，但是强制的程度低，特别是在协调各部门之间的关系时更是如此。

3)指挥的职责与权力

(1)指挥的职责包括识别紧急情况与潜在危险并进行初级处置，启动与指挥、协调现场的应急力量，下达预案或临时措施的指令，向上级领导报告情况，请求支援或其他帮助，做出紧急通告。

(2)指挥的权力包括要求相关单位和个人给予配合的权力、紧急排险权、紧急管制权。

3. 预案启动机制

无论预案有多少级别，实行属地管理应是基本的应急原则之一。这一原则也决定了应急预案的启动应按照分级管理、分级反应，自下而上的顺序进行。需要启动应急预案的层级，应当综合考虑危机事件的严重程度、可控性、所需动用的资源、影响区域等因素。无论有多少层级的应急预案，也无论启动哪一级的应急预案，在启动时都要遵循根据应急处置程序性原则确定的程序。每个单位的应急机构都有相应的启动程序规定。

无论何地发生何种类型的危机事件，首先应由所在单位的应急资源做出反应，以争取时间、减少损失。理论上讲，本单位的应急资源可以应对危机时，可以不动用上级的应急资源。但如果本单位资源不足，要及时向上级单位提出报告，并请求上级单位做出应急反应。上级单位在做出应急反应的同时，应对危机事件的规模、危害范围等做出初步评价，以决定是否需要请求上一级管理部门的应急资源提供援助，以此类推。

在一般情况下，请求动用上级管理单位的应急资源时需要考虑的因素如下：

(1)危机事件的危害范围已经超出本单位的管辖范围，如有毒物质等已经扩散到相邻的区域；

(2)应急资源严重缺乏，不足以控制灾难性事件的蔓延扩大，如人力资源、技术资源、装备资源等不足；

(3)需要特殊的专家与技术支援；

(4)需要动用上一级管理部门的权力以做出特殊的决定，如宣布进入紧急状态等；

(5)有关危机事件的重要信息源掌握在上一级管理部门的手中；

(6)本单位没有制定相应的危机事件的应急预案。

上述情况一旦出现，如果涉及动用上一级管理部门的应急预案与应急资源，就应当进行适当的评估，以避免出现反应过度和反应不足两种情况。

协调机制、指挥机制与预案启动机制作为危机事件应急处置过程的重要运行机制，其核心问题是处理联合反应过程中各个组织之间的关系。尽管在各种危机事件的应急预案中一般会对各组织机构的责任、任务、角色、相互关系确定得明白无误，但实际运作时的沟通、协调仍是避免产生相互冲突的关键性因素。协调、指挥、控制功能应集中在一个机构而不可分割，在危机事件的不同应急处置阶段或在不同级别的应急管理机构中，指挥与协调的功能应有所侧重。而强调预案启动机制的目的在于使应急处置行动更加合法化和规范化，同时使应急资源的使用发挥最佳的效果。

7.4　航空器应急救援

航空器应急救援是机场应急救援的主要部分，航空器应急救援的目的就是极力在最短的时间内完成航空器的紧急事故的处理，尽快恢复航空器以及机场的正常运行。

航空器突发事件包括：

(1)航空器失事；

(2)航空器空中遇险，包括故障、遭遇危险天气、危险品泄漏等；

(3)航空器受到非法干扰，包括劫持、爆炸物威胁等；

(4)航空器与航空器地面相撞或与障碍物相撞，导致人员伤亡或燃油泄漏等；

(5)航空器跑道事件，包括跑道外接地、冲出、偏出跑道；

(6)航空器火警；

(7)涉及航空器的其他突发事件。

根据航空器突发事件类型和发生原因分析，可将在机场范围内发生的航空器突发事件分为航空器空中故障、航空器失事、航空器与航空器相撞、航空器与障碍物相撞等。

7.4.1　航空器应急救援时间实施过程

各类应急事件的应急救援实施过程基本相同，但是由于各类事件的性质和造成的后果的差异，因此，在救援中也存在不同，应根据紧急事件的种类及危害程度来判断启动应急救援等级，在救援实施过程中的方法也不同。

【航空器失事案例】

某日，某航空公司航班在机场降落过程中，突然前起落架折断，导致航空器冲出跑道，在草地上停下来。对于这类事件，应如何处置？

1. 应急信息的传递

(1)空中交通管制部门应及时将信息向机场应急指挥中心通报；机场应急指挥中心接到通报后，应立即启动救援程序，向机场消防、急救、公安等应急保障部门下达"紧急出动"指令，并立即向救援领导小组报告。

(2)各应急救援保障单位接到指令后，应立即赶赴应急事件现场；机场消防、急救、公安等部门应根据实际情况，及时向协议单位请求支援。

2. 救援处置

(1)空中交通管制部门。关闭受影响的跑道、滑行道；及时发布航行通告；根据航空器失事地点，及时调整、指挥其他航空器进行避让。

(2)应急指挥中心。迅速赶赴现场并建立现场指挥部；制定未受伤人员停留区，疏散失事航空器上的旅客；转移将可能受到失事航空器威胁的其他航空器，并疏散乘客，暂停上客服务；根据事态发展，适时下达新的指令。

(3)机场消防部门。接到指令后，应在 3min 内到达现场，并展开救援行动；及时扑灭航空器失事现场的大火，控制火源；实施拯救人员行动，必要时对航空器进行破拆。

(4)机场急救部门。对伤员进行鉴别分类，进行初步处理，给伤者佩戴救护标签，实施转移；协助航空公司妥善安置遇难人员的遗体；派人在未受伤人员停留区进行医疗服务。

(5)机场公安部门。组织、实施航空器失事现场的保护、警戒，以及交通疏散工作；保护飞行数据记录仪和座舱语音记录器；参与航空器事故的调查取证；协助航空公司收集、保管旅客财物。

(6)航空公司。应及时向应急指挥提供有关失事航空器资料、数据等；运送未受伤旅客和机组人员到停留区；协助医护人员找到受伤旅客和机组人员；设立接待机构，负责接待、查询及善后工作，妥善安置遇难者遗体。

3. 事故现场恢复

(1)空中交通管制部门当事故现场清理完毕时，恢复该区域的可用状态。

(2)应急指挥中心组织各个保障部门抵达事故现场进行清理；组织搬移残损航空器。

(3)机场当局组成事故调查小组进行事故调查；组织力量对现场溢漏燃油、液压油进行处理；恢复道面、灯光等助航设备、设施；参与残损航空器的搬移工作。

(4)机场消防部门负责残损航空器搬移过程中的消防警戒。

(5)航空公司协助事后调查小组的调查工作；协同机场当局对事故现场进行清理；负责遇难人员的善后处理工作；负责残损航空器的搬移工作。

7.4.2　各类航空器紧急事件救援过程注意事项

1. 航空器空中故障

(1)充分了解机组意图，根据不同的故障种类以及可能产生的后果，决定启动应急救援的等级。

(2)空管部门应及时调整地面航空器运行秩序。

(3)确定故障航空器着陆后的停放位置。

(4)航空器故障较严重时，各救援保障单位在指定集结点待命，如消防车辆尾随，应与空管部门协调，并安排消防车辆在指定位置等候。

(5)由于航空器空中故障原因不明确，有可能导致在降落过程中失事。当出现这种情况时，应立即转变为"航空器失事"处置程序实施救援。

2. 航空器与航空器相撞

(1)空管部门应及时调整其他航空器的滑行路线。

(2)及时疏散事件航空器以及紧邻航空器上的旅客，视情况还应将紧邻航空器拖离事故现场。

(3)指定未受伤人员停留区，航空公司应安抚旅客。

(4)航空器燃油泄漏的处置。

3. 航空器与障碍物相撞

(1)空管部门应及时调整其他航空器的滑行路线。

(2)及时疏散事件航空器以及紧邻航空器上的旅客，视情况还应将紧邻航空器拖离事故现场。

(3)如撞击航站楼公共场所，应紧急疏散公共场所的旅客。

(4)指定未受伤人员停留区，航空公司应安抚旅客。

(5)航空燃油泄漏的处置。

7.5 消 防 救 援

航空器火灾具有如下特点：

(1)火灾原因复杂；

(2)火灾地区不定，突发性强；

(3)燃烧猛烈，发展迅速；

(4)燃烧与爆炸相伴；

(5)疏散困难，伤亡严重；

(6)舱内烟雾弥漫，燃烧物毒性大；

(7)不易破拆，救援困难；

(8)经济损失大，政治影响大。

7.5.1 机场消防救援基本要求

(1)时间要求。救援勤务的目标应当是在最佳能见度和地面条件下，在 3min 内到达每条跑道和活动地区的任何地点。反应时间是从接到消防救援出动命令，到第一辆应急车(或数辆车)到达事故现场。

保证连续施用灭火剂，负责运送灭火剂的车辆，应该在第一辆应急车到位后，不超过 1min 及时到位。

　　(2)消防力量要求。消防救援的工作人员，均应接受严格的培训，无论是正规的还是辅助的，其车辆人员应能够保证在飞机失事或发生事故时，能按车辆最大的设计能力，有效、及时地进行主要或辅助灭火剂的喷放。

　　(3)设备要求。救援设备应满足机场消防保障等级的要求。保障等级的划分由使用该机场的最大飞机的全长、机身宽度和起降频率确定。消防车辆应按照要求配备通信器材及方格网图。

　　(4)救援工程安全要求。工程中，应确保现场的救援和消防人员的生命安全。

7.5.2　航空器灭火扑救

　　航空器灭火扑救主要包括起落架火灾的扑救、飞机机翼火灾的扑救、飞机发动机火灾的扑救、飞机机身内部火灾的扑救、飞机坠落火灾的扑救等。

　　1. 起落架火灾的扑救

　　起落架火灾的发展，一般需要经过过热发烟、局部燃烧和完全着火 3 个阶段，扑救起落架火灾时，应在飞机停稳后进行。

　　1)过热发烟阶段扑救的具体方法

　　(1)准备好干粉和水枪，并时刻严密观察，一旦发现起火，便立即喷射。

　　(2)如果烟雾逐渐减少，应让机轮或者轮胎自然冷却，避免发热的机轮或轮胎急剧地冷却，特别是局部地冷却，可能引起机轮或轮胎的爆炸。

　　(3)如果烟雾增大，可用雾状水流断续冷却，避免使用连续水流，更不可用二氧化碳冷却。

　　2)局部燃烧阶段扑救的具体方法

　　(1)用干粉迅速扑灭火焰。

　　(2)用雾状水流冷却受火势威胁的机身或机翼下部，以及其他危险部位。

　　(3)同驾驶员或机械师商量，快速撤离机上所有人员。

　　(4)清理出在轮轴方向的安全地区。

　　(5)灭火后用雾状水流对机轮或轮胎进行均匀的冷却，预防复燃。

　　3)完全着火阶段扑救的具体方法

　　(1)大剂量的泡沫与干粉联用进行扑救。

　　(2)迅速撤离机组人员和乘客。

　　(3)用泡沫冷却机身下部或机翼。

　　(4)清理出轮轴方向的安全地带。

　　(5)随时准备对付火势的蔓延或可能出现的大火。

　　4)灭火注意事项

　　(1)接近方法。扑救起落架火灾时，要求消防人员穿好隔热服，戴头盔和手套，并把面罩放下。接近起落架灭火时，应从起落架前方或后方小心接近，绝对不能从轮轴方向接近。

　　(2)危险区域。当轮胎着火或轮毂处于高温时，轮毂容易爆炸，其爆炸方向为沿着轮轴方向向外。相关危险区域，不准任何人进入。

(3)如果有可能，通过锁定销将减振柱锁定。

(4)在起落架下面，如果发现渗漏的油品，应用泡沫全部覆盖，以防起火燃烧。

(5)液压油管漏油时，应将漏口塞住或把液压油管折弯，从而有效地止住漏油。

(6)对镁火的扑救。镁在刚起火时用 7150 灭火剂将其扑灭，若大量含镁金属起火，可用强大水流加以控制，对小规模的镁火，可用砂土控制和扑救，干粉也可以扑救镁铝合金火灾，但不能用二氧化碳和以碳酸氢钠为基料的干粉灭火。

(7)机上人员的撤离路线。机上人员撤离时，应朝上风沿着机身方向离开。当起落架还在燃烧时，切不可进入危险区域，可以从机身前舱撤离，也可以从机身后舱撤出。

(8)如果只有轮胎着火，可用二氧化碳和喷雾水流扑救。

(9)对于流淌油火和液压油起火，可用干粉灭火器扑救。如果采用二氧化碳，距离要保持 2m 以上。

2. 飞机机翼火灾的扑救

飞机机翼灭火与疏散机内人员刻不容缓，消防人员应冷却保护机身，抢救旅客疏散为先，采用上风冲击、两翼外推阻挡火焰，干粉、泡沫联用围机灭火战术。

一侧机翼根部起火，使用两辆主战消防车灭火，冷却机身使其不受热辐射的影响，由机翼根部向外推打火焰，防止火焰烧穿机身，保护机内人员由机身前舱和后舱安全撤离；干粉泡沫联用夹击灭火。

一侧机翼外发动机部位起火，用两辆主战消防车，干粉、泡沫联用向机翼末端推打火焰，夹击灭火，保护机身，掩护机内人员由机身一侧迅速撤离飞机。

灭火时应注意：向机身上喷射泡沫时，应沿机身由近及远将火向前驱赶，集中到场的所有泡沫保护机身；切忌沿着机翼线向机身方向喷射，防止把机翼上的游离燃油驱赶到机身上燃烧；几辆泡沫车上的泡沫同时喷射，要避免某一门炮喷出的泡沫冲开其他炮喷出的泡沫覆盖层。

3. 飞机发动机火灾的扑救

(1)发动机内部起火。如果火包围了发动机，使发动机体燃烧，可用水和泡沫有效地控制其周围的火。

(2)对钛火的控制。如果含有钛部件着火被封闭在吊舱内，应尽可能让它烧完。只要外部没有可被火焰或者炙热的发动机表面引燃的蒸气混合气体，则这种燃烧不致严重地威胁飞机本身。用泡沫、雾状水喷洒覆盖吊舱和周围暴露的飞机结构。

(3)灭火时注意以下问题。

①登高。

②发动机下禁止站人。

③灭火剂的选择。扑救发动机时应选用卤代烷或二氧化碳灭火剂控制发动机内的火灾；在发动机火势已经发展到围机其他结构时，可使用其他灭火剂，如喷射水雾冷却处于危险状态的油箱和飞机机身。

④危险区域。发动机进气口前 7.5m，排气口后 45m 区域，消防人员与被撤离人员禁止进入这一区域。

4. 飞机机身内部火灾的扑救

1）机身尾部客舱发生火灾

（1）消防员从中部舱门攻入机身内部，用雾状水阻截火势向中部客舱蔓延，抢救乘客和机组人员从前、中部舱门和应急出口撤离飞机，疏散到安全地带。

（2）打开尾部舱门或打碎舷窗进行排烟，以降低舱内烟雾浓度；在打开的舱门或舷窗开口处布置水枪，阻击火焰从开口处向机身外部蔓延。

（3）用泡沫覆盖或用开花水喷洒机身外部受火势威胁较大的危险部位。

（4）在控制住火势向中部客舱蔓延的同时，消防员从尾部舱门突破烟火封锁，强攻进入尾部客舱，中部客舱水枪手与之形成合击，在舷窗处的水枪手应将水枪从舷窗口伸入客舱内部，与内部水枪手形成协同配合，打击火焰，消灭火灾。

2）机身中部客舱发生火灾

（1）消防员同时从舱门和尾舱门攻入机身内部，用雾状水控制火势向前部客舱和尾部客舱蔓延，掩护乘客和机组人员从前舱门和尾舱门撤离飞机，疏散到安全地带。

（2）在下风向距机翼较远的部位打碎舷窗进行排烟，并从舷窗口伸入水枪，多点进攻打击火焰，配合内部水枪手消灭火灾。

（3）进攻灭火的同时，应采用泡沫覆盖或开花水喷洒的方法冷却机身下部机翼，预防高温辐射引起机身和机翼处的油箱发生爆炸。

3）机身前部客舱发生火灾

（1）消防员从前舱门和中舱门攻入机身内部，用雾状水控制火势向驾驶舱或中部客舱蔓延，抢救乘客和机组人员从中、尾舱门和应急出口撤离飞机，疏散到安全地带。

（2）当火势凶猛，前舱门进攻受阻，且火势越过前舱门，严重威胁驾驶舱时，就在靠近驾驶舱处打碎两侧舷窗，将水枪从舷窗口伸入机身内，用雾状水封锁空间，阻截火势蔓延，保护驾驶舱，并配合内攻枪手，里应外合，消灭火灾。

4）驾驶舱内发生火灾

（1）消防员从前舱门攻入机身内部，用雾状水冷却驾驶舱与客舱之间的隔墙，防止火势蔓延到客舱，掩护乘客和机组人员从前、中、尾部舱门和应急出口撤离机身，到地面安全地带。

（2）使用卤代烷灭火剂扑救驾驶舱内火灾。没有卤代烷灭火剂时，可用干粉或二氧化碳灭火剂扑救，迫不得已时再用水或泡沫扑救，因为只有卤代烷灭火后不留有痕迹，其他灭火剂会使驾驶舱内的贵重仪器仪表遭受到不同程度的水渍或损坏。

5）货舱内发生火灾

当飞机上有乘客时，应首先组织力量疏散客舱内所有人员。当货舱内装运普通货物时，用喷雾水或泡沫扑救。当货舱内装运化学危险品时，应根据所装运货物的性质选用灭火剂。

（1）做好个人防护。深入机身内部的消防员必须佩戴呼吸器，穿着避火服或隔热服。

（2）防止形成爆炸。消防员应手持喷雾水枪站在机舱门后，稍微打开机舱门，将喷雾水枪伸入机舱内射水，而后再完全打开机舱门，进入机舱内救人、救火。

（3）客舱内没有旅客时，可从机身上部破拆口灌入高、中倍泡沫，对客舱进行封闭灭火。

（4）氧气瓶受到火势和热辐射威胁时，应用雾状水冷却，或将钢瓶疏散到机身外安全地带，预防氧气瓶爆炸。

(5) 机身内乘客要在机组人员协助下，充分利用救生设备疏散。

(6) 在灭火过程中，要酌情打开舱门、紧急出口，并打碎舷窗等进行排烟，为机身内人员安全脱险提供条件。

(7) 掩护机身内人员疏散或内攻灭火时，要注意避免盲目射水，防止水枪射流伤人。

(8) 作战时间较长，应组织预备力量及时接替内攻人员，使内攻人员得到休整。

5. 飞机坠落火灾的扑救

对于飞机坠落火灾的救援，可以采用以下方法。

(1) 消灭机身内部火焰，排烟降温，对内部人员施加保护。消防人员应首先打碎火焰附近的机身舷窗，采用多点进攻的方法，消灭机身内部火焰，然后用雾水排烟，降低舱内温度，对机身施加雾水保护。

(2) 打开舱门救援。在条件许可的情况下，消防人员应迅速打开飞机舱门和应急出口，深入机身内部，对伤残者实施救援。

(3) 从机身尾部入孔救援。如果飞机尾部毁坏折断，消防人员可通过尾部增压舱隔墙入孔，从尾部进入机身内部实施救援。

(4) 破拆救援。在舱门、应急出口无法开启的情况下，消防人员应用斧头、撬棒、机动破拆工具等实施破拆救援。破拆位置应选择在舱内座位水平线以上、行李架以下的舷窗之间，或在机舱顶部中心线两侧。飞机上有红色或黄色标记明确的破拆位置点。

在灭火时应注意以下事宜。

(1) 消防队到达失事飞机地点时，无论飞机内部是否起火，消防人员和消防车都应处于临战状态，按平日制定的灭火作战预案各就各位，随时准备灭火战斗。

(2) 喷射灭火剂时，应选择最佳的位置和角度，充分利用风向、地势等有利条件，边移动、边喷射，调整落点，力求打准，加快覆盖速度。

(3) 避免随意破拆，防止伤人。消防员必须掌握正确的破拆位置与破拆技巧。

(4) 在灭火战斗中，消防员不得随意搬移乱动失事飞机的残骸。如果必须搬移，需要记录它们的原始状况、位置和地点，并保存所有的有形物体，以便于火灾原因的调查。

7.5.3　飞机迫降与跑道喷施泡沫

在喷施泡沫应注意以下问题。

(1) 喷施泡沫的类型和设备的要求。在跑道上喷施泡沫时只能使用蛋白质泡沫。机场在喷施泡沫后，必须保证车辆和泡沫储备能够达到机场运行消防等级的要求。

(2) 喷施泡沫的长度、宽度要求。对于4发喷气式飞机，泡沫宽度大于内侧发动机宽度；对于螺旋桨飞机，应该大于外侧发动机宽度。泡沫的长度根据起落架实效的位置和飞机的构型不同，长度在450～900m。

(3) 泡沫的起始位置。起落架处于收起状态的航空器迫降时，由于机身和道面之间的地效作用，航空器机身接地点同正常接地点不同，根据故障起落架位置和航空器构型不同，接地点要在正常接地点的后部150～600m。

(4) 喷施泡沫的厚度。从理论上讲，泡沫越厚，对于减少航空器起火越有利，但是由于泡沫有可能受到当时气温和风的影响，不能太厚，国际民航组织推荐的泡沫厚度为 35～50mm。

7.5.4　民用机场消防设备设施配备

1. 国际民航组织在消防和救援工作方面对机场的分类

(1)机场消防保障等级。机场消防保障等级指机场应提供救援和消防保障的分类。保障等级的划分由使用该机场的最大飞机的全长、机身宽度和起降频率等决定。

(2)机场消防站机构。机场消防站按所在机场消防保障等级类别，结合机场消防责任区确定战级。

(3)国际民航组织的要求。国际民航组织在《机场勤务手册》中对机场提供的保障等级有以下规定，机场的等级以使用该机场的飞机的尺寸为依据，并按其运行频率进行调整。

对救援和消防而言，机场的分类应以通常使用该机场最长的飞机的总长度和机身最大宽度为依据。按照使用机场的飞机类别，首先估计飞机的总长度，其次估计飞机的机身宽度，如表 7.1 所示。如果选择适合某架飞机总长度的某一类别的机场，而该飞机的机身宽度大于该机场的最大宽度，则适合于该飞机的机场类别实际上为更高一级。

表 7.1　机场消防保障等级分类

机场类别	飞机总长度/m	机身最大宽度/m
1	0～9	2
2	9～12	2
3	12～18	3
4	18～24	4
5	24～28	4
6	28～39	5
7	39～49	5
8	49～61	7
9	61～76	7
10	76～90	8

2. 消防站选址

机场消防站承担发生在机场或其临近地区的飞机事故或事件的救援和消防服务。消防站的选址应该满足车辆行驶至跑道端路线尽量少拐弯。

3. 消防器材装备

消防站机构设置与器材装备的配备除了符合国际民航组织、国家相关法规要求，还应当符合民航局发布的《民用航空运输机场消防站装备配备》的要求。

消防站的器材包括车配器材、人身防护装备、通信器材、破拆抢险救生工具、车辆维护修理设备、防火检查仪器、体育训练器材、备用灭火剂等。

1)车辆配备与单车定员

检查消防站车辆配备是根据机场消防保障等级确定的，战斗员人数按照车辆性能需要定员。消防站业务车辆包括快速调动车、主力泡沫车、重型消防车、中型消防车、重型水罐车、干粉车、通信指挥车、火场照明车、破拆抢险车、跑道喷涂泡沫车、药剂补充车与后勤保障车。

快速调动车的发动机不用预热，气温在 7℃以上，满载行驶速度在 0~25s 内大于80km/h；主力车满载时应在0~40s内加速到80km/h；最大车速均应在 100km/h 以上。

中型消防车底盘的出厂规定最大总质量大于或等于 9000kg，但小于或等于 11000kg。

重型消防车底盘的出厂规定最大总质量大于或等于 15000kg。

当主力泡沫车速度满足快速调动车标准时，快速调动车不配备。

单车战斗员的数量应根据消防车性能、用途、操作要求及有关标准规定定员。

2）人身防护

（1）防护服。防护服应对以下情况起到作用：①偶尔与火焰接触；②辐射热为 3W/cm^2，2min；③辐射热为 8W/cm^2，1min；④尖锐物体的撞击；⑤渗水；⑥电击。

（2）呼吸设备。凡是在使用呼吸设备的时候，必须做好安排，将压缩空气瓶充满纯净的空气，同时保证有一定数量的备用件以确保设备连续使用的效能。

3）灭火剂种类与数量

通常应当配备主要灭火剂和辅助灭火剂。主要灭火剂产生持久的控制效用，即能够达到几分钟或更长一段时间的灭火效果。辅助灭火剂有迅速抑制火势的能力，但是只提供一个使用中才发挥出来的"短暂的"控制效果。

（1）灭火剂种类。主要灭火剂包括符合最低性能水平 A 的泡沫、符合最低性能水平 B 的泡沫，以及这些灭火剂的组合。辅助灭火剂包括二氧化碳、化学干粉（B 级和 C 级粉）、卤代烷，以及这些灭火剂的组合。

（2）灭火剂的数量。各民用机场消防部门应按照本机场分类和灭火剂最小用量表（表 7.2）来确定救援与消防车辆上配置的产生泡沫用的耗水量和辅助剂用量。

表 7.2　灭火剂最小用量表

机场类别	符合性能水平 A 的泡沫		符合性能水平 B 的泡沫		辅助剂		
	水/L	喷射率 泡沫溶液/(min/L)	水/L	喷射率 泡沫溶液/(min/L)	化学干粉 /kg	卤代烷 /kg	二氧化碳 /kg
1	350	350	230	230	45	45	90
2	1000	800	670	550	90	90	180
3	1800	1300	1200	900	135	135	270
4	3600	2600	2400	1800	135	135	270
5	8100	4500	5400	3000	180	180	360
6	11800	6000	7900	4000	225	225	450
7	18200	7900	12100	5300	225	225	450
8	27300	10800	18200	7200	450	450	900
9	36400	13500	24300	9000	450	450	900
10	48200	16600	32300	11200	450	450	900

注意：表 7.2 中的数量是配备的灭火剂的最低数量，是以实际关键地段获得 1min 控制时间所需要的灭火剂数量加上为随后继续控制火势和可能彻底扑灭火势所需的灭火剂数量

来确定的。控制时间指的是为了将初期火势强度减弱 90% 所需的时间。分别放在车辆上的产生泡沫用的浓缩泡沫的数量与所带的水量和所选定的浓缩泡沫液成比例。装备在救援车辆和消防车辆上的各种灭火剂的数量应当与机场类别和灭火剂的最小用量表相一致。在执勤时，车辆的泡沫罐必须在所有时间都保持装满状态。

4）通信和报警系统

应当设置独立的通信系统，使得消防站能与指挥塔台、机场内其他的消防站以及救援消防车队取得联系。

应当在消防站为救援和消防人员提供报警系统，使得除本站外其他的机场消防站和机场指挥塔台与之联系并进行操作。

5）车辆数量

为了有效地运送和分配机场类别规定的灭火剂，机场应当配备最小数量的常规救援和消防车辆，并且车型符合要求。

7.6　医疗救护及医学紧急事件

7.6.1　航空器医疗救护

1. 伤员鉴别及医护原则

1）伤员鉴别分类原理

(1) 伤员鉴别分类是指对受难者进行分类并排先后次序，以决定治疗与运送的先后。

(2) 受难者应分为 4 类：迅速救治、暂缓救治、略加救治、已死亡。

(3) 在原位进行伤员分类的效率最高。

2）标签在伤员鉴别中的作用

(1) 伤员鉴别标签的标准化通过颜色编码和符号使其尽可能简单。

(2) 标准标签只需要填入尽可能小的信息，可用于恶劣的天气，并且标签是防水的，数字与符号表示对伤员医疗级别的分类。

3）医护原则

(1) 必须在失事现场使重伤员稳定。

(2) 应避免在重伤员安定之前进行转移。

2. 对伤员流动的控制

伤员应通过 4 个地区，这些地区应仔细定位并易于辨认。

(1) 集合区。集合区是安置重伤员的地点，建立这样的区域依赖于失事的类型及失事地点周围的环境。在此地点对受难者的监护将从救援和消防人员手中转到医疗机构中，但是，在大多数情况下，这种转移发生在分类区。

(2) 分类区。分类区应至少在失事地点的上风 90m，以避免火及烟的伤害。如果可能，应建立一个以上的分类区。

(3) 医护区。初始时只有一个医护区，接着该区域应根据伤员的 3 种分类细分为 3 个区域，即迅速救治区(I 级)、暂缓救治区(II 级)和略加救治区(III 级)。为了辨认，医护区可以用颜色标识(红色代表迅速救治，黄色代表暂缓救治，绿色代表略加救治)。可应用带颜色的锥体标识牌、旗帜等。

(4)转移区。转移区位于医护区和出路之间，是用于登记、派送和疏散生存者的区域。通常仅需要一个转移区。然而，当存在多个转移区时，它们之间应保持畅通的联系。

7.6.2 机场医学紧急事件应急

1. 预警准备程序
1)机场急救中心(国内)

(1)排查设备准备。根据疫情确定排查设备种类；根据航站楼疫情控制特点准备排查设备及布置方案。

(2)隔离场所及转运车辆的准备。根据疫情特点，准备确诊患者隔离场所及转运车辆；根据疫情特点，准备疑似患者隔离场所及转运车辆；根据疫情特点，准备需隔离排查旅客临时隔离场所及转运车辆。

(3)药品医疗设备准备。根据疫情特点，准备防控所需的隔离防护、治疗药品及设备。

(4)修订专项防控方案。根据疫情种类，修订有针对性的专项防控方案。

(5)医护人员培训。根据疫情种类，对医护人员进行有针对性的防控业务培训。

(6)对员工的防控宣传。根据疫情种类，对员工进行有针对性的防控宣传培训。

(7)对旅客的防控宣传。根据疫情种类，对旅客进行有针对性的防控宣传培训。

2)机场检验检疫局(国际)

(1)排查设备准备。根据疫情确定排查设备种类；根据航站楼疫情控制特点准备排查设备及布置方案。

(2)隔离场所及转运车辆的准备。根据疫情特点，准备确诊患者隔离场所及转运车辆；根据疫情特点，准备疑似患者隔离场所及转运车辆；根据疫情特点，准备需隔离排查旅客临时隔离场所及转运车辆。

(3)药品医疗设备准备。根据疫情特点，准备防控所需的隔离防护、治疗药品及设备。

(4)修订专项防控方案。根据疫情种类，修订有针对性的专项防控方案。

(5)对旅客的防控宣传。根据疫情种类，对旅客进行有针对性的防控宣传培训。

3)安全职能部门

监督检查各保障单位疫情防治前期准备情况；做好对外协调工作。

4)后勤保障部门

做好防控疫情物资设备准备工作。

5)指挥中心

(1)信息的获取及分发。

(2)监督检查各个单位准备情况。根据上级主管部门的通知，检查各个保障单位疫情防治前期的准备情况。

(3)启动信息通报程序。要求各部门启动每日疫情信息通报；做好每日疫情信息的收集和上报工作。

(4)确定染疫航空器的停发位置。选择一个相对独立的区域作为染疫/疑似染疫航空器的停放位置。

(5)调整运行流程。

6)航站楼管理部门

(1)做好疫情信息通报。

(2)做好卫生防护措施，避免交叉感染。

7)飞行区管理部门

发现与疫情相关的异常情况后，应立即采取隔离措施并通报应急指挥中心，调整飞行区运行程序。

8)航空安全保卫部门

做好疫情信息通报，发现与疫情相关的异常情况后，应立即采取隔离措施并通报应急指挥中心。

9)媒体发布

做好疫情防治宣传工作。

2. 防控工作程序

接到上级主管部门通知，要求机场启动防控措施，此时机场疫情控制应启动防控程序。

1)设备设施布控

(1)急救中心负责在国内进出港区域按要求设置专用检测设备。

(2)检验检疫局负责在国际进出港区域设置专用检测设备和现场隔离排查区域。

2)临时隔离场所

应在检测设备附近区域设置临时隔离场所。

3)人员安排

医疗救护部门选派经培训合格的操作人员进行检测设备操作。急救中心选派足够数量的医护人员进行旅客排查和疑似患者处置、转运。

3. 处置工作程序

当在航站楼内、经停本场的航空器上以及本场员工发现疑似或确诊染疫情况时，机场疫情控制应启动处置工作程序。

1)信息通报内容

(1)可疑患者在航站楼内

患者姓名、性别、年龄、国籍、现处的位置、是否有同行人、联系方式、发现人姓名、发现单位、是否还在患者旁、患者现状、是否进行过初诊、初诊结果。

(2)可疑患者在航空器上

航班号、机位、机组及乘客数量、患者/疑似患者的人数、主要症状、体征、患者性别、年龄、国籍、座位号、是否有同行人、联系方式、发现人姓名、发现单位、是否还在患者旁、患者现状、是否进行过初诊、初诊结果。

(3)可疑污染物

物品种类、位置、数量、特征、发现人单位、发现人姓名、联系方式、现场处置措施。

(4)内部异常信息

姓名、性别、年龄、工作单位、症状、体征、家庭住址、联系方式、是否进行过初诊、初诊结果。

2) 疑似旅客处置程序

(1) 国际旅客由检验检疫局/国内旅客由急救中心对发病旅客进行现场排查。

(2) 国际旅客由检验检疫局/国内旅客由急救中心确定同机旅客排查范围(在航空器上)及接触者(在航站楼)范围,进行信息登记和流行病学调查,对非接触者及时做出放行决定并报指挥中心。

(3) 国际旅客由检验检疫局/国内旅客由急救中心带至隔离室进行隔离观察。

(4) 国际旅客由检验检疫局/国内旅客由急救中心将信息通报指挥中心和上级管理部门。

(5) 国际旅客由检验检疫局/国内旅客由急救中心联系市规定的转运车辆转移至指定地点医院,并追踪后续处理结果。

3) 染疫航空器及航站楼污染区域处置程序

(1) 染疫航空器处置。

①机位分配部门负责将来自疫区及染疫航空器安排至指定机位;

②公安机关负责对染疫航空器周围25m内进行警戒,任何人员未经允许不得上下航空器,不得装卸货物;

③急救中心(国内)/检验检疫局(国际)负责对来自疫区及染疫航空器进行消毒处理;

④急救中心(国内)/检验检疫局(国际)负责对来自疫区及染疫航空器的垃圾等物品进行无害化处理。

(2) 航站楼污染区域处置。

①国际区域由检验检疫局/国内区域由急救中心负责航站楼内污染区域消毒处理;

②国际区域由检验检疫局/国内区域由急救中心负责对航站楼内污染物品进行无害化处理;

③航站楼管理部和航空安保分公司协助检验检疫局、急救中心对航站楼内污染区域实施隔离;

④针对空气传播类疾病,航站楼管理部应协助医疗部门做好通风换气和卫生消毒工作,避免交叉感染;

⑤针对肠道传染类疾病,航站楼管理部应协助医疗部门做好航站楼卫生间区域的消毒处理,餐饮服务部门应做好食品卫生工作;

⑥必要时急救中心负责对航站楼内空气质量进行监测。

4) 疑似污染物品处置程序

(1) 检验检疫局对来自疫区及染疫航空器的货物进行现场检查和无害化处理;

(2) 各单位对发现的疑似污染物品或疫源动物实施隔离处置,并通知指挥中心,由指挥中心通知检验检疫局、机场动植物检疫站、急救中心进行现场处置。

4. 染疫航空器处置程序

(1) 机位分配部门负责将来自疫区及染疫航空器安排至指定机位。

(2) 公安机关负责对染疫航空器周围25m内进行警戒,任何人员未经允许不得上下航空器,不得装卸货物。

(3) 急救中心(国内)/检验检疫局(国际)负责对来疫区及染疫航空器进行消毒处理。

(4) 急救中心(国内)/检验检疫局(国际)负责对来自疫区及染疫航空器的垃圾等物品进

行无害化处理。

5. 航站楼污染区处置

(1)国际区域由检验检疫局/国内区域由急救中心对航站楼内污染区域进行消毒处理。

(2)国际区域由检验检疫局/国内区域由急救中心对航站楼内污染物品进行无害化处理。

(3)航站楼管理部和航空保安分公司协助检验检疫局、急救中心对航站楼内污染区域实施隔离。

(4)针对空气传播疾病,航站楼管理部协助医疗部门做好通风换气和卫生消毒工作,避免交叉感染。

(5)针对肠道传染类疾病,航站楼管理部应协助医疗部门做好航站楼卫生间区域的消毒处理,餐饮服务部门应做好食品卫生工作。

(6)必要时急救中心负责对航站楼内空气质量进行监测。

6. 疑似污染物品处置程序

(1)检验检疫局对来自疫区及染疫航空器的货物进行现场检查和无害化处理。

(2)各单位对发现的疑似污染物品及疫源动物实施隔离处置,并通知指挥中心,由指挥中心通知检验检疫局、机场动植物检疫站、急救中心进行现场处置。

7.6.3 民用航空器机场应急救护设备配备

民用运输机场应急救护设备应按照国家标准 GB 18040—2008 配备。

1. 机场应急救护保障等级

机场应急救护保障等级的划分首先根据该机场起降的最大机型飞机的全长,其次根据机身宽度而定。

当使用该机场同一等级的最大机型飞机在一年中最繁忙的连续 3 个月内:

(1)起降架次达到 700 次或更多时,该机场应急救护保障应采用该最大机型飞机相应的机场救护等级。

(2)起降架次小于 700 次时,该机场应急救护保障等级可比该最大机型飞机相应的机场救护等级低一级。

(3)各种飞机起降架次达到 700 次,但最大机型与其他机型飞机的机身长度差别很大(级别相差 3 级以上)时,该机场应急救护保障等级可比该最大机型飞机相应的机场救护等级低两级。

2. 急救药品、设备

机场急救车内急救箱、航站楼急救站及急救物资库均应配备一定数量的药品、设备,用于应急救护。药品、设备的品类和数量的配备应根据机场应急救护保障等级而定,同时应考虑多机事故和意外灾害事故的可能性。根据机场应急救护保障等级配备相应的普通型急救车、复苏型急救车、救援指挥车、急救器材运输车,其数量应按标准规定配备。提供 9 级以上应急救护保障等级的机场应该建立独立的通信频率。

事故现场的急救区域必须设有醒目的标志旗。标志旗分为急救指挥标志旗、检伤分类标志旗、各类伤急救区标志旗。伤亡分类标志应用红、黄、绿、黑四色区分。一级(迅速救治)用红色、二级(暂缓救治)用黄色，三级(略微救治)用绿色，零级(死亡)用黑色。急救人员在急救现场应穿着统一的机场应急救护服装。

7.7　残损航空器搬移

1. 残损航空器搬移的责任与要求

(1)《民用运输机场突发事件应急救援管理规则》规定，应急救援现场的灭火和人员救护工作结束后，残损航空器影响机场的正常安全运行的，机场管理机构应当配合当事航空器营运人或者其代理人，迅速将残损航空器搬离。残损航空器的搬移责任应当由当事航空器营运人或者其代理人承担，具体搬移工作应当按照该航空器营运人或者其代理人与机场管理机构协商实施。残损航空器搬移应当取得事故调查组负责人同意。

(2)机场管理机构应当根据机场航空器年起降架次，配置与机场所使用航空器最大机型相匹配的残损航空器搬移设备，并在机场运行期间保证其完好适用。

(3)残损航空器搬移费用主要有临时道面铺设费、平板车使用费、气囊使用费和消防力量待命费等。

(4)应急救援工作实行有偿服务，应当采用先救援后结算的办法。具体收费标准和收费计算方法由有关各方本着公平合理、等价有偿的原则协商确定。

2. 民用机场残损航空器搬移设备的配备

(1)年起降架次在 15 万(含)以上的机场，应当配置搬移残损航空器的专用拖车、顶升气囊、活动道面、牵引挂具以及必要的枕木、钢板、绳索等器材。

(2)年起降架次在 15 万以下，10 万(含)以上的机场，应当配置顶升气囊、活动道面、牵引挂具以及必要的枕木、钢板、绳索等器材。

(3)年起降架次在 10 万以下的机场，应当配置活动道面以及必要的枕木、挂件、绳索等器材。

(4)活动道面配置应当满足航空器每一轮迹下的铺设长度不小于 30m。

(5)航空器牵引挂具的配置应当满足能牵引在机场使用的各类型航空器。

(6)对于在发生突发事件起 2h 之内机场管理机构可能取得专用拖车和顶升气囊的，机场管理机构可不配备专用拖车和顶升气囊，但应当有明确的救援支援协议。

3. 残损航空器搬移程序

1)残损航空器的搬移计划

残损航空器的搬移计划应基于通常可能使用该机场的航空器特性，具体有以下方面：

(1)搬移工作所需有效的机场内或其临近地区的设备和人员清单，清单应包括所需重型设备或特殊装置的类型和存放地点，以及设备到达机场所需的时间等；

(2)进入机场所有地区的路线、路况；

(3)残损航空器搬移的机场方格网图；

(4)搬移工作的安全保障措施；

(5)其他机场可获得的航空器回收设备；

(6)航空器制造商提供的通常使用该机场的各种机型的航空器资料；

(7) 可执行修路和其他任务的人力资源方面的信息；

(8) 航空器放油程序；

(9) 后勤物资清单。

2) 航空公司在航空器紧急事件恢复中的责任

(1) 提供航空器技术参数；

(2) 提供航空器搬移方案；

(3) 提供搬移所需的特种设备；

(4) 支付搬移费用。

3) 航空器搬移注意事项

由于航空器搬移具有复杂性和责任性，所以必须指定一个协调人负责总体运行。

(1) 移去货物及放油。搬移前，应该使航空器的总质量尽可能减到最小。在搬移航空器之前，采用符合消防安全的方法——放干航空器油箱，并记录油箱排放量和油箱识别标志，同时消防车应在现场进行警戒。

(2) 切断电源以及关闭氧气瓶。

(3) 拍照和录像。在搬移过程中，应拍照并录像。此过程可以从 4 个方向观察航空器的全景。

(4) 顶升和拴系。航空器的顶升和搬移过程中，应当确保航空器拴系牢固。航空器顶升过程中，应注意顶升部位和航空器重心位置的可靠与准确。

(5) 搬移。在搬移过程中，应保持与空中交通管制部门进行通信联系，注意行驶中的安全。对于较大的航空器，可以采用后面牵引重型车辆的办法帮助控制。

7.8　危险品事件应急救援

7.8.1　危险品处置要求

1. 危险品基础知识

(1) 危险货物是指在空运过程中，能够对健康、安全或财产造成重大风险的物品或物质。

(2) 危险货物分为 9 级：1 级为炸药；2 级为气体压缩的、液化的、压力下溶解的或强力冷冻的物质；3 级为可燃液体；4 级为可燃固体，易于自燃物质，与水接触时会放出可燃气体的物质；5 级为氧化物质，有机过氧化物；6 级为有毒的和传染性的物质；7 级为放射性的物质；8 级为腐蚀性物质；9 级为各种各样的危险货物，即在空运期间，呈现不属于其他各级的一种危险物品或物质。

(3) 危险货物的包装要按技术规程列出的条款，标出危险货物的正确名称，以及对应的 4 位数字编号。

(4) 包装还要求有一个或多个危险标牌，这些标牌有明显的符号和颜色。

2. 危险品污染的处置要求

1) 发生危险品污染事件的种类

(1) 航空器失事或地面事故造成的危险品泄漏或污染；

(2) 危险品装卸过程中造成的泄漏或污染；

(3)危险品交运过程中造成的泄漏或污染。

2)危险品污染处置的要求

(1)对装有放射性物质或化学物质等危险品的器具、包裹和集装箱等进行有效的隔离;

(2)发生危险品泄漏或污染时,应及时将现场可能受到污染的人员疏散到污染源的上风口进行隔离;

(3)受污染的车辆、设备及其他物品,应接受专门消毒处理;

(4)受污染的食品、饮料及烟草等物品,按照有关规定处理;

(5)受污染或辐射的人员,须接受专门检查与治疗;

(6)在专业人员指导下,及时对遭受危险品污染的物品及相关区域进行清理。

7.8.2　危险品应急救援处置

1.处置步骤

(1)要求最近的危险品协助机构迅速派出放射性医疗队抵达应急现场。

(2)隔离接触放射性物质的人员,直至经过放射性医疗队内科医生的检查。

(3)标识可疑物,经过检查并得到主管部门同意后再行处理,在现场所使用的衣物及设备需隔离直至得到放射应急队伍的同意后方可解除隔离。

(4)不可使用怀疑已受污染的食品及饮用水。

(5)只允许穿适当服装的救援及消防人员在应急现场停留,其他人员应尽可能地远离现场。

(6)立即通知应急协同医院放射性物质的存在,便于医院内划出放射性物质清除区。

2.应急救援处置过程

1)救援中的信息传递

空中交通管理部门和机场指挥中心在向相关救援保障部门传递信息时,必须传递下列内容:

(1)航班号、机型(涉及航空器时);

(2)预计到达时间(或当前停放位置);

(3)危险物品的种类、存放位置和数量等;

(4)其他有关情况。

2)参与救援的部门的行动任务

(1)空中交通管理部门。负责紧急事件情况通报;指挥航空器优先着陆,并滑行到指定位置上;若航空器在本场,指挥其他航空器进行避让;与机场指挥中心保持通信联系,及时掌握的地面救援情况

(2)机场指挥中心。接到有关部门通报后,按信息通知程序及时通知相关救援保障部门;迅速赶到紧急事件现场或在航空器预定停放位置附近设置指挥点;根据紧急事件情况,及时通知有关部门提供探测装置;负责指挥、协调现场的救援工作;根据紧急事件影响范围,决定是否关闭机场内某些区域,并向空中交通管理部门提供航行通告资料;若该航空器准备在本场着陆,保持与空中交通管理部门的通信联络,及时获得航空器的飞行动态及机长意图,并将地面救援准备情况通报给空中交通管理部门;若航空器在本场发生危险品污染,及时通知有关部门疏散现场附近的其他航空器;负责收集、汇总救援工作中的有关资料和

数据，并填写应急救援事件记录单。

(3)机场公安部门。接到机场指挥中心通知后，立即组织警力，迅速赶赴紧急事件现场布置警戒范围；及时通知核能机构到场参加救援工作；及时通知驻场武警部队到场协助警戒。

(4)机场医疗急救中心。组织救护力量，迅速赶赴紧急事件现场；及时通知机场检验检疫部门参与救援工作；在划定的安全隔离区外进行救护工作，对于需要送院治疗的受害者进行登记、注册；在专业部门协助下，对参与救援的工作人员进行检查，并登记备案。

(5)航空器营运人及其代理人。

①航空器营运人及其代理人报告机上危险品的存在或可能的存在。组织人员及相关救援设备迅速赶赴紧急事件的现场；若信息来自部门，应及时将紧急事件信息报告机场指挥中心；涉及国际航班时，及时通知海关、边防等部门。

②若涉及航空器，须立即将该航空器的有关信息传递给机场指挥中心，包括航班号、机型、携带危险品的种类数量及存放位置、其他有关情况等。

③若在其他场所发生危险品泄漏事件，应将危险品的种类、数量等有关情况报告机场指挥中心。

④协助急救医疗机构对受害者进行隔离、转移。

⑤协助专业人员对航空器进行处理，并拖拽到指定停放地点。

⑥协助专业人员对航空器或相关场所进行清理。

7.9　对非法干扰行为的应急管理

7.9.1　非法干扰行为的类型及处置原则

非法干扰行为是指危机民用航空和航空运输安全的实际或预谋的行为，其类型包括非法劫持飞行中的航空器，非法劫持地面上的航空器，在航空器或机场内扣留人质，强行闯入航空器、机场或航空实施场所，企图犯罪而将武器或危险装置器材带入航空器或机场，传递危及飞行中或地面上的航空器、机场或民航设施场所中的旅客、机组、地面人员或公众安全的虚假信息。

1. 处置依据

(1)《中华人民共和国民用航空法》；

(2)《民用运输机场应急救援规则》；

(3) 国际民用航空公约《附件 14——机场》；

(4) 国际民用航空公约《附件 17——保安——保护国际民用航空免遭非法干扰行为》；

(5)《国际反劫持总体处置预案》；

(6)《处置非法干扰民用航空器安全行为程序》；

(7) 地方政府的紧急预案以及国际民航组织《机场勤务手册》第七部分"机场应急计划"等有关规定和要求。

2. 处置原则

(1)处置决策以最大限度地保证国家安全、人机安全为最高原则，当生命、财产受到严重威胁时应当采取有效措施，将损失和伤害减至最小。

(2)尽量保证遭受非法干扰行为的航空器滞留于地面。

(3)旅客和机组的安全获释是首要目标，应当优先于其他一切考虑。

(4)谈判始终优先于武力的使用，直至决策人认为没有继续谈判的可能性。

(5)保证通信渠道的畅通、程序的执行和设备的使用。

7.9.2 应急处置的组织机构及职责

1. 应急组织机构组成

机场的应急组织系统一共分四级：最高领导层是非法干扰处置领导小组，以下依次有机场应急处置总指挥和机场应急处置中心两级领导机构，以及空管部门、消防部门、急救部门、机场公安部门、其他保障单位等执行部门。具体机构层级结构示意图如图7.4所示。

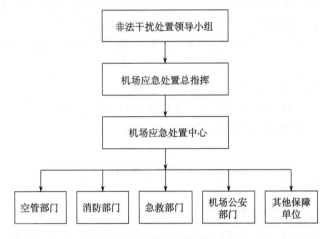

图7.4 机场应急处置机构示意图

2. 相关部门的职责

1)非法干扰处置领导小组职责

(1)负责组织、指挥在机场发生的非法干扰行为的应急处置活动；

(2)负责向上级领导汇报应急处置行动情况；

(3)根据应急处置行动实施情况，发布紧急情况解除指令；

(4)负责组织、指挥应急处置演练；

(5)负责组织修改、审定对非法干扰行为的处置方案。

2)机场应急处置总指挥职责

(1)接到应急处置中心报告后，立即赶赴应急处置中心或紧急事件现场，全面负责应急处置行动的组织、指挥工作；

(2)对应急处置过程中遇到的重大问题，经领导小组集体研究决策后实施处置；

(3)向上级领导汇报应急处置行动的情况；

(4)非法干扰事件处置结束后，下达行动结束指令。

3)机场应急处置中心职责

(1)在应急处置行动的准备和实施阶段，负责对各单位应答、施救的全面协调、指挥；

(2) 负责向有关单位通报信息，发出行动指令；

(3) 与航空器所属航空公司建立并保持联系，索取相关资料，向领导小组/总指挥和现场总指挥报告；

(4) 负责保持现场与应急处置中心之间的通信联系；

(5) 负责组织、协调物资保障组及相关单位，为处置行动提供必要支援。

4) 应急处置现场总指挥职责

(1) 接到应急处置指挥中心报告后，立即赶赴现场，全面负责现场的组织、指挥工作；

(2) 对处置过程中遇到的重大问题，经领导小组同意后负责现场实施处置；

(3) 当上级领导到达紧急事件现场后，向上级领导汇报工作情况。

5) 空管部门职责

(1) 负责航空器与应急处置中心之间的信息传递；

(2) 合理调整、指挥其他进出港航空器的起降和滑行；

(3) 当紧急事件影响机场运行时，按照程序及时发布相关信息。

6) 消防部门职责

(1) 负责组织消防执勤工作，保证消防人员、设施设备能随时投入各种灭火行动；

(2) 接到紧急情况通报后，立即按应急处置中心的指令组织消防力量投入灭火行动；

(3) 负责与公安部门保持密切联系，根据紧急事件态势，请求支援。

7) 急救部门职责

(1) 发生紧急事件时，组织医护人员以最快速度赶赴现场，参加应急救护工作；

(2) 负责紧急事件救护现场的组织、协调工作；

(3) 根据实际情况，向市急救医疗指挥中心通报并请求支援，并派员协调协议单位的行动；

(4) 及时救治在疏散过程中受伤的旅客和机组人员。

8) 机场公安部门职责

(1) 负责制定非法干扰事件的紧急处置预案，全面负责实施非法干扰处置行动；

(2) 负责采取初步的事件控制措施，搜集事件资料信息，综合评估威胁程度，参与确定应急处置方案；

(3) 封锁、保护现场，维护现场秩序，开展现场取证工作；

(4) 协助提供人质谈判和排除爆炸等方面的专家与技术设备支持；

(5) 对发生在机场的重大事件提供快速武装反应；

(6) 负责进行非法干扰事件演练的组织与实施。

7.9.3　应急处置行动程序

当紧急情况出现时，应急组织机构要根据应急处置预案里设置的程序及时采取适当的措施。以下以国内某机场航空器被劫持为例，介绍应急事件的整体处置程序。

【国内某机场航空器被劫持应急处置预案案例】

1. 信息传递

接到航空器遭遇劫持信息时，应询问以下有关情况，并立即按照程序上报。

(1) 遇劫飞机的型号、机号、航线、航班号以及所属航空公司；

(2) 遇劫时间、航段和空域;

(3) 旅客、机组人数、有无要客;

(4) 劫机犯罪分子人数、性别、年龄、座位号、作案工具、手段及劫机目的、要求;

(5) 被劫航空器所处位置,劫机犯罪分子的位置及是否进入驾驶舱、有无人员伤亡、航空器破坏程度、机组采取的措施、所剩燃油等;

(6) 航空器预计到达时间,使用的跑道。

2. **先期处置阶段**

1) 塔台/管调

(1) 收到航空器被劫持的信息或警告信号后,应立即通报应急指挥中心,并将收集到的信息向应急处置中心通报。

(2) 按程序合理调配空中航空器,及时调整航空器起降使用的跑道及滑行路线。

(3) 与被劫持航空器保持通信联系,及时向应急指挥中心通报该航空器的飞行动态和机长意图。

(4) 航空器即将降落前,向应急指挥中心/现场指挥部通报预计降落时间、使用的跑道。

(5) 根据应急指挥中心要求,指令被劫持航空器滑行到指定隔离位置停放。

(6) 根据领导小组/总指挥指示,发布临时关闭相应区域的航行通告。

2) 应急指挥中心

(1) 迅速赶赴紧急事件现场或预定等待点设置现场指挥部,协助现场总指挥组织指挥现场的反应行动。

(2) 保持与塔台或管调的通信联络,及时掌握该航空器的飞行动态及机长意图,将信息传递给现场各单位,并向领导小组/总指挥报告。

(3) 根据航空器的飞行动态及机长意图,及时调整地面力量,并确定航空器停放位置及旅客疏散区域,将指定的隔离位置停放区域通知塔台。

3) 现场总指挥

负责现场的前期处置工作的协调、组织与指挥。

4) 机场公安部门

(1) 接到行动命令后,各行动小组立即按照预案及职责分工进入相应位置展开反劫机行动。

(2) 向上级公安部门报告情况,若态势升级,请求派特警部队支援。

(3) 向驻场武警部队通报,视情况向相关航空公司的保卫部门通报情况。

5) 消防部门

(1) 接到应急处置中心通知后,立即组织消防力量,请求派特警部队支援。

(2) 根据领导小组/总指挥中心的指令,准备对受劫持的航空器进行尾随戒备。

6) 急救中心

接到应急指挥中心通知后,立即组织急救力量,迅速赶赴紧急事件现场或预定等待点集结待命。

7) 航空器营运人/代理人

(1) 接到应急指挥中心通知后,立即组织人员及设备,迅速赶赴紧急事件现场或预定等待点待命。涉及国际航班时，须及时通报海关、边防等联检单位，并协助其开展工作。

(2)及时将该航空器的有关情况报告应急处置中心，内容包括旅客及机组人员情况，货物、行李分布情况以及其他有关情况。

3. 行动实施阶段

当航空器上劫机分子尚未被制服时，应采取如下措施。

(1)塔台。应机场要求，发布临时关闭相应区域的信息。

(2)应急指挥中心。协助领导小组/总指挥组织、协调应急处置行动。

(3)领导小组/总指挥。确定行动方案并当上级领导到达后，向上级领导汇报应急处置行动情况。

(4)现场总指挥。协助总指挥组织、指挥应急处置行动。

(5)机场公安部门。

①当获悉遇劫航空器可能在机场迫降时，应立即按照处置劫机事件预案迅速做好各项准备，封锁飞机活动区，撤离无关车辆和人员，并报告当地公安指挥机关。

②反劫机制敌组、消防支队及其他公安保卫人员按照预案立即进入各自岗位，现场指挥员时刻保持与应急处置中心的联系，尽量弄清楚劫机犯罪分子的人数、位置及作案工具，及时调整确定登机行动方案，并争取与机组取得默契。

③当遇劫航空器迫降时，各警种应按照分工迅速隐蔽包围航空器，封锁跑道。制敌组可以以给航空器加油、补充电源、清洁卫生、提供食品、检修航空器等为掩护接近航空器，并随时待命出击。

④当领导小组/总指挥下令登机制服劫机犯罪分子时，现场公安指挥员应指挥制敌组按有关预案迅速登机隐蔽近敌，与机组密切配合，在保证旅客安全的前提下，制服犯罪分子。

⑤当劫机犯罪分子挟持人质或确实携带有爆炸危险物品时，不得盲目发起攻击，应通过谈判等手段规劝、麻痹犯罪分子，以寻战机。当犯罪分子残害人质或欲爆炸航空器时，现场指挥员经请求批准后，突击队应立即发起强攻，消灭劫机犯罪分子，解救人质。强攻时尽可能做到出其不意，力争首次突击奏效，把伤亡和损失减少到最低程度。

⑥发起攻击的同时，要迅速组织旅客撤离航空器并做好灭火、救护准备，劫机犯罪分子被制服后，搜查排爆、现场勘察等各组织应立即行动。

(6)其他单位。其他单位的应急处置行动参照"非法劫持机场地面航空器的处置程序"的要求及应急处置中心的指令行动。

当获悉劫机分子被制服，并且该飞机将在本机场降落时，应立即按照"前期处置阶段程序"迅速做好各项准备。

(1)塔台/管调。

①当获悉劫机分子被制服时，应立即通报应急处置中心，并将收集到的信息向应急处置中心通报。

②应机场要求，发布临时关闭相关区域的信息。

(2)应急处置中心。协助领导小组/总指挥组织、协调应急处置行动。

(3)领导小组/总指挥。当上级领导到达后，向上级领导汇报应急处置行动情况。

(4)现场总指挥。协助总指挥组织、指挥应急处置行动。

(5)机场公安部门。航空器降落后,立即登机将犯罪分子押解下飞机,同时迅速疏散旅客,搜查排爆组随后登机开展工作。

(6)消防支队。航空器降落后,对航空器进行消防警戒。

7.10 自然灾害的应急救援

7.10.1 自然灾害应急处置

1. 自然灾害危害方式与种类

自然灾害对人的危害主要包括 4 个方面。

(1)生命生活危害。造成人员伤亡以及灾民生活困难,危害人类生命、健康和正常生活。

(2)财产经济危害。破坏各种工程设施及物资、物品,造成财产损失,并破坏工农业、交通运输等,造成经济损失。

(3)社会危害。阻碍社会进步,甚至影响社会稳定。

(4)资源环境危害。破坏国土资源与生态环境。

2. 机场自然灾害应急处置

1)机场自然灾害应急处置的目的

避免或者减少自然灾害对机场造成的损失,保证地面的航空器及人员的安全,尽快恢复机场的正常运行秩序。

2)应急处置

(1)灾害来临前的预报与信息传递。

①机场气象部门负责将台风、强风、暴雷、洪水等预警信息向机场指挥中心通报,同时详细说明其影响范围、持续时间及危害程度等,并随时提供气象变化的预测资料。

②机场指挥中心在接到气象部门或其他部门将出现自然灾害的告警后,及时通知有关保障部门采取防范措施并做好救援准备工作。

③接收地震预报信息后,机场指挥中心应迅速将地震相关信息向各个保障部门通报,并召开领导小组会议,布置抗震抢险工作。

(2)自然灾害的应急处置。

①空中交通管制部门应将自然灾害情况向管制区域内的航空器通报。

②机场应急指挥中心应召集有关保障单位,具体布置抗灾抢险工作;检查各类设施、设备,做好灾害来临前的准备工作;灾害过后,应调集救灾物资、人员等,做好事后恢复处理,尽快恢复正常生产秩序。

③机场消防、急救、公安等部门在收到自然灾害信息后,应处于待命状态,随时执行应急救援任务,各应急保障单位应服从应急救援小组的统一部署。

④航空公司应做好旅客服务、疏导工作,安抚旅客情绪。

⑤场务保障部门检查各种防洪、排洪设施设备,负责抢险、恢复各类助航设施。

⑥其他驻场单位应积极进行防灾、救灾工作。

(3)各类灾害的救援注意事项。

①对于台风、强风等灾害,当预报风力达到或超过 8 级时,机场指挥中心应建议轻型

航空器、直升机转场，取消其飞行计划。对不能转场的轻型航空器、直升机应建议航空公司将航空器转移进机库停放，防止轻型航空器被吹翻。另外，还应采取以下防范措施：必须用地锚对航空器进行拴系固定，并用轮挡固定航空器每一机轮；尽量拉大航空器的停放距离，并将航空器附近的登机桥、登机梯、工作梯等设备撤离；将停放在机坪上的设备撤离并进行固定，将客梯车、高空作业车等设备的高度降到最低；关闭登机桥闸门。

②对于雷暴、洪水等灾害，应采取以下准备措施：应全面检查机场的各种防洪、排洪设备设施；在雷暴天气来临时，应立刻停止给航空器加油；机务工作人员应禁止使用耳机与机组人员对话，并确认航空器已挡好轮挡。

③对于地震灾害，应采取以下准备措施：尽快疏散室内人员；加强对重点区域、重要部门的保卫工作；转移各种设备等。

④大雾、大雪等天气会造成大量航班延误，导致大量旅客滞留机场。机场当局应配合航空公司维持现场秩序，防止旅客发生混乱；各航空公司应做好旅客的安抚工作等。

(4)现场恢复。

①自然灾害过后，机场应急指挥中心应组织灾害后的恢复重建工作，组织清理遭受灾害破坏的现场。

②航空公司安排航班尽快将滞留旅客送往目的地；对未能离港的旅客进行妥善安排。

③场务保障部门检查跑道、滑行道，恢复各类助航设施设备。

④各救援保障单位应听从应急指挥中心的指挥，做好灾害恢复工作。

7.10.2　机场自然灾害应急处置程序

1. 信息传递程序及内容

1)气象预报

(1)空管部门气象中心负责将强风、强降水、雷暴、台风等预警信息向应急指挥中心通报，并随时提供气象变化的预测资料。

(2)塔台/报告室负责向航空公司/航空器机组通报天气预报信息。

(3)应急指挥中心向机场国防动员办公室通报预警信息。

(4)机场国防动员办公室负责与政府国防动员办公室和三防指挥部等部门联系，向上级汇报抢险救灾准备工作和情况，传达上级部门的指示。

2)地震预报

(1)机场国防动员办公室接到地震监测部门预报后，负责向应急指挥中心及驻场单位通报，并与省、市抗震救灾指挥部保持联系，向上级汇报抢险救灾工作，传达上级部门的指示。

(2)根据紧急事态的发展趋势，报告室/塔台负责发布航行通告。

3)信息传递内容

(1)空管部门气象中心在向应急指挥中心传递信息时，应详细说明特殊天气的影响范围、持续时间及危害程度等。

(2)应急指挥中心在向各驻场单位传递地震信息时，根据地震监测部门的预报应说明地震的强度及可能的危害程度。

4) 台风、强风、强降水等自然灾害的救援处置程序

(1) 处置程序。

①塔台/报告室。根据本场情况，及时通知管制区域内航空器备降外地机场；根据应急指挥中心提供的航行通告资料，及时对外发布航行通告。

②领导小组/总指挥。接到报告后，立即召开驻场各有关单位会议，具体布置抗灾抢险工作，并责成相应职能部门检查各单位的准备落实情况；全面组织、指挥机场的防灾、救灾工作。

③现场总指挥。当日值班经理赶赴现场担任现场总指挥，总指挥到达现场后，则协助总指挥的工作；参与应急救援的指挥、协调工作。

④应急指挥中心。获知信息后应立即报告领导小组，协助领导小组/总指挥召开驻场各有关单位会议，具体布置抗灾抢险工作；检查各单位的准备落实情况，向领导小组/总指挥报告救援准备情况，并向各保障单位通报信息和发布行动指令；当本场受自然灾害影响发生航班大量延误时，按《机场大量航班延误的处置方案》进行处置；在总指挥的领导下，组织、协调场内防灾、救灾及后勤保障工作；根据领导小组/总指挥指令，向救援保障部门下达救援结束的指令。

⑤机场国防动员办公室。保持与省、市政府国防动员办公室和政府三防指挥部等部门的联系。负责汇报抢险救灾工作，传达上级部门的指示；必要时，请求物资与人员支援；参与抢险救灾工作的检查和指挥；负责了解和总结抢险救灾工作。

⑥机场公安部门。在驻场武警部队的配合下，做好紧急状态下机场地区交通疏导。

⑦修缮部门。负责场内能源供应设备、设施维护与抢修。

⑧场道部门。负责场道设施设备的维护与抢修。

⑨航空器营运人/代理人。妥善安排滞留旅客的食宿，做好旅客服务、疏导工作，安抚旅客情绪。

⑩驻场其他单位。在接到应急指挥中心的指令后，积极进行防灾、救灾工作，并保持与应急指挥中心的通信联系。

(2) 行动步骤及注意事项。

①当预报风力达到或者超过 8 级时，应急指挥中心应立即向应急救援领导小组报告，并启动应急程序，组织各救援单位做好抗灾抢险准备。

②应急救援领导小组得到报告后，召开驻场各有关单位会议，具体布置抗灾抢险工作。并责成相应职能部门检查各单位的准备落实情况。

③当预报风力达到或者超过 8 级时，应急指挥中心应建议停放在本场的轻型航空器、直升机转场；取消轻型航空器、直升机到本场的飞行计划。当预报有台风正面袭击时，应建议停放在本场的航空器转场。

④对确实不能转场的轻型航空器、直升机，应建议其承运人/代理人与地勤保障部门协商，将航空器转移进机库内停放。

⑤强风、台风来临前应采取以下防范措施。

a.在航空器每一组机轮的前后用轮挡固定，并用地锚拴系固定航空器。

b.将航空器附近的登机桥、登机梯、工作梯等设备撤离。

c.将停放在机坪上的设备撤离。

d.尽量拉大航空器的停放间距。

e.将客梯车、高空作业车等设备的高度降至最低。

f.设法固定各种车辆、设备、设施，以防意外。

g.关闭登机桥闸门。

⑥修缮部门应制定本部门具体的应急救灾方案，提前检查电力系统并准备备用供电设备；检查排洪系统的工作状况，防止航站楼地下出现洪涝灾害；负责做好航站楼等建筑物受台风损坏后的抢修工作。

⑦场道部门负责检查和准备各种防洪、排洪设施设备；负责检查、抢修、恢复各类助航设施。机场建设管理部负责提供协助。

⑧广告公司应组织人员对户外广告牌进行加固或摘除。

⑨航空护卫部门负责航站楼的安全保卫工作。

⑩园林绿化公司应组织人员将室外盆景、花卉等搬移到室内，并做好树木的防风工作。

⑪机场车辆保障部门应做好车辆的安全停放与安全行驶。

⑫场内施工单位应撤离施工现场，并做好设施、设备的防风工作，防止施工材料与施工现场沙砾吹到停机坪。

⑬应急指挥中心应在领导小组的领导下，对飞行区(包括航站楼)的应急救灾工作实施检查、指挥、协调。

⑭当强风、强降水、雷暴、台风来临时，机场公安部门、消防支队、急救中心应处于待命状态，随时执行应急救援任务。

⑮根据应急救援领导小组的部署，行政部门、物资设备部门须统一调配各单位的车辆及其他资源，确保救灾物资、人员的运送。

⑯在此期间，各单位须建立 24 小时值班制度。

5)地震灾害的救援处置程序

(1)抗震指挥部的位置。

①鉴于地震有突发性和强破坏性，一般应在几个不同的位置设置指挥部，以保证在地震时至少有一个指挥部能迅速开展工作。

②抗震指挥部的第一位置在震前搭建或临时搭建的帐篷。地震可预见时，电话号码由抗震指挥部提前公布，并可使用应急无线电频道进行联系。

③抗震指挥部的第二位置在机场国防动员办公室。

(2)行动步骤及注意事项。

①接到地震预报后，领导小组须召开驻场各有关单位会议，具体布置抗震抢险工作，并责成相应职能部门检查各单位的准备落实情况。

②抗震工作原则是确保安全，抢救生命，减少损失，尽快恢复飞行。

③视情况组织力量搭建临时帐篷。

④各单位须建立 24 小时值班制度。

⑤转移各种设备。打开各物资仓库，确保灾情发生时，各种物资、设备能被迅速调动、使用。

⑥视情关闭煤气、油料阀门。

⑦熟悉应急疏散程序。

⑧加强对重点区域、重要部门的保卫工作。

⑨加强与上级防震指挥部门的通信联系，随时取得最新情报。

⑩加强宣传工作，防止出现混乱。

⑪应急救援领导小组视情宣布进入紧急状态。

⑫灾情发生时，消防部门负责拯救人员和灭火工作。

⑬急救部门负责救治伤病员。

⑭机场公安部门负责指挥消防抢救工作，并维护秩序、加强保卫、防止破坏。

⑮驻场武警部队及驻场等单位迅速组成抢救队，由抗震指挥部统一指挥，协助消防支队和急救中心的救援工作。

⑯行政部门、国防动员办公室负责向政府抗震救灾指挥部汇报情况，必要时请求支援。

⑰机场建设管理部负责组织修缮公司和场道公司检查、评估地震发生后飞行区和航站区的受损情况；重点抢修各类助航设施、供电供水设备、遭地震破坏的航站楼，为恢复机场运行、保障救灾飞行任务创造条件。

⑱应急指挥中心全面指挥、协调飞行区内的抢险工作，全面掌握飞行区的受灾情况，组织、指挥各有关保障部门，全力以赴保障好执行运送救灾物资、人员的飞机的起降。

⑲通信保障部门、机场计算机信息中心负责迅速恢复各应急单位(特别是指挥部)的通信联系及弱电系统。

⑳各后勤单位应全力为旅客和救援人员提供服务。

㉑地震发生后，根据应急指挥中心指令，各单位(部门)负责人应迅速向指挥部报到并受领任务。

㉒地震发生时，各种通信系统均有可能遭到破坏。因此，各单位应采取多种方法与上级部门联系，实施应急救援工作。通信方式主要可采用内通电话、固定电话、无线电话、800MHz对讲机集群通信系统、人工传递。

6) 雷暴灾害的救援处置程序

(1)总指挥。在领导小组的授权下，全面组织、指挥机场的防灾、救灾工作。接到雷击报告后，根据受损程度及影响范围，适时召开驻场各有关单位会议，具体部署抢险救灾工作。接到雷击报告后，当日值班经理应赶赴现场担任现场总指挥，负责应急救援的现场指挥、协调工作。

(2)应急指挥中心。接到雷暴信息后，立即向机场各有关保障单位通报，并要求各单位做好防护措施。接到雷击报告后，应立即启动应急救援程序，及时向有关单位下达行动指令，根据事件类型及行动等级通知各有关单位。在总指挥的领导下，协助组织、协调场内防灾、救灾及后勤保障工作。

(3)消防支队。接到雷暴信息后，应处于待命状态。发生火情时，应立即组织消防力量，迅速赶赴救援现场实施救援灭火行动。

(4)急救中心。接到应急指挥中心指令后，应立即组织医疗救护力量，迅速赶赴救援现场，实施医疗救护工作。

(5)机场公安部门。布置事件现场警戒范围，及时疏散人群及车辆，做好现场的交通疏导与治安保卫工作。

(6)修缮部门。负责高压供电、航站楼供电、机坪供电的应急保障工作；负责做好航站楼等建筑物受雷击损坏后的抢修工作。

(7)场道部门。负责组织道面、助航灯光、围界的抢修，助航灯光系统运行的应急保障工作。及时向应急指挥中心报告道面、助航灯光设施等的损坏情况，以及该情况是否影响机坪、跑道、滑行道的正常运行。根据实际情况，对跑道、滑行道进行检查以及实测跑道摩擦系数。负责检查排洪沟、渠，及时清除沟、渠内的杂物，确保洪水尽快排出场外。

(8)信息技术、通信保障中心。负责检查、抢修、恢复受影响的机场弱电系统。

(9)油料部门。接到雷暴信息后，应立刻停止给航空器加油。负责油库区的防雷设施检查。若油库库区遭雷击造成燃油溢漏或起火，应立即停止油料输送，切断供电，并报告应急指挥中心或通知消防支队，协助总指挥开展救援工作。

(10)地勤保障部门。接到雷暴信息后，应立即通知工作人员停止使用耳机，确认航空器已挡好轮挡。

(11)航空器营运人/代理人。当代理航班延误时，应妥善安排受影响旅客的食宿，做好旅客疏导、服务工作，安抚旅客情绪。当所代理航空器遭雷击时，应派人立即赶赴现场，协助现场总指挥开展救援工作。

(12)驻场其他部门。接到应急指挥中心的指令后，积极进行防灾、救灾工作，并保持与应急指挥中心的通信联系。

注意：当建筑物遭雷击起火时，各单位救援行动按照"建筑物失火处置程序"的要求进行处置。建筑物遭雷击造成坍塌时，应立即疏散建筑结构受到影响并可能倒塌的建筑内部的人群；供水、供电、供气部门应切断倒塌建筑的水、电、气供应；各单位在救援行动中注意次生灾害的发生，防止建筑物再次倒塌。当车辆等设施设备遭雷击造成起火时，知情者应立即报告应急指挥中心或通知消防部门，消防部门应立即派出消防车赶赴现场进行灭火。如事发地点在停车场，则应立即疏散该区域的人群和车辆。

除了上述交通工具，还应当配备水下搜寻装备，如潜水服、信标定位等设备。

7.11　应急救援的现场指挥与管理

7.11.1　应急救援的准备

在应急事件中的指挥与控制是指应急事件发生后的人员管理、信息分析和决策。

1. 应急救援的指挥权

(1)机场或临近区域发生的紧急事件，应当由机场应急救援机构承担指挥工作。

(2)机场重大应急事件，特别是航空器紧急事件的救援，通常各地方政府、民航地区管理机构会高度重视，并且派员到场。

(3)机场当局应当阐明有关规定和政策，在有可能涉及人员和财产损失的重大问题上，邀请相关部门参与决策。

(4)机场应急救援领导小组是机场应急救援工作的最高决策机构，由当地人民政府、民航地区管理机构或其派出机构、机场管理机构、空中交通管理部门、有关航空器营运人和其他驻场单位共同组成。

(5)应急救援领导小组下设机场应急救援指挥中心(以下简称指挥中心)，必须具备通信、预警、灾情评估和监视、确定行动程序、协调及分配救援力量、管理公众信息与新闻媒介等多方面的功能，同时制定并且宣传应急预案。指挥中心负责日常应急救援工作的组织和协调，根据机场应急救援领导小组的授权，负责组织实施机场应急救援工作。指挥中心总指挥由机场管理机构最高领导或其授权的人担任，全面负责指挥中心的指挥工作。

2. 现场指挥官的责任和权力

现场指挥官作为救援工作的现场领导，应当能够有效地指挥各职能部门迅速对紧急事件做出反应，协调各专业救援小组的救援进度，及时将救援进展和救援中发现的重大事件向领导小组汇报。从功能上讲，应急救援系统包括应急指挥中心、应急(事故)现场指挥中心两个指挥系统。

1)应急现场指挥中心

在应急救援现场，现场指挥官具有最高指挥权，有权对参加救援的人员、设备和工作程序进行控制，参加救援的各个单位应当服从指挥，积极配合机场组织的救援行动。

2)应急现场指挥中心与应急指挥中心的关系

在应急救援系统中，应急指挥中心的功能主要有在事故应急行动中协调信息、提供应急对策、处理应急后方支持及其他管理职责，这些是进行应急行动全面统筹的中心，能保证整个应急救援行动有条不紊地进行，减少因事故救援不及时或救援组织工作紊乱而造成的额外人员伤亡和财产损失。

具体说来其职责大致如下：

(1)组织制定和修改所在机场的应急救援计划；

(2)指挥、协调和调动参加应急救援的单位，就已经发生的应急救援发布指令；

(3)定期检查各有关单位的应急救援预案和措施的落实情况，并按《民用运输机场应急救援规则》的要求组织应急救援演练；

(4)负责参与应急救援的单位负责人姓名花名册及其电话号码变化的修订工作；

(5)定期检查应急救援设备器材的登记编号、存储保管、维护保养等工作情况，保证应急救援设备完好；

(6)组织残损航空器的搬移工作；

(7)制定应急救援项目检查单；

(8)与事故现场的应急人员保持联系，并进行必要的协调。

应急现场指挥中心是应急救援系统中与应急指挥中心相对应的现场指挥机构，该中心与应急指挥中心的不同之处在于它偏重于事故现场的应急救援指挥和管理工作，其职责主要是在事故应急行动过程中负责在事故现场制定和实施正确、有效的事故现场应急对策，确保应急救援任务的顺利完成。

应急现场指挥中心是整个现场应急救援工作的指挥者和管理者。应急现场指挥中心机构成员的数量及其职责可根据具体的情况采取相对应的构成，主要的职责是进行应急救援行动时负责检查现场应急资源，并按照应急计划合理部署应急行动，确保紧急情况下人员的安全，保持信息管理、现场指挥和媒体发布的协调运作，并根据现场的具体情况和应急行动的进展做出应急策略的有效应变。

在事故现场，应急现场指挥中心的位置应该设在安全区内，但不能离危险区太远，具体位置应视当时的事故情况和气象条件而定，并设置备用位置。

应急现场指挥中心成立以后，为了使其工作更加高效无误，并保证应急救援行动的顺利完成，需要注意下列事项：

(1)确保应急计划的实行，监督应急行动的有效性并启动所有适当的程序和应急措施；

(2)检查并控制事故现场范围内的应急资源供应状况，确保有充足的物质资源并支持人员参与事故应急救援行动；

(3)在事故现场与事故指挥者和支持保障部门、信息管理部门建立并保持必要的通信联系，做好突发情况的应急准备。

3)应急指挥中心的配置

配置可分为两大类型：软配置(文件资料类)和硬配置(各种装备)。

(1)软配置。应急指挥中心的必备软配置包括以下内容：

①针对不同事故类型而制定的各类应急计划；

②以往事故的报告和检查表；

③应急救援的方格网图；

④社会协同力量信息材料。

(2)硬配置。硬配置主要是指在事故应急行动中应急指挥中心所必需的装备，具体的装备应根据所承担的不同救援任务进行选择。硬配置一般包括计算机管理系统、应急车辆、车载通信设备或移动电话、传真机、录音设备、地空监听设备、其他必备的应急设备等。

4)应急现场指挥中心配备

应急现场指挥中心的设计包括机构人数和职责的设定、所需装备的配备、指挥中心的位置选择以及布局安排等。

现代化的应急现场指挥中心应配有装备齐全的应急指挥车。应急指挥车使用方便、可移动性高，在发生事故需要进行应急救援行动时，能较好地适应应急救援工作的需要；但是对其他方面也有一定要求，主要包括：

(1)能提供足够宽敞的空间；

(2)安置有必需的办公设备和信息显示设备；

(3)配备有通风装置、紧急报警装置、消防装置、应急动力装置等。

7.11.2　现场安排与控制

1. 现场控制原则

1)快速反应原则

无论是航空器应急事件、非航空器应急事件等突发事件，还是恐怖袭击事件与自然灾害等，都具有突发性、连带性和不确定性等特点。

在应急处置过程中必须坚持做到快速反应，力争在最短的时间内到达现场、控制事态、减少损失，以最高的效率与最快的速度救助受害人，并为尽快恢复正常的工作秩序、社会秩序、生活秩序创造条件。

但大多数事件在救援和处置过程中可能还会继续蔓延扩大。事故现场控制的作用，首先体现在防止事故继续蔓延扩大方面，在事发的第一时间内做出反应，以最快的速度和最高的效率进行现场控制。快速反应原则是事故应急处置中的首要原则。

2)救助原则

救助原则应当和快速反应原则很好地结合起来。从另一个意义上说，应急处置的首要目标是人员的安全，救助原则与快速反应原则的本质要求就是减少人员的伤亡。大量的灾难性事故与事件的案例研究表明，造成严重后果的原因就是反应不及时，受害人不能得到及时救助。

3)人员疏散原则

在大多数应急处置的现场控制与安排中，把处于危险的受害者尽快疏散到安全地带，避免出现更大伤亡的后果，是一项极其重要的工作。

4)保护现场原则

在应急处置过程中，特别是对现场的控制做出安排时，一定要考虑到对现场进行有效的保护，以便于日后开展调查工作。

应急处置和调查处理是不同的环节与过程，但在实际工作中没有明确的界限，不能把两者截然分开。但是由于发生的时间、环境、地点不同，所需要的控制手段包括的应急资源也不相同。这些差别决定了在不同的事故现场应该采取不同的控制方法。

5)观察与记录原则

观察就是对现场从宏观到微观地查看、把握，及时发现现场应急处置和危险源，防止危害范围蔓延扩大。

记录和现场物品的清理是指在应急处置过程中通过观察一些情况，对证据、物品进行登记和保存的过程。记录不仅要把现场的动态变化如实地反映出来，而且要把事后调查与善后处理可能用到的物品进行记录。

6)保护应急参与人员安全的原则

要保证应急参与人员的安全，现场的应急指挥人员在指导思想上也应当充分地权衡各种利弊，避免付出不必要的牺牲和代价。

2. 现场控制方法

1)警戒线控制法

对应急现场，应从其核心现场开始，向外设置多层警戒。现场设置警戒线，一方面保证处置工作在顺利进出上有一种安全感，另一方面避免外来的未知因素对现场的安全构成威胁，避免现场可能存在的各种危险源危及周围无关人员的安全。应急警戒范围，应坚持宜大不宜小，保留必要的警戒冗余度以阻止现场大规模无序流动。

在实践中，各国普遍的做法是设置两层警戒线，由高密度向低密度布置警戒人员。警戒线的设立也可以使大部分外部人员或围观群众自觉远离救援现场，从而为应急处置创造一个较好的外部环境。

2)区域控制法

区域控制法是在不破坏现场的前提下，在现场外围对整个应急现场环境进行总体观察，确定重点区域、重点地带、危险区域、危险地带。

一般遵循的原则是，先重点区域，后一般区域；先危险区域，后安全区域；先外部区域，后中心区域。

3）遮盖控制法

遮盖控制法实际上是保护现场与现场证据的一种方法。在应急处置现场，有些物证的时效性要求往往比较高，天气因素的变化可能会影响取证的真实性；有时由于现场比较复杂，破坏比较严重，加上应急处置人员不足，不能立即对现场进行勘查、处置，因此需要用其他物品对重要现场、重要证据、重要区域进行遮盖，以利于后续工作的开展。

遮盖物多采用干净的塑料布、帆布、草席等物品，起到防风、防雨、防日晒以及防止无关人员随意触动的作用。

应当注意的是，除非万不得已，一般尽量不要使用遮盖控制法，防止遮盖物污染某些微量物证，影响取证以及后续的化学物理分析结果。

4）以物体围圈控制法

为了维持现场处置的正常秩序，防止现场重要物证破坏以及危害扩大，可以用其他物体对现场中心地带周围进行围圈。一般来讲，可以使用一些不污染环境的阻燃阻爆物体。如果现场比较复杂，还可以采用分区域、分地段的方式进行。

5）定位控制法

定位控制法一般可以根据现场面积、破坏程度等情况，首先按区域、方位对现场进行区域划分，可以有形划分，也可以无形划分，如长条形、矩形、圆形、螺旋形等形式；然后每一划分区域指派现场处置人员，用色彩鲜艳的小旗标注。

6）危险辨识评价法

任何处置工作的开展都必须以对现场形势的准确评估为前提，快速反应的原则，不仅单纯强调速度快，而且要保证处置工作的高效率。

7.11.3　现场危险源识别与情景评估

危险源的危险程度决定于 3 个要素：潜在危险性、存在条件和触发因素。

危险源辨识的主要内容如下。

(1)应急区域。应急分区(救援队伍、协同力量、伤员、指挥等)布置；有毒、有害、危险物品(或物质)分布；建筑物、构筑物分布；风向、安全距离、卫生防护距离；运输路线等。

(2)应急环境条件。周围环境；气象条件；抢险救灾的支持条件等。

(3)应急区域的危险源分布，包括危险源的种类数量、危险程度、危险源的所属者或管理者等。

(4)救援过程。涉及人数、航空器上油量、危险品的毒性、腐蚀性、燃爆性、温度、速度、作业及控制条件、事故及失控状态。

(5)救援设备及材料情况。设备性能、设备本质安全化水平；设备的固有缺陷；所使用的材料种类、性质、危害；使用的能量类型及强度。

(6)作业环境情况。救援作业中地形、水域等环境因素。

(7)操作情况。操作过程中的危险；救援人员接触危险的频度等。

(8)应急中出现过的情况。过去曾经发生的救援过程中的事故及危害状况；应急过程中出现的突发事件以及事故处理应急办法；应急过程中采取相应的处理措施。

(9)安全防护。应急场所安全防护措施、安全标志。

管理措施辨识后果可分为对人的伤害、对环境的破坏及财产损失三大类。在此基础上可细分成各种具体的伤害或破坏类型。可能的事件或事故确定后，可进一步辨识可能产生这些后果的材料、系统、过程。在危险辨识的基础上，可确定需要进一步评价的危险因素。

辨识的方法主要如下。

(1)材料性质分析。了解生产或使用的材料性质是危险辨识的基础。危险源辨识中常用的材料性质应分为急毒性、慢毒性、致癌性、诱变性、致畸性、反应性、暴露极限、生物退化性、水毒性、环境中的持续性、气味阈值、物理性质、自燃材料、稳定性、燃烧、爆炸性。初始的危险辨识可通过简单比较材料性质来进行，然后进行危险评价工作。

(2)操作工艺和条件分析。操作工艺和条件也会产生危险或使生产过程中出现危险性。在危险辨识时，仅考虑参考材料性质是不够的，还要考虑操作工艺和条件。

(3)相互作用矩阵分析。相互作用矩阵是一种结构性的危险辨识方法，是辨识各种因素(包括材料、生产条件、能量源等)之间相互影响或反应的简便工具。实际使用时，这种方法通常限制为两个因素，做成二维矩阵，分析时也可加入第 3 个因素，做成三维矩阵，如果多种因素作用重要，且有能力详细分析，则可建立 n 维矩阵来分析。

(4)利用情景构建法。情景构建法也称情景分析方法，是一种面向未来的决策分析与规划方法。情景分析法的最大特点是，它不是简单地将现有情况直线式地顺延或外推，而是显示不同的因素如何相互作用而导致多种可能的变化；不是预测未来的某一种可能，而是根据对未来的描述预测各种可能，并在充分论证的基础上制定不同的情景。因此能强迫管理人员制定出适应不同变化因素的计划，能使管理者对未来的机会和威胁达成共识。同时，它还能使管理者认识到他们对关键问题的分歧常常是因为彼此对未来有不同的假设。

(5)利用安全分析和评价方法。许多安全分析和评价方法既可评价风险，也可以识别风险。安全检查表分析法提供一个需要回答问题的清单，对一个特定的组织和场合，安全检查表可通用，并保证分析的一致性。只要分析人员充分使用，安全检查表可成为危险辨识非常有用的工具。

(6)利用经验。危险辨识不能仅仅基于企业的经验，因为企业的经验来源于已经发生的事故。事实上确实存在某方面没有发生事故，却有危险的情况。因此企业的经验只能作为其他方法的补充。

7.11.4 应急救援现场处置

1. 现场评估

1)初始评估

应急的第一步工作是对现场情况的初始评估。初始评估应描述最初应急者在事件发生后几分钟里观察到的现场情况，包括应急范围和扩展的潜在可能性、人员伤亡、财产损失情况，以及是否需要持续援助。另外一个在应急初期需要重点考虑的是危险物泄漏问题。处理危险物质泄漏引发的事件的关键是确定事故物质。初始评估的事故应急指挥者要和操作人员交流，以确定所包含的物质，识别事件或事故发生的原因。危险物品的探测方法是由两个人组成小组在远离现场的逆风较高位置测定，并且保证不会接触危险物质。另外就是要求两名应急人员到事故应急区域进行状况评估。这种方法可能更危险，应急人员要穿上防护服。

2）应急力量的评估

通过对现场情景以及处置难度的评估分析，及时合理地采取各种措施，调动相应的人力资源和物质资源参与现场处置，是应急处置快速、有效的重要保证。

3）人员伤亡的情况评估

人员伤亡情况不仅决定着事件的规模与性质，而且是安排现场救护主要考虑的因素。在我国突发公共事件的报告制度中，人员伤亡情况是决定事件报告的期限、反应级别的重要指标。

当人员伤亡的数量超出机场的反应能力时，必须及时请求协同应急资源的支持。应急处置现场对人员伤亡情况的评估包括确定伤亡人数及种类、伤员主要的伤情、需要采取的措施及需要投入的医疗资源。

4）周围环境与条件的评估

对事发现场的周围环境与条件的评估包括对空间、气象、处置工作的可用资源特点的了解与评估。不同类型事件的现场对环境特点的把握应有不同的侧重点。

周围环境评估的重要性就在于，可以让灾难性事件的应急处置部门比较清晰地了解处置的具体条件，根据不同的空间、气象等环境条件，合理地配置和使用不同的处置资源，提高处置的效率和效果，达到预期的效果。

2. 建立现场工作区域

在应急现场的一项重要任务就是建立现场工作区域。在这个区域明确应急人员可以进行工作，这样有利于应急行动和有效控制设备进出，并且能统计进出事故现场的人员。

在确定工作区域时，主要根据事故的灾害、天气条件和位置。工作区域要确保有足够的空间，区域要大，必要时可以缩小。危险品应急区域要设 3 类工作区，即安全区域、危险区域、缓冲区。

3. 现场救援组织

应急救援现场处置需要根据事件的类型、特点及规模做出紧急安排。尽管不同应急事件救援需求不同，但大多数事件的现场处置都包括设置警戒线、应急反应人力资源组织与协调、应急物资设备的调集、人员安全疏散、现场交通管制、现场以及相关场所的治安秩序维护、对信息和新闻媒体的现场管理，以及对受害人做出分类处理等方面的内容。

4. 救援过程的安全管理

1）应急救援行动的优先原则

（1）员工和应急救援人员的安全优先；

（2）防止事件或事故扩展优先；

（3）环境优先。

2）救援工作中安全管理

应根据事故具体情况选用合适的防护用品。

3）现场人员着装及标志

机场管理机构应当制作参加应急救援人员的识别标志，识别标志应当醒目且易于佩戴，并能体现救援的单位和指挥人员。参加应急救援的人员均应佩戴这些标志。识别标志在夜间应具有反光功能，具体样式如下：

(1)救援总指挥为橙色头盔，橙色外衣，外衣前后印有"总指挥"字样；

(2)消防指挥官为红色头盔，红色外衣，外衣前后印有"消防指挥官"字样；

(3)医疗指挥官为白色头盔，白色外衣，外衣前后印有"医疗指挥官"字样；

(4)公安指挥官为蓝色头盔，蓝色警服，警服外穿前后印有"公安指挥官"字样的背心；

(5)参加救援的各单位救援人员的标识颜色应与本单位指挥人员相协调。

以上所指外衣可以是背心或者制服。

5. 应急现场的恢复与管理

恢复意味着对特殊情况的管理，即从发生紧急事件进入应急状态恢复到正常的水平。现场主要恢复活动如下：

(1)保持机场运行系统持续工作；

(2)保护未受损失的财产；

(3)协助调查；

(4)建立正常管理的恢复程序；

(5)保存详细记录。

当应急阶段结束后，从紧急情况恢复到正常状态的管理同样具有独特性和挑战性，同时是应急救援工作的重要内容。

7.12　飞机冲/偏出跑道应急救援组织与实施

7.12.1　飞机冲/偏出跑道突发事件的类别和救援等级

1996～2010 年，据统计我国民航共发生约 100 起与冲/偏出跑道有关的事件，包括导致飞机受损严重的冲出跑道运输事故 1 起；导致 2 人受伤、飞机受损严重的跑道外接地事件 1 起；损失不同程度的冲/偏出跑道事件(含跑道外接地)91 起，造成道面受损、助航灯光受损、飞机(机身、机翼、起落架、发动机)受损等直接后果和当事航班发生延误、跑道关闭中断运行等间接后果，如表 7.3 所示。

表 7.3　冲/偏出跑道事件后果种类分析表

冲/偏出跑道事件造成后果	造成后果的事件百分比/%
道面受损	2.2
机身受损	11.0
机翼受损	14.3
发动机受损	16.5
跑道关闭，中断运行	19.8
起落架受损	73.6
当事航班延误	82.4
助航灯光受损	83.5

跑道安全事件造成的后果严重程度，具体分为可忽略的、轻微的、严重的、重大的和灾难性的等五个级别。故飞机冲/偏出跑道事件造成的各种后果可从人员、机场运行、设备等方面进行评估，如表 7.4 所示。

表 7.4　冲/偏出跑道事件后果严重等级分析表

后果严重程度	人员	机场运行	设备
可忽略的	没有受伤	短暂运行延误	没有受损
轻微的	轻伤	航班短暂延误	轻微损伤
严重的	受伤，无残疾	部分航班延误	存在损坏
重大的	造成重伤或残疾	航班大面积延误	主要设备损坏
灾难性的	造成人员死亡	机场关闭	设备严重损坏

上述分析可见，冲/偏出跑道事件造成的后果都是严重、重大或灾难性的，需要引起足够的重视。

根据《民用运输机场突发事件应急救援管理规则》，冲/偏出跑道事件属于航空器突发事件，且均在接近地面的时候发生，一旦发生，势必对航空器、机上人员、机场设备设施造成一定损失，所以其所属的救援等级为紧急出动，各救援部门应当按照救援指令立即向事故发生地奔赴，以最快的速度抵达目的地。

7.12.2　飞机冲/偏出跑道应急救援组织体系

机场应急救援工作领导小组是由机场管理机构、地方人民政府、空中交通管理部门、民航地区管理局或其派出机构、有关航空器营运人和其他驻场单位负责人共同组成的机场应急救援工作的决策机构。

当发生突发事件并且应急救援等级为紧急出动时，在最短的时间内快速成立应急救援现场指挥部是机场管理机构的首要任务，现场指挥员可由机场应急救援总指挥或者其授权的人担任，依照总体救援意图，充分协调突发事件现场的各救援单位，统一指挥救援行动。各救援单位包括机场空中交通管理部门、机场消防部门、机场医疗救护部门、航空器营运人或其代理人、机场地面保障部门及其他涉及应急救援的部门。飞机冲/偏出跑道应急救援组织体系如图 7.5 所示。

如图 7.5 所示，空中交通管理部门发现或者接报飞机冲/偏出跑道后，应在第一时间内向机场指挥中心通报，同时向地区管理局站调进和民航局空管局总调度室进行上报，并向机场消防、机场急救单位通报事件信息；飞机冲/偏出跑道事件信息也可由场面工作人员第一时间上报机场指挥中心。

机场指挥中心接报飞机冲/偏出跑道事件信息后的首要任务是成立应急救援总指挥部，同时向各个相关单位通报应急救援信息，应该通报的单位有省市应急办、民航地区管理局应急办公室、机场公安部门、驻机场武警支队、地面代理(包括航空公司、海关、边防)、机场区域管理部门(各专业公司承包商)、机场各职能部门、机场新闻中心等。

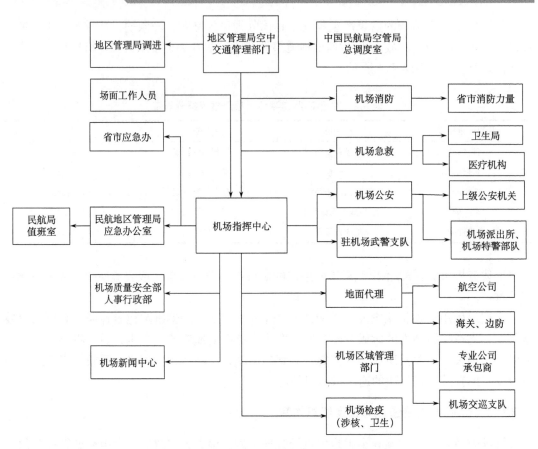

图 7.5 飞机冲/偏出跑道应急救援组织体系

7.12.3 应急救援处置程序

1. 空中交通管理部门

(1)接到飞机冲/偏出跑道的紧急事件信息时，按信息传递程序通知机场指挥中心。

(2)如事态危急，可以向机场消防、机场急救直接下达出动指令，之后按信息传递程序及时通知机场指挥中心。

(3)根据冲/偏出跑道地点及时调整、指挥其他进/出港航空器的起降使用跑道及地面滑行路线，为应急救援提供必要的协助。

(4)根据机场救援要求，发布航行通告。

2. 应急救援总指挥

(1)接到机场指挥中心报告后，立即赶赴飞机冲/偏出跑道现场，选址(事故现场的上风口)建立现场总指挥部，对救援进行总体部署和指导。

(2)下达启用紧急会商中心指令。

(3)应急救援领导小组讨论后，救援过程中遇到的重大问题才能实施处置。

(4)当上级单位或领导到达现场后，向上级领导汇报救援工作情况。例如，需要移交指挥权力的，向上级指挥机构或人员移交指挥权力。

(5)根据现场救援工作进展情况，决定是否允许新闻记者进入现场进行采访、拍摄。

(6)在飞机冲/偏出跑道现场调查取证结束后，向机场消防下达搬移残损航空器指令。

(7)负责救援工作对外新闻发布事宜。

(8)在救援工作结束后，应急救援总指挥需向各救援部门下达救援工作结束的指令。

3．机场指挥中心

(1)获取飞机冲/偏出跑道信息后，按信息通报程序向应急救援领导小组成员及救援参与机构通报飞机冲/偏出跑道信息。

(2)迅速赶赴现场，实施救援信息收集和救援作业支持服务。

(3)在总指挥建立现场总指挥部时，从旁协助工作。

(4)根据紧急事件现场情况及应急救援总指挥的指令，通知机场公安对现场附近的有关通道实施管制。

(5)负责启用紧急会商中心，并通知应急救援领导小组成员及救援参与机构的协调人员进驻。若涉及国际航班，负责通知机场海关、边防、检验检疫部门派遣人员进驻会商中心。

(6)负责通知机场航站楼管理部门启用场内旅客临时安置区。

(7)根据飞机冲/偏出跑道地点、对运行的影响程度，与空中交通管理部门和机场飞行区管理部门协商机场关闭范围。

(8)收集、汇总救援过程中的有关资料和各种数据，形成飞机冲/偏出跑道应急救援事件报告。

4．机场消防

(1)接到飞机冲/偏出跑道信息后，立即赶赴现场，负责救援现场的救援及指挥工作，并派遣人员进驻现场总指挥部。

(2)在距现场的适当位置(事故现场的上风口)设置现场消防指挥部。

(3)到达飞机冲/偏出跑道现场后，立即组织消防灭火及人员救助工作，组织、指挥担架队的现场救护工作，并对救援现场进行功能区划分。

(4)根据需要，及时向省市消防局通报情况，要求支援。

(5)在航空器营运人及其代理人协助下，将残损的航空器搬移到指定地点存放。

(6)现场救援工作结束后，立即将现场救援情况进行汇总、登记，并形成飞机冲/偏出跑道现场救援报告。

(7)负责夜间救援的照明支持。

5．机场急救

(1)接到飞机冲/偏出跑道信息后，立即组织医护力量，迅速赶赴飞机冲/偏出跑道现场，并派遣人员进驻现场总指挥部。

(2)到达飞机冲/偏出跑道现场后，立即组织救援工作，医疗指挥官应立即向现场总指挥部报告到位及医疗部署情况，并接受现场总指挥的指挥。

(3)按照救援现场功能分区设置现场医疗指挥部，并部署医疗分类区。

(4)按旅客伤情分类，并实施转运、现场救治及伤员登记跟踪工作。

(5)负责未受伤旅客的巡诊和医疗服务工作。

(6)在航空器营运人及其代理人安置遇难人员遗体时，从旁协助、妥善安置。

(7)根据需要，及时向省市卫生局和医疗协作单位通报情况，要求支援。

(8)救护工作结束后，立即将医疗救护情况进行汇总、登记，并形成飞机冲/偏出跑道医疗处置报告。

6. 机场公安

(1)接到飞机冲/偏出跑道信息后，立即组织警力，赶赴飞机冲/偏出跑道现场布置警戒线，同时派遣人员进驻现场总指挥部。

(2)到达飞机冲/偏出跑道现场后，公安指挥官应立即向现场总指挥部报告到位及部署情况，并接受现场总指挥的指挥。同时设置现场公安指挥部。

(3)负责保护现场，对通往飞机冲/偏出跑道现场的相关通道实施管制，在适当位置设置救援车辆停放区，设置应急专用通道，并在显著位置做出警示标记。

(4)若航空器载有危险品、放射性物品，及时进行区域隔离和现场处理。

(5)承担办理机场控制区的通行证件等责任，同时向参与救援工作的人员、车辆发放临时通行证(消防、医疗急救的人员和车辆除外)。

(6)协助机场医疗急救中心对旅客进行伤亡人数及身份核对等工作。

(7)进行事故现场调查取证，并做详细记录。搜寻并保护记录器，包括飞行数据记录器和驾驶舱话音记录器。

(8)负责维护现场、安置区、接待区的正常秩序。

(9)在航空器营运人及其代理人收集旅客财物时，从旁协助。

7. 机场保安部门

(1)协助公安对旅客临时安置区的秩序维护及管理。

(2)协助有关部门对旅客物品及货物临时集中区的管理。

(3)负责进出机场救援通道的人员和车辆的安全检查工作。

8. 机场区域管理部门

1)飞行区管理部门

(1)接到运行监控指挥中心的通知后，立即派遣人员赶赴紧急会商中心。

(2)根据现场指挥部的要求，调配救援辅助工作所需的车辆、人员。

(3)负责场外救援车辆自应急通道门开始的场内道路的引导。

(4)负责救援结束后的场道检查和场道使用恢复。

(5)负责场区救援区域内的雪、冰、积水清理工作。

2)航站楼管理部门

(1)接到运行监控指挥中心的通知后，立即派遣人员赶赴紧急会商中心。

(2)负责场内旅客临时安置区域的设置及管理。

(3)负责配合航空公司或地面代理对因救援处置导致其他航班延误时的航站楼内旅客的服务支持。

3)公共区管理部门

(1)负责确保应急通道周边公共区内社会道路的畅通。

(2)负责应急通道外至少某一特定范围(或至少在机场范围内)的社会道路的雪、冰、积水清理工作。

9. 机场行政管理部门

(1)接到指挥中心的通知后,立即赶赴紧急会商中心。

(2)协助做好相关的后勤保障工作。

(3)会同机场党群部门,协助省、市、区救援机构接待来访的新闻记者、工作人员。

10. 机场质量安全部门

(1)接到指挥中心的通知后,立即赶赴紧急会商中心。

(2)在救援工作结束后事故调查机构开展调查工作时,从旁协助。

(3)及时将飞机冲/偏出跑道事件的调查进展情况报告应急救援总指挥。

11. 航空器营运人及其地面代理

(1)接到机场指挥中心的通知后,立即组织人员及救援设备,迅速赶赴飞机冲/偏出跑道现场参与救援工作。通过其他渠道获知飞机冲/偏出跑道信息时,立即报告机场指挥中心,并说明信息来源。

(2)负责提供人员和车辆,运送未受伤的旅客和机组人员到达指定的安置区域或接待区域。

(3)协助医护人员救治受伤的旅客及机组人员,并妥善安置遇难人员遗体。

(4)负责提供紧急事件有关航空器及旅客、机组的座位、姓名等详细资料。

(5)在安置区域妥善安置未受伤的旅客和机组人员,在接待区域设置旅客亲友接待处,并在航站楼内建立接待工作的引导或咨询柜台。

(6)经现场救援指挥中心许可后,承担收集保管旅客财物的责任。

(7)在现场调查取证结束后,根据现场总指挥部指令,协助机场消防搬移残损的航空器。

(8)在救援部门对飞机冲/偏出跑道现场进行清理时,从旁协助。

(9)负责因救援处置导致其他航班延误时的航站楼内旅客的安置与服务。

12. 武警部队

(1)接到机场指挥中心通知后,立即组织人员迅速赶赴现场,负责飞机冲/偏出跑道现场的外围警戒。同时派遣人员进驻现场总指挥部。

(2)负责查验进出现场人员及车辆的证件和牌照。

13. 机场联检部门(机场海关、机场边防、机场检疫)

(1)接到指挥中心的通报后,派遣人员进驻紧急会商中心。

(2)对未受伤旅客进行海关、边检、检疫等手续办理。

(3)对受伤、罹难旅客进行联检追踪工作。

(4)在满足调查取证的基础上,对旅客行李、货物做联检处理。

7.12.4 飞机冲/偏出跑道事故现场恢复

(1)旅客以及伤员的处理。航空公司代表在地面服务部的协助下征询未受伤的旅客意见,之后对其做出妥善安排和安抚,并做好详细的记录;

急救中心简要分类处置,之后以最快的速度在第一时间将伤病旅客转送 120 协议医院治疗,并做好详细的记录工作。

(2)机舱内遗体的处理。经消防员或其他人员救出后,在划定的区域内统一摆放,由公安机关监护;航空器营运人与公安人员办理遗体交接手续,交接后由航空公司进行妥善处理，以上工作由现场指挥官指定专人协助航空公司代表处理。

(3)行李物品的处理。事故调查组首先需对现场情况做简要的调查，之后对清理现场的行李及旅客遗留物品进行确认，此过程由货运部在公安局的配合下负责处理；清理后将行李和旅客的遗留物品交给航空公司代表处理，并办好交接手续。

(4)事故调查。事故调查组到事故现场后，现场指挥部要将所掌握的事故发生概况、救援情况向调查组做出详细汇报及说明。事故调查展开后，现场指挥部、航空公司代表或机组人员要主动配合调查组的工作，使调查工作顺利展开。

(5)残损航空器搬移。当航空器发生严重地面事故而丧失滑行或牵引能力时，必须按规定程序对航空器进行搬移，以尽快恢复机场正常运行。机场应急救援指挥中心负责与驻场及其他经停机场的航空公司签订《航空器搬移处置协议》，明确双方责任、义务、权利、搬移处置程序方法以及需要协调配合的事项。其中基地航空公司可以在机场的协助配合下自行组织搬移。

(6)现场清理。机场保障部负责对跑道、滑行道进行清理，以防散落在飞行区及站坪内的航空器零部件、杂物被其他航空器吸入发动机或刺破机轮；组织对损坏道面的修复和现场土面的平整与碾压；保障部负责恢复损坏或被拆除的灯光设备及其他设施；航空器搬移和现场清理结束后，由总指挥做出机场开放的决定，由应急救援指挥中心通报空管局对外发布航行通告。

参 考 文 献

董霖, 2014. 民航空管运行中危险源的识别与安全管理措施. 科技传播, (1): 53-54.

郭太生, 寇丽平, 2004. 论公共安全危机事件应急处置的运行机制. 中国人民公安大学学报, 20(5): 13-20.

王永刚, 张秀艳, 刘玲莉, 等, 2009. 国内外民航 SMS 的建设进展. 中国民用航空, (2): 31-33.

邢爱芬, 2007. 民用航空法教程. 北京: 中国民航出版社.

俞力玲, 2008. 构建中国民航安全管理体系. 中国民航大学学报, 26(6): 48-51.

赵永, 何燕南, 2005. 机场安全检查信息管理系统. 警察技术, (4): 8-11.